学会了效率高

Excel 实战技巧 208例

郑广学◎著

中国铁道出版社有限公司
CHINA RAILWAY PUBLISHING HOUSE CO., LTD.

内 容 简 介

本书内容是作者从自身的Excel教学网站、专业论坛、今日头条、抖音视频、淘宝技术店铺、微信解答群等平台上与100万粉丝的沟通中，精心挑选出来的热门、高频、实用案例。

8大专题内容，讲解了Excel的基础操作、公式函数、统计求和、数据分析、透视表分析、图表分析、VBA应用等实战精华内容，帮助Excel新手成为应用高手。

208个纯技巧，涵盖行政、文秘、人事、财务、会计、市场、销售等多个岗位内容，帮助读者活学活用Excel经典技巧，早做完工作早下班，早升职加薪。

本书适合Excel职场人士、Excel发烧友、Excel初学者或感兴趣的人阅读。

图书在版编目（CIP）数据

学会了效率高！：Excel实战技巧208例/郑广学著.—北京：中国铁道出版社有限公司，2019.7
ISBN 978-7-113-25786-6

Ⅰ.①学… Ⅱ.①郑… Ⅲ.①表处理软件 Ⅳ.①TP391.13

中国版本图书馆CIP数据核字（2019）第091682号

书　　名：学会了效率高！Excel实战技巧208例
作　　者：郑广学

责任编辑：张亚慧	**读者热线电话**：010-63560056
责任印制：赵星辰	**封面设计**：MXK DESIGN STUDIO

出版发行：中国铁道出版社有限公司（100054，北京市西城区右安门西街8号）
印　　刷：北京铭成印刷有限公司
版　　次：2019年7月第1版　2019年7月第1次印刷
开　　本：700 mm×1 000 mm　1/16　印张：24.75　字数：286千
书　　号：ISBN 978-7-113-25786-6
定　　价：69.00元

前　言

　　产业信息化的大潮已经到来，谁也抵挡不了，我相信很多职场中的朋友，此刻会有这种感觉，原来上大学期间学了那么多的数理化、微积分、高等数学等知识，到最后都不如办公软件技能来得实在。

　　非常正确，你的感觉没有错。其中最为突出的就是 Excel，无所不在的 Excel 表格，已经贯穿职场中的每一个角落，如果你的 Excel 技术高超，那么在公司会更加受老板喜欢，效率也会比其他人要高很多，反之则会做很多无用功，别人几分钟做完的事儿你要用几个小时甚至更长时间。

　　这时候，你开始想要学习，提高自己，于是你找了诸如 "×××从入门到精通" "××× 大全" "××× 宝典" 等这类教程来学习，也投入了大量时间和精力，但是最后却发现在工作中面对实际问题的时候，依然一筹莫展，想知道这是为什么？因为你缺乏实践、缺乏实战、缺乏实实在在的在职场中会真正面对的鲜活实例。

无理论纯实战教学！这就是我写作本书的初衷，这也是我们 Excel 880 工作室无理论纯实战的精神内核，全部来源于一线职场工作中遇到的真实问题，涵盖各行各业，本书中的每一个实例都有具体的应用场景，会让你在学习的时候有极强的代入感，抛弃枯燥的理论，直接解决问题，学一个案例就解决一个真正的问题，然后在实际工作中举一反三，这样学到的知识才能真正为你所用。

可能大家有疑问，你哪里来的这么多实例？下面我就告诉大家我是怎么得来的这么多实例，也给大家分享一下我的 Excel 学习历程。

还在读大学的时候，因为讨厌按计算器去算烦琐的各种理科计算题，自从发现 Excel 的强大计算能力后，就彻底地爱上了它。从此以后所有的计算类问题我就都在 Excel 中解决，各种计算题都想着搬到 Excel 中去算，这个阶段我主要是靠百度帮助去学习。

后来参加了工作，我就开始在"百度知道"里疯狂答题，也加入了一些 Excel 爱好者的 QQ 群，这个阶段的求知欲爆棚，我在"百度知道"和 QQ 群里疯狂答题，每天的业余时间都用在解决网友各种各样的提问，遇到不会的问题就到处找资料，没日没夜地研究学习，Excel 技术在这个时候开始突飞猛进。

接下来我就开始兼职进行 Excel 咨询定制服务，接受付费定制，来帮网友定制一些比较复杂的表格系统。想必大家现在已经知道我为什么会有那么多真正的实例来讲了，因为这些都是我亲自解决过的来自各地网友提出来的问题，有一部分还是付费定制解决的问题，这些实例的价值远超那些闭门造车的所谓实例。

现在，我是自由职业者，开设 Excel 880 工作室，专业做 Excel 咨询定制机培训服务，也是自媒体作者，在今日头条运营 Excel 实例教学，发表 Excel 技术相关文章及视频，现有粉丝 130 多万人，为回馈广大粉丝，也为了让更多的人能更好、更快地将 Excel 技能学以致用，特此挑选精华案例，编写本书，详细讲解给大家，让大家领略真正的 Excel 实例教学，即学即用！

本书的主要特色有两点：

一是案例热门，深受广大读者喜欢：书中案例都是作者从实际教学、今日头条、抖音、淘宝店铺、微信平台等 100 多万读者喜爱的内容中，精心挑选出来的高频案例。

二是技巧实用，能马上活用于职场：书中技巧都是从行政、文秘、人事、财务、会计、市场、销售等十多个职场关键岗位内容中筛选出来的，可以边学边用。

本书的细节特色如下：

（1）完备的功能查询：工具、按钮、菜单、命令、快捷键、理论、实战演练等应有尽有，内容详细、具体，是一本自学手册。

（2）丰富的案例实战：本书中安排了 208 个精辟范例，对 Excel 2016 软件的常用功能进行了非常全面、细致的讲解，读者可以边学边用。

（3）细致的操作讲解：44 个专家提醒放送，930 多张图片全程图解，让读者可以掌握软件的核心技能与操作技巧，提升实战精通技巧与经验。

（4）超值的资源赠送：430 分钟与本书同步的视频讲解，460 多
个与书中同步的素材和效果文件，让读者可以轻松学习，
快速掌握各类工作表的制作方法和技巧。

本书由郑广学著，参与编写的人员还有刘华敏等人，在此表示感
谢。由于作者知识水平有限，书中难免有错误和疏漏之处，恳请广大
读者批评、指正，联系微信：157075539。

本书及下载中所采用的图片、数值等，均为所属公司、网站或个
人所有，本书引用仅为说明（教学）之用，绝无侵权之意，特此声明。

编　者

2019 年 3 月

目　录

第 1 章　　基础操作实战应用

第 2 章　公式函数实战应用

第 3 章　统计求和实战应用

第 4 章　数据分析实战应用

第 5 章　数据透视表实战应用

第 6 章　图表分析实战应用

第 7 章　VBA 高级实战应用

第 8 章　商业综合实战应用

第 1 章　基础操作实战应用

学前提示

　　本章主要讲解的是 Excel 基础知识及操作技巧，尽量从日常工作和生活的各方面精选简单易学、实用性强的内容，全面详细地进行讲解，帮助读者掌握软件的基础知识与技巧运用，通过实战与理论结合教学的方法，从入门到精通软件。

本章知识重点

- Excel 快速切换多个工作簿的几种方式详解
- Excel 中那些让你可以成倍提高工作效率的简单技巧
- 在 Excel 中删除多余的空行，辅助列 + 公式操作技巧
- 一秒美化表格的方法之套用表格格式设置底纹和边框
- Excel 制作带指纹和税号编号的印章

- 掌握合并单元格正确筛选出合并区多行内容的解决方案

- 掌握 Excel 中已有数字快速输入平方米和立方米的方法

- 掌握利用排序完成隔行插入空行制作简单工资条的方法

制作花式批注

制作带指纹和税号编号的印章

Excel 快速切换多个工作簿的几种方式详解

我们在工作中使用 Excel 文件时，在工作量较大、事情较多的情况下，经常会打开多个 Excel 工作簿，以便工作需求。下面详细介绍几种入门的 Excel 快速切换多个工作簿的方式，不仅简单，而且实用。

◎ **任务栏窗口：** 最常用的一种方法就是直接移动鼠标，单击任务栏中的 Excel 文件窗口进行切换，如图 1-1 所示。当打开的文件过多，导致文件名称压缩不能完全显示出来时，用户可以将鼠标停留在 Excel 文件上，在弹出的预览列表框中选择需要切换的工作簿选项。

◎ **"切换窗口"下拉列表：** 单击菜单栏中的"选项"命令，在其功能区中，❶单击"切换窗口"下拉按钮；在弹出的下拉列表框中，❷选择需要切换的工作簿选项，即可进行快速切换，如图 1-2 所示。

图 1-1　任务栏中的 Excel 文件窗口

图 1-2　"切换窗口"下拉列表

◎ **"自定义快速访问工具栏"快捷按钮：** 在 Excel 窗口的左上角"自定义快速访问工具栏"中，❶单击"切换窗口"快捷按钮；在弹出的下拉列表中，❷选择需要切换的工作簿选项即可，如图 1-3 所示。

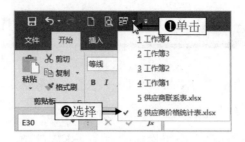

图1-3 "自定义快速访问工具栏"快捷按钮

专家提醒

　　用户可以在"自定义快速访问工具栏"中自定义快捷工具按钮，将比较常用的功能按钮添加至该栏中。在Excel窗口的左上角，单击"自定义快速访问工具栏"下拉按钮，在弹出的下拉列表框中选择"其他命令"选项，弹出"Excel选项"对话框，在"自定义快速访问工具栏"选项卡中，选择需要的功能选项后，单击"添加"|"确定"按钮，即可完成自定义添加快捷工具按钮的操作。

 让 Excel 编辑栏字体变大的方法，方便查看和编辑公式

　　在 Excel 工作表中，当在编辑栏中输入公式时，由于电脑分辨率不够大，会导致编辑栏字体很小，视觉效果差、不清晰，影响查看和编辑。下面将介绍让 Excel 编辑栏字体变大的操作方法，方便用户查看和编辑公式，特别是 Excel 教学的用户，学会以后就不需要再另外截图放大了。

STEP 01 在 Excel 文件中，单击菜单栏中的"文件"|"选项"命令，如图1-4所示。

[STEP]**02** 弹出"Excel 选项"对话框,在"常规"选项卡中的"新建工作簿时"选项区中,❶单击"字号"右侧的数值框下拉按钮;❷在弹出的下拉列表框中选择 20,如图 1-5 所示。

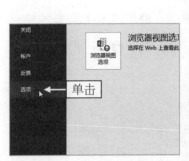

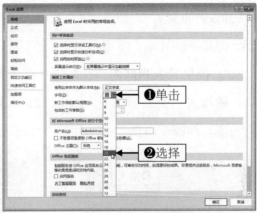

图 1-4 单击"选项"命令　　　　图 1-5 选择字号大小参数

[STEP]**03** 然后单击"确定"按钮,弹出信息提示框,提示用户需要重新启动程序软件,字号才能生效,单击"确定"按钮,如图 1-6 所示。

[STEP]**04** 执行操作后,重新启动 Excel 程序软件即可,输入公式查看效果,如图 1-7 所示。

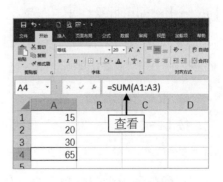

图 1-6 单击"确定"按钮　　　　图 1-7 输入公式查看效果

<table>
<tr><td>实例</td><td>003</td></tr>
</table>

不得不学的 8 个 Excel 批量操作技巧，再也不用加班了

使用 Excel 程序软件时，有许多操作是可以批量进行的，下面介绍 8 个 Excel 批量操作技巧，学会这些操作技巧，可以为用户节省许多时间，提高办公效率，不用再加班！

◎ **批量录入相同内容：**新建一个工作簿，❶单击选中需要的单元格；❷输入"不加班"，按【Ctrl+Enter】组合键；❸即可批量录入相同内容，如图 1-8 所示。

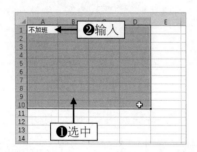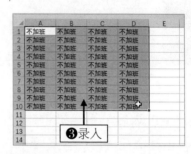

图 1-8　批量录入相同内容

◎ **批量打开工作簿：**当用户需要同时用到多个 Excel 文件时，用户可以在按住【Ctrl】键的同时使用鼠标左键选中需要打开的文件，按【Enter】键即可批量打开工作簿。

◎ **批量关闭工作簿：**当用户工作完成后，需要关闭打开的多个文件时，按住【Shift】键的同时，单击右上角的"关闭"按钮即可。

◎ **批量填充空值：**在打开的工作簿中，❶选中有空白单元格的一列；按【F5】键弹出"定位"对话框，在其中单击"定位条件"按钮，弹出"定位条件"对话框，❷在其中选中"空值"单选按钮；❸单击"确定"按钮；❹在第一个空白单元格中输入公式 =A3，然后按【Ctrl+Enter】

组合键；❺即可批量填充空白单元格，如图1-9所示。

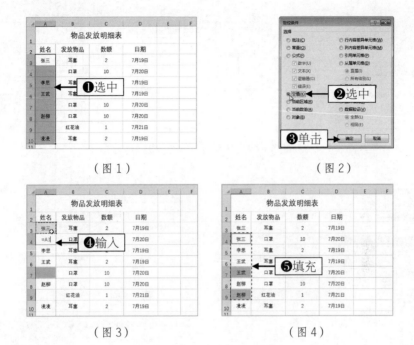

（图1）　　　　　　　（图2）

（图3）　　　　　　　（图4）

图1-9　批量填充空值

❧ **批量为城市添加省份：**❶选中需要添加省份的单元格；右击，在弹出的快捷菜单中，❷选择"设置单元格格式"选项；弹出"设置单元格格式"对话框，在"数字"选项卡中的"分类"选项区中，❸选择"自定义"选项；❹在"类型"下方的文本框中输入"广东 @"；❺单击"确定"按钮；❻即可批量为城市添加省份，如图1-10所示。

❧ **批量将每个部门生成一个表：**首先创建一个数据透视表，然后在菜单栏中选择"分析"菜单，❶在下方的功能区中单击"选项"下拉列表；在弹出的下拉列表框中，❷选择"显示报表筛选页"选项，弹出提示对话框，单击"确定"按钮，❸即可批量将每个部门单独生成一个表，如图1-11所示。

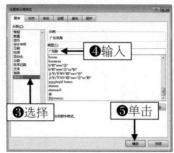

图 1-10 批量为城市添加省份

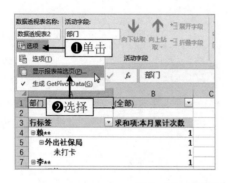

图 1-11 批量将每个部门生成一个表

⊙ **批量将单价上调 10%**：如今通货膨胀、物价上涨速度很快，当用户需要将单价上调 10% 报价给客户时，也可以进行批量操作，操作方法十分简单，首先在空白单元格中输入 1.1，并复制该单元格，然后选中需要上调单价的单元格，右击，在弹出的快捷菜单中，选择"选择性粘贴"选项，弹出相应对话框，在"运算"选项区中，❶选中"乘"单选按钮；❷单击"确定"按钮；❸即可批量将单价上调 10%，如图 1-12 所示。

⊙ **批量将负数变成 0**：当用户需要将负数清零时，可以应用"替换"来进行批量操作，按【Ctrl+H】组合键，可以快速弹出"查找和替换"对话框并调出"替换"选项卡，此时用户可以在"查找内容"

右侧的文本框中输入"-★"，在"替换为"右侧的文本框中输入 0，然后单击"全部替换"按钮，即可批量将负数清零。

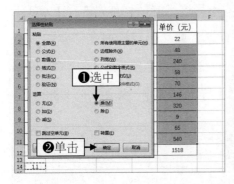

图 1-12 批量将单价上调 10%

 **Excel 中那些让你可以成倍提高工作效率的简单技巧**

使用 Excel 办公的人群有很多，但精通的人却很少，例如有些简单又实用的操作技巧，就有很多人不知道该怎么用。下面将介绍几个可以帮助用户成倍提高工作效率的令人"相见恨晚"的操作小技巧。

◉ 提升 10 倍效率的 Excel 转压缩包技巧

细心的用户都会发现，在 2007 以上的版本中，Excel 文件拓展名称格式用的是 .xls，而现在 2016 版本中 Excel 文件拓展名称格式用的是 .xlsx，相对之前的版本来说不仅多了一个 x，还将文件大小进行了压缩，用户还可以通过将 Excel 工作簿的拓展名称格式修改成压缩文件格式，如 .zip 与 .rar 格式。当用户需要将 Excel 工作簿中的大量图片导出或修改多个 Excel 文件表名称时，就可以通过该技巧来提高工作效率。

1．导出 Excel 中的图片

通常情况下需要把 Excel 工作表中的图片导出来时，都会通过第三方软件来一张一张地另存出来，其实不用这么麻烦，首先选择 Excel 工作簿，按【F2】键或单击，选中文件名，❶然后将拓展名称格式 .xlsx 更改为 .zip，将其转换为压缩包格式；将压缩包解压，打开 xl|media 文件夹，❷即可查看从 Excel 工作簿中导出的图片，如图 1-13 所示。

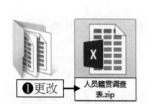

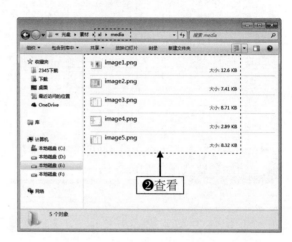

图 1-13　导出 Excel 中的图片

2．修改多个文件表名称

一些企业人员在年末做年度汇总总结时，汇总表一般都会延用去年用过的表格格式，工作表通常会用年／月／日来进行命名，挨个将文件名进行更改实在太麻烦，此时用压缩文件的方式就可以解决问题，下面介绍具体的操作步骤。

STEP 01 打开 2017 年的一个工作簿，在左下角的"上一个"◀或"下一个"▶工作表按钮上右击，在弹出的窗口中，可以查看所有的工作表名称，如图 1-14 所示。

STEP 02 关闭工作簿，将工作簿的拓展名称格式 .xlsx 更改为 .zip，然后再双击压缩包并打开，在解压文件夹中，打开 xl 文件夹，选择 workbook.xml 文件，如图 1-15 所示。

图 1-14　查看所有的工作表名称　　　图 1-15　选择 workbook.xml 文件

STEP 03 将选择的文件复制到桌面上，在文件上右击，在弹出的菜单列表中选择"用记事本打开该文件"选项，如图 1-16 所示。

STEP 04 按【Ctrl+H】组合键，弹出"替换"对话框，❶在"查找内容"右侧的文本框中输入 2017 年；❷在"替换为"右侧的文本框中输入 2018 年；❸然后单击"全部替换"按钮，如图 1-17 所示。

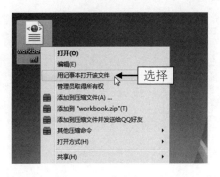
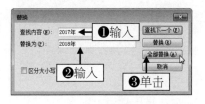

图 1-16　选择"用记事本打开该文件"选项　　图 1-17　单击"全部替换"按钮

STEP 05 执行操作后保存并退出，复制文件至压缩文件夹中并替换，如图 1-18 所示。

STEP 06 替换完成后，关闭压缩文件夹，并将文件拓展名称格式改回 .xlsx，双击打开工作簿，即可查看工作表名称修改后的效果，如图 1-19 所示。

图 1-18　替换文件

图 1-19　查看修改后的效果

⊙ 两个非常好用的批量操作技巧

在 Excel 中，有两个非常好用又常用的批量操作技巧，可以帮助用户成倍提高工作效率，原本需要一步一步地操作，学会以后，可以一次性操作执行。

1．【Ctrl+Enter】组合键

在 Excel 中，按【Ctrl+Enter】组合键，可以在不同的单元格中批量输入相同的内容，只需在按住【Ctrl】键的同时，单击选中需要输入内容的单元格，然后在编辑栏中输入相应内容后按【Ctrl+Enter】组合键结束输入即可。

2．使用格式刷

"格式刷"的作用相当于把当前单元格的格式复制、粘贴到另一个

单元格，相信很多用户都使用过，但其实它还有一种操作方法，即连续使用"格式刷"，首先选中当前单元格，双击"格式刷"按钮，然后单击多个单元格，即可进行多次复制、粘贴格式，将当前单元格格式复制、粘贴到多个单元格，按【Esc】键即可取消操作。

实例 005 Excel 必学操作小技巧之快速隔行插入空行

在使用 Excel 制表时，经常会需要把多行数据隔行插入空行的情况，一行一行插入太耗时间，使用函数填充再排序又太麻烦，下面将介绍一种即省事又省时的隔行插入空行的小技巧。

STEP 01 在工作簿中需要插入行的空白单元格中输入一个数字，如图 1-20 所示。

STEP 02 选中输入数字的那一列，按【Ctrl+G】组合键，弹出"定位"对话框，单击"定位条件"按钮，弹出"定位条件"对话框，❶在其中选中"常量"单选按钮；❷单击"确定"按钮，如图 1-21 所示。

图 1-20　输入一个数字　　　　图 1-21　选中"常量"单选按钮

STEP 03 执行操作后，在数据表上右击，在弹出的快捷菜单中选择"插入"选项，弹出"插入"对话框，❶选中"整行"单选按钮；❷单击"确定"按钮，如图 1-22 所示。

STEP 04 执行操作后，即可完成隔行插入空行操作，如图 1-23 所示。

图 1-22 选中"整行"单选按钮　　图 1-23 完成隔行插入空行操作

专家提醒

用以上方法需要注意的是，插入的空行是往上插入，而不是往下插入，因此用户运用时需要确认好插入空行的位置。

实例 006　在 Excel 中删除多余的空行，辅助列 + 公式操作技巧

直接删除空行相信用户基本都会，但是这种需要保留连续空行的第一行，删除其他空行的操作，会的人基本占少数。下面将介绍在

Excel 中删除多余的空行，辅助列 + 公式的操作技巧。

STEP 01 在工作表 C3 单元格中输入公式 =COUNTA(A3:B3)，按【Enter】键完成输入，选择单元格，单击右下角下拉拖动并填充"辅助列 1"下方的其余单元格，确认非空白单元格个数，如图 1-24 所示。

STEP 02 然后在"辅助列 2"下方的 D3 单元格中输入公式 =IF(AND(C2=0,C3=0),1,"")，按【Enter】键完成输入，用与上相同的方法，填充"辅助列 2"下方的其余单元格，辅助判断多余空行，如图 1-25 所示，单元格公式计算结果为 1，则是需要删除的多余空行。

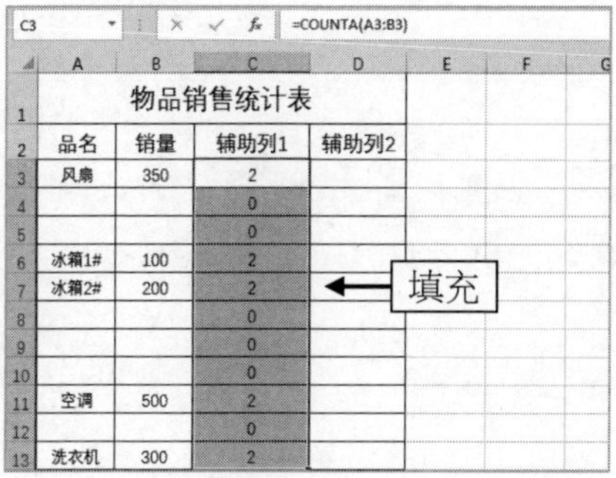

图 1-24 确认非空白单元格个数 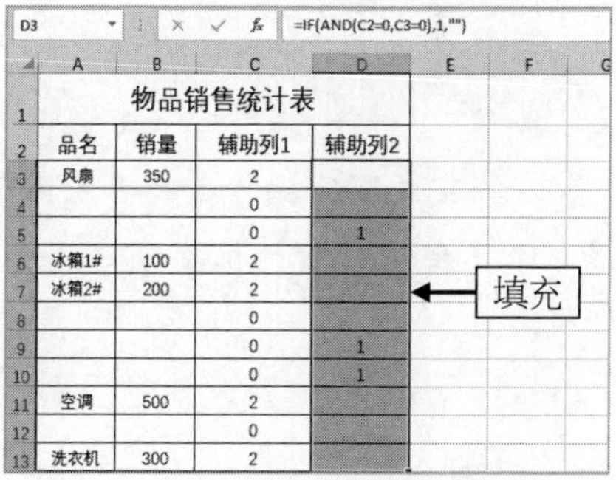　　　图 1-25 辅助判断多余空行

STEP 03 公式输入完成后，选中 D3：D13 一整列单元格，按【Ctrl+G】组合键，弹出"定位"对话框，单击"定位条件"按钮，在弹出的对话框中，❶选中"公式"单选按钮；❷并取消选中"文本"复选框；❸单击"确定"按钮，如图 1-26 所示。

STEP 04 执行操作后，即可完成多余空行的定位，右击，在弹出的快捷菜单中选择"删除"选项，在弹出的"删除"对话框中，选中"整行"单选按钮，即可完成删除多余空行的操作，如图 1-27 所示。

图 1-26　单击"确定"按钮　　　图 1-27　完成删除多余空行的操作

专家提醒

完成删除操作后，单元格中的公式会呈乱码显示，这是因为删除多余空行后，位置顺序发生了调整变换，用户直接将乱码删除即可。

实例 007　Excel 中如何使合并的单元格保留内容

很多人在使用 Excel 制表时，经常使用合并单元格组织数据，下面将介绍一种可以在合并单元格的时候不丢失数据的方法，普通单元格合并后只保留第一个单元格的数据，用这种方法，可以在合并后保留所有的数据，方便排序及后续函数的使用。

 在工作表中，❶选中并复制合并的单元格 A2：A13；❷选中 E2 单元格；右击，❸在弹出的快捷菜单中选择"选择性粘贴"选项，如图 1-28 所示。在"选择性粘贴"对话框中选中"格式"单选按钮，单击"确定"按钮返回。

STEP 02 再次选中合并的单元格 A2：A13，在功能区单击"合并后居中"按钮，取消合并单元格后再次选中 A2：A13 单元格，按【Ctrl+G】组合键，打开"定位"|"定位条件"对话框，在其中选中"空值"单选按钮，单击"确定"按钮返回，❶在编辑栏中输入公式 =A2；❷按【Ctrl+Enter】组合键确认填充空白单元格，如图 1-29 所示。

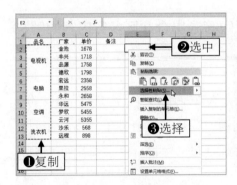

图 1-28　选择"选择性粘贴"选项

图 1-29　填充空白单元格

STEP 03 ❶选中并复制合并的单元格 E2：E13；❷选中 A2 单元格；右击，❸在弹出的快捷菜单中选择"选择性粘贴"选项，如图 1-30 所示，在"选择性粘贴"对话框中选中"格式"单选按钮，单击"确定"按钮返回。

STEP 04 执行操作后，在 D2 单元格中输入公式 =A2，选中 D2 单元格并单击右下角下拉拖动至 D13 单元格，即可在合并后保留所有的数据，效果如图 1-31 所示。

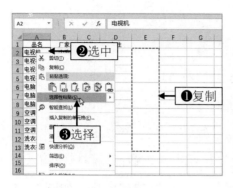

图 1-30 选择"选择性粘贴"选项　　　图 1-31 最终效果

 合并单元格正确筛选出合并区多行内容的解决方案

很多人制作的工作表，为了美观或者方便查看，都有合并单元格，但是这种表在筛选时就会有一个问题，即想筛选合并单元格所在列的时候，只能得到合并单元格第一行的结果。下面介绍一种辅助列配合简单函数的方法来解决这个问题。

STEP 01 在 E2 单元格中输入公式 =IF(A2<>"",A2,E1)，选中 E2 单元格并单击右下角下拉拖动至 E13 单元格，填充公式，如图 1-32 所示。

STEP 02 选中 A、B、C、D、E 列，在功能区单击"排序和筛选"下拉按钮，在弹出的下拉列表框中选择"筛选"选项，然后单击工作表中的"备注"筛选按钮，即可筛选 E 列地区，如图 1-33 所示。

这个方法也可以用来解决合并单元格拆分的问题，因为拆分后可以更好地进行排序、汇总、筛选等操作，如果不需要保留原合并单元格，就可以辅助列复制粘贴数据，然后删除原合并列，即可得到规范的待处理源数据。

图 1-32　填充公式

图 1-33　筛选 E 列地区

实例 009　Excel 表用条件格式隔行显示不同颜色

在表格中数据列较多或者需要频繁查看对比上下行的时候，常常把隔行设置为显示不同的颜色，普通的方法是直接选取开始的两行，设置不同的颜色，然后往下复制格式，这种操作在数据量少、数据不再变化的时候使用也可以，但是如果遇到删除行或者增加行以及排序等操作，原来的隔行上色就会被破坏。下面介绍用条件格式进行隔行上色的方法，可以在表格数据行增加、减少以及排序的情况下，都保持隔行不同颜色的状态。

STEP 01 在工作簿中选中 A3 单元格，然后单击功能区中的"条件格式"|"新建规则"选项，弹出"新建格式规则"对话框，在"选择规则类型"选项区中，选择"使用公式确定要设置格式的单元格"选项，如图 1-34 所示。

STEP 02 在"编辑规则说明"选项区中的"为符合此公式的值设置格式"文本框中，输入公式 =MOD(ROW(),2)=1，如图 1-35 所示。

图 1-34　选择相应选项　　　　　　图 1-35　输入公式

专家提醒

　　公式解释：当前一行是奇数行而且当前行 B 列不为空，返回 true 即上色，否则返回 false 不上色，注意这里 A3 总是你要上色的数据区第一行，B 前面一定要加 $。

　　STEP 03 单击右下角"格式"按钮，弹出"设置单元格格式"对话框，❶切换至"填充"选项卡；❷设置填充颜色为黄色；❸单击"确定"按钮返回，如图 1-36 所示。

　　STEP 04 在"新建格式规则"对话框中单击"确定"按钮，在功能区中单击"条件格式"|"管理规则"选项，弹出"条件格式规则管理器"对话框，在"应用于"下方的文本框中输入 =$A$3:$H$15，如图 1-37 所示，即可设置 A3 到 H15 区域内隔行上色条件格式，区域可以根据需要进行更改。

　　STEP 05 单击"确定"按钮，即可查看制作后的效果，对比效果如图 1-38 所示。

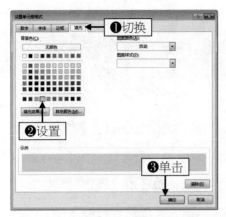

图 1-36 单击"确定"按钮

图 1-37 输入公式

供应商订单明细表							
日期	订单号码	送货单号	品名	数量	单位	单价	金额
7月2日	180007001-0001	70001	收料机	1	台	1600	1600
7月2日	180007001-0002	70002	整平机	1	台	1600	1600
7月6日	180007001-0003	70003	检知器	3	台	1200	3600
7月10日	180007001-0004	70004	手摩机	1	台	3500	3500
7月10日	180007001-0005	70005	支撑器	1	台	1800	1800
7月17日	180007001-0006	70005	输送机	1	台	600	600
7月17日	180007001-0007	70005	收料机	1	台	1600	1600
7月17日	180007001-0008	70005	整平机	1	台	1600	1600
7月20日	180007001-0009	70005	打磨机	3	台	1200	3600
7月20日	180007001-0010	70005	滚筒机	1	台	3500	3500
7月22日	180007001-0011	70005	支撑器	1	台	1800	1800
7月25日	180007001-0012	70005	输送机	1	台	600	600

供应商订单明细表							
日期	订单号码	送货单号	品名	数量	单位	单价	金额
7月2日	180007001-0001	70001	收料机	1	台	1600	1600
7月2日	180007001-0002	70002	整平机	1	台	1600	1600
7月6日	180007001-0003	70003	检知器	3	台	1200	3600
7月10日	180007001-0004	70004	手摩机	1	台	3500	3500
7月10日	180007001-0005	70005	支撑器	1	台	1800	1800
7月17日	180007001-0006	70005	输送机	1	台	600	600
7月17日	180007001-0007	70005	收料机	1	台	1600	1600
7月17日	180007001-0008	70005	整平机	1	台	1600	1600
7月20日	180007001-0009	70005	打磨机	3	台	1200	3600
7月20日	180007001-0010	70005	滚轮机	1	台	3500	3500
7月22日	180007001-0011	70005	支撑器	1	台	1800	1800
7月25日	180007001-0012	70005	输送机	1	台	600	600

图 1-38 对比效果

 表格一行输入完成后回车自动跳转到下一行开头

　　我们平时在单元格中输入数据的时候，如果要跳到下一行开头继续输入，需要动一下鼠标才行，其实 Excel 中有一个小技巧——可以在回车后自动跳转到下一行开头，这样就可以全程输入数据而不需要动鼠标了，可以大幅度提高输入效率。下面介绍具体操作方法。

STEP 01 选中要输入数据的区域，❶单击"套用表格格式"下拉按钮；❷在弹出的下拉列表中选择"浅色"选项面板下方的第 2 行第 2 个表格格式，如图 1-39 所示，弹出"套用表格格式"对话框，单击"确定"按钮。

STEP 02 单击"文件"|"选项"命令，弹出"Excel 选项"对话框，❶选择"高级"选项；在"编辑选项"面板中，❷设置"按 Enter 键后移动所选内容"下方的"方向"为"向右"；❸单击"确定"按钮，如图 1-40 所示，即可完成设置。接下来，输入完成后，按回车键，光标会自动向右移动一列，输入表格最右侧的那一列再按回车键，光标将自动定位到下一行的最左侧。

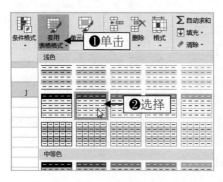

图 1-39　选择表格格式

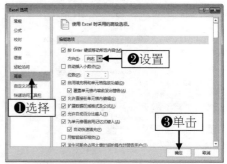

图 1-40　单击"确定"按钮

 实例 011　**Excel 中如何输入文字后把多个单元格变成统一颜色**

在 Excel 中，可以通过条件格式，在某一个单元格中输入特定的文字命令后，使多个单元格随输入的文字而变为统一的颜色字体。例如在 C1 单元格输入"红色"，则其余单元格中的"红色"文字，将变为红色字体。下面介绍具体操作。

STEP 01 选中 A2 单元格，然后单击功能区中的"条件格式"|"新建规则"选项，弹出"新建格式规则"对话框，在"选择规则类型"选项区中，❶选择"使用公式确定要设置格式的单元格"选项；在"编辑规则说明"选项区中的"为符合此公式的值设置格式"文本框中，❷输入公式 =AND($C$1=A2,$C$1=" 红色 ")；❸并设置格式为黄底红色字体，如图 1-41 所示。

STEP 02 单击"确定"按钮，用与上相同的方法，重复操作两次，在"新建格式规则"对话框中输入绿色公式 =AND($C$1=A2,$C$1=" 绿色 ")，并设置格式为黄底绿色字体；输入蓝色公式：=AND($C$1=A2,$C$1=" 蓝色 ")，并设置格式为黄底蓝色字体，设置完成后，用格式刷将条件格式复制到 A2：C8 区域，如图 1-42 所示。

图 1-41　设置格式

图 1-42　应用格式刷

STEP 03 执行操作后，❶在 C1 单元格中输入"红色"，下方 A2：C8 区域内的"红色"文字随即变为黄底红色字体；❷输入"绿色"，则"绿色"文字变换为黄底绿色字体；❸输入"蓝色"，则"蓝色"文字变换为黄底蓝色字体；❹输入未设置的颜色（比如黄色），则表格不会显示任何变化，效果如图 1-43 所示。

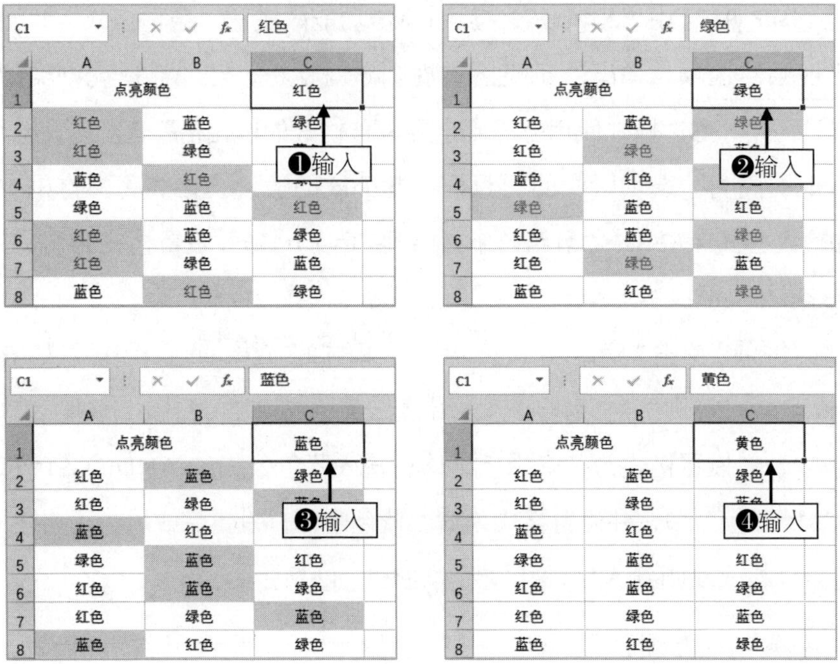

图 1-43　最终效果

实例 012 Excel 中快速给行数不一致的合并单元格填充连续编号

在 Excel 中，合并的单元格行数不一致是无法进行自动填充操作的，执行操作时，系统会提示用户，所有合并的单元格需大小相同，用户可以通过 Max 公式来解决这个问题。Max 函数含义是统计单元格区域中的最大值，非数字不参与计算。下面将介绍在 Excel 中快速给行数不一致的合并单元格填充连续编号。

STEP 01 在工作表中，❶选中 A2：A13 单元格；❷在编辑栏中输入公式 =MAX(A$1:A1)+1，如图 1-44 所示。

STEP 02 输入完成后，按【Ctrl+Enter】组合键确认，即可自动填充单元格，效果如图 1-45 所示。

图 1-44　输入公式　　　　　　　　图 1-45　自动填充单元格

实例 013　Excel 表格中带 45° 对角斜线的表头制作方法

斜线表头，看到过的人不少，但自己去制作的人很少，一是不会，二是嫌麻烦，制表总希望操作方法越简单越好。下面介绍一种 Excel 中 45° 对角斜线表头的制作方法，非常简单，而且实用。

STEP 01 选中单元格并为其添加边框，打开"设置单元格格式"对话框，❶切换至"边框"选项卡；❷在"样式"选项区中可以选择线条样式；❸在"颜色"选项区中可以为线条设置颜色；在"边框"选项区中的文本预览草图下方，❹选择最后一个按钮，如图 1-46 所示，❺单击"确定"按钮，即可添加边框样式。

STEP 02 斜线添加完成后，需要在单元格中添加文字，首先在单元格中输入需要的文字，按【Alt+Enter】组合键可以强制换行，在换行后的文字前面按空格键，推动文字位置向后移动，直至输入的文字平均分布在斜线两边的区域即可，如图 1-47 所示。

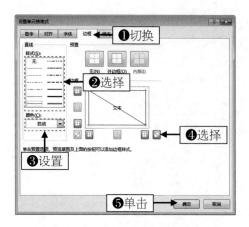

图 1-46 选择最后一个按钮

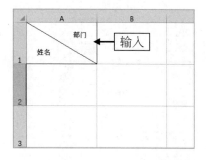

图 1-47 输入文字效果

实例 014 **Excel 表格中绘制多条斜线的表头制作方法**

在 Excel 中，带斜线表头的制作方法，除了上一例中所提到的方法之外，还可以通过"直线"线条自行绘制多条斜线。下面介绍两种绘制多条斜线表头的制作方法。

开口朝下的两条斜线

选中单元格并为其添加边框，❶在菜单栏中单击"插入"菜单；❷在功能区单击"形状"下拉按钮；在弹出的下拉列表框中，❸选择"直线"线条，在单元格左上角单击确认线条的起始点，❹拖动光标至单元格右侧边框线的三分之二的位置处，释放鼠标左键，确认线条的结束点，用户也可以按方向键调整斜线位置；用同样的方法，❺再次绘制一条以单元格左上角为起始点、单元格下边框线的三分之二处为结束点的斜线，然后在单元格中输入文字即可。最终效果如图 1-48 所示。

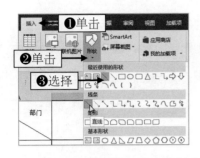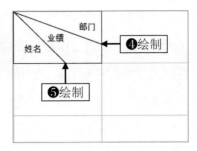

图 1-48　绘制开口朝下的两条斜线

🐚 开口朝上的两条斜线

开口朝上的操作方法与开口朝下的操作方法基本一致，不过是起始点与结束点位置完全相反，单元格文字内容可以通过文本框来完成，在"形状"下拉列表框中选择横排文本框，然后在工作表中绘制一个文本框，在其中输入需要的文字内容，按【Enter】键可执行换行操作，选中文本框进行拖动，可以调整文本位置，最终效果如图 1-49 所示。

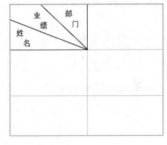

图 1-49　绘制开口朝上的两条斜线

 **一秒美化表格的方法之套用表格格式设置底纹和边框**

平时工作中需要对一些表格快速地设置底纹边框格式，要让表格看起来美观一点，一点点地设置有点儿慢，其实系统提供了快速设置

的方法，下面教大家如何学会这个新技能。

STEP 01 打开一个工作簿，选中所有内容，❶在功能区中单击"套用表格格式"下拉按钮；在弹出的下拉列表框中，❷选择"浅色"选项区下方第 3 排第 2 个样式，如图 1-50 所示。弹出"套用表格格式"对话框，单击"确定"按钮即可应用。

STEP 02 然后在"设计"菜单下的功能区中，单击"转换为区域"选项，弹出信息提示框，单击"是"按钮，即可在套用表格格式的情况下，对表格进行自定义颜色填充、合并等操作，最终效果如图 1-51 所示。

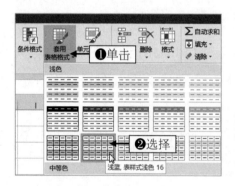

图 1-50　选择样式　　　　　　　　　图 1-51　最终效果

 **Excel 筛选、隐藏行以及删除行后仍然保持序号连续**

在 Excel 工作表中筛选、隐藏行以及删除行后继续保持序号连续，可以利用 SUBTOTAL 函数，计算隐藏行后的序号。

在 Excel 工作表中，选中 A2 单元格，在其中输入公式 =SUBTOTAL(103,$B$2:B2)，这里的 103 代表函数 COUNTA，用来计算非连续的单元格，输入公式后，按回车键确认，单击单元格右下角，下拉拖动至 A8 填充公式，当删除其中两行数据后，序号依旧可以保持连续，如图 1-52 所示。

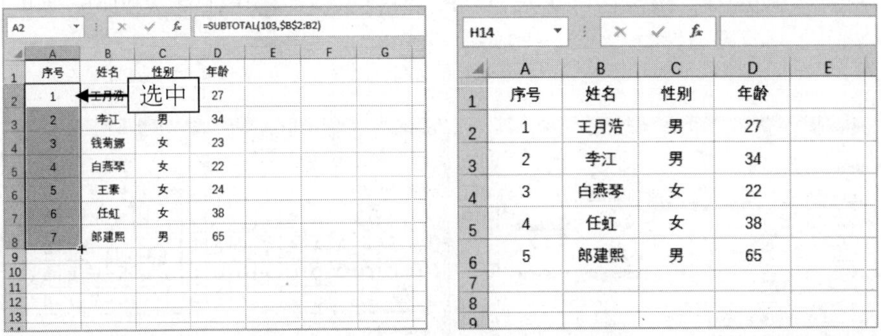

图 1-52　删除行后依旧保持序号连续

实例 017　Excel 中已有数字快速输入平方米和立方米的方法

Excel 中的数据，有时候需要用传统的科学计数法如 $1.1*10^3$ 这样来显示，以及有些需要加上平方米和立方米的单位，那么如何快速有效地完成呢？下面一起来学习一下吧！

在 Excel 工作表中，有三种可以快速输入平方米和立方米上标的方法。

☞ **通过单元格格式上标：** 在单元格中单位 m 的后方输入数字 2 或 3，双击选中输入的数字，右击，在弹出的快捷菜单中选择"设置单元格格式"，然后在"设置单元格格式"对话框中的"特殊效果"选项区中，❶选中"上标"复选框；❷单击"确认"按钮即可，如图 1-53 所示。

⊚ **插入符号**：选中单元格，单击菜单栏中的"插入"菜单，在功能区中选择"符号"选项，弹出"符号"对话框，在"符号"选项卡中，单击"子集"右侧的下拉按钮，❶选择"拉丁语 −1 增补"选项，在下方的符号表中；❷选择"上标 2"或"上标 3"；❸单击插入即可，如图 1−54 所示。

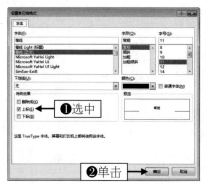

图 1-53　选中"上标"复选框　　　图 1-54　"符号"对话框

⊚ **快捷键**：长按【Alt】键，依次键入【1】、【7】、【8】，释放【Alt】键，即可在单元格中输入平方米的符号；用同样的方法，长按【Alt】键，依次键入【1】、【7】、【9】，释放【Alt】键，即可在单元格中输入立方米的符号。

 **专业会计才知道的 Excel 小技巧之超快速输入多个 0**

一名专业会计，经常会遇到需要输入大量的数字以及需要输入大量 0 的情况，比如公司本年度净盈利 1 个亿，就得输入 8 个 0，偶尔一次还好，要是有几百几千行这种 6 个 0、7 个 0 的数据需要输入，难免会出现错误。下面教大家只用三下敲击，就可以超快速输入任意多个 0

的小技巧。

快速输入多个 0，主要有两种方法。

  运用小键盘上的【∗】键：一百万有 6 个 0，当需要在单元格输入一百万的数值时，用户可在单元格中输入 1∗∗6，然后按回车键，即可获得数值 1000000；同理，一个亿有 8 个 0，用户可在单元格中输入 1∗∗8，然后按回车键，即可获得数值 100000000；当用户需要输入九十八万时，用户可在单元格中输入 9.8∗∗6，按回车键即可获得数值980000。

  运用科学计数法【e】键：其操作方法与【∗】键的应用一致，在单元格中输入 1e6，按回车键即可获得数值 1000000，相对来说第一种方法【∗】键需要按两下，第二种方法【e】键仅需按一下即可。

专家提醒

  用科学计数法【e】键时，有时候表格会有乱码的情况，这是因为单元格格式出错，用户可以选中乱码的单元格，在"设置单元格格式"对话框中设置"分类"为常规即可。

实例 019 Excel 多种日期样式统一显示为一种样式的两种方法

  在日期数据处理中，有这样一种情况，在一列数据中，由于输入人员的随意性，或者数据来源是好几个表格复制过来的，这样的日期数据查看起来很不方便，而且很不美观，普遍的方法是将单元格格式设置为日期格式即可，但也有设置后并没有统一格式的情况。下面介绍将多种日期样式统一显示为一种样式的两种方法。

☺ 分列指定格式法

在工作表中选中 A 列，单击菜单栏中的"数据"菜单，在其功能区单击"分列"选项，弹出"文本分列向导"对话框，连续单击"下一步"按钮，跳转至第三步，其中各选项系统默认为常规，在"列数据格式"选项区，选中"日期"单选按钮，然后单击"完成"按钮即可。

☺ 通过记事本清除格式

不少用户都知道，记事本有清除格式的作用，第二种方法就是要通过记事本来清除数据格式，操作稍微麻烦一点。首先，在桌面新建一个文本文件，然后复制 A 列日期数据，打开文本文件，粘贴进去，然后再从文本文件复制内容粘贴回 A 列，这时候，再将 A 列统一设置为日期格式。

 **Excel 自带的批注太丑了！可做成任意形状的花式批注**

Excel 自带的批注实在是太丑了，不过我们也有办法来对它进行改造。下面介绍制作任意自定义形状的批注，学会以后用户可以制作出更多创意形状的花式批注。

STEP 01 新建一个空白工作表，单击"文件"|"选项"命令，打开"Excel 选项"对话框，选择"自定义功能区"选项，在主选项卡下方区域内，❶选择并展开"审阅"选项组；❷在下方单击"新建组"按钮；❸在"审阅"选项组中新建一个分组，如图 1-55 所示。

STEP 02 新建完成后，单击"从下列位置选择命令"下拉按钮，在弹出的下拉列表中选择"所有命令"选项，然后在下方的列表框中选择"更改形状"选项，单击右侧的"添加"按钮，将其添加至新建的分组中，如图 1-56 所示。

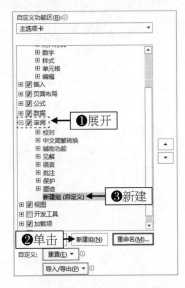

图 1-55 新建一个分组　　　　　图 1-56 添加"更改形状"命令

STEP 03 单击"确定"按钮，选择一个单元格，右击，在弹出的快捷菜单列表中选择"插入批注"选项，执行操作后，即可在单元格上插入一个批注，将鼠标移至单元格右上角的红色标记上弹出批注，移动光标并选中批注，拖动鼠标改变批注位置，如图 1-57 所示。

STEP 04 单击"审阅"菜单，❶在其功能区中单击"更改形状"下拉按钮；在"基本形状"选项区，❷选择一个心形形状，如图 1-58 所示。

STEP 05 执行操作后，批注形状随即变换为心形形状，拖动四周的控制柄可以调整其形状大小，右击，在弹出的快捷菜单中选择"设置批注格式"选项，弹出相应对话框，在其中可以设置批注"字体""大小"等属性，❶切换至"颜色与线条"选项卡；❷设置"填充"颜色为红色、"线条"颜色为红色，如图 1-59 所示。

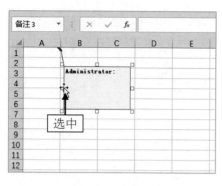

图 1-57 选中批注

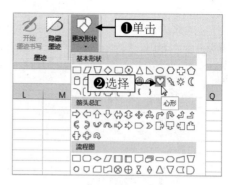

图 1-58 选择心形形状

STEP 06 设置完成后，单击"确定"按钮，即可完成更改批注操作，效果如图 1-60 所示。

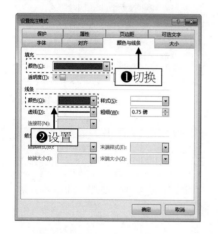

图 1-59 更改批注颜色

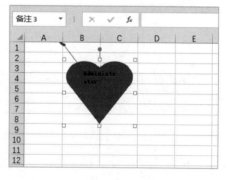

图 1-60 最终效果

实例 021 **Excel 中快速将不同产品编码的数据用空白行隔开**

Excel 中快速将不同产品编码的数据用空白行隔开，可以利用函数加辅助列，快速找到不同编码的首行，插入空白行达到间隔显示的效果。下面介绍这个技巧的操作方法。

STEP 01 选中 D2 单元格，❶输入公式 =IF(A2<>A1,1,"")，按回车键确认；单击 D2 单元格右下角，❷下拉拖动至 D12，填充公式，如图 1-61 所示。

STEP 02 删除 D2 单元格中的内容，选中单元格 D2：D12，按【Ctrl+G】组合键，打开"定位"|"定位条件"对话框，❶选中"公式"单选按钮；❷取消选中"文本"复选框；❸单击"确定"按钮，如图 1-62 所示。

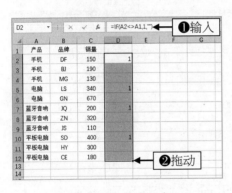

图 1-61　填充公式

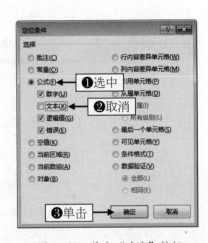

图 1-62　单击"确定"按钮

STEP 03 然后右击，在弹出的快捷菜单中选择"插入"选项，打开"插入"对话框，❶选中"整行"单选按钮；❷单击"确定"按钮，如图 1-63 所示。

STEP 04 执行操作后，即可插入空白行将不同产品编码的数据隔开，用户还可以通过筛选空白行，为其填充颜色，使隔行更加明显，如图 1-64 所示。

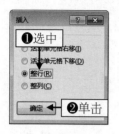

图 1-63 单击"确定"按钮

图 1-64 填充空白行效果

实例 **022** **Excel 快速进入"打印"预览页面的三种方法**

当用户将表格制作完成后，需要将制作的工作表打印存档。下面将介绍快速进入"打印"预览页面的三种方法。

🔊 **菜单栏**：单击"文件"|"打印"命令，即可进入"打印"预览页面，在其中，用户可以对"打印"页面进行设置调整。

🔊 **自定义快速访问工具栏**：单击"自定义快速访问工具栏"中添加的"打印预览和打印"快捷键，即可进入"打印"预览页面。

🔊 **快捷键**：按【Ctrl+P】组合键，即可快速进入"打印"预览页面。

实例 **023** **Excel 小技巧之按实际打印尺寸设置行高和列宽的方法**

有些时候需要对表格宽度按实际单位 cm 进行设置，而系统默认的是磅，这个换算关系比较麻烦，其实有一个简单的方法可以按厘米来设置行高、列宽。下面介绍按实际打印尺寸设置行高和列宽的方法。

STEP 01 新建一个空白工作表，❶单击"视图"菜单；❷在其功能区单击"页面布局"选项按钮；❸在工作表中选择一整列并右击；❹在弹出的快捷菜单中选择"列宽"选项，如图 1-65 所示。

STEP 02 执行操作后即可弹出"列宽"对话框，在其中可以设置列宽参数，单击"确定"按钮返回，选择一整行并右击，在弹出的快捷菜单中选择"行高"选项，弹出"行高"对话框，❶在其中设置行高参数后；❷单击"确定"按钮即可，如图 1-66 所示。

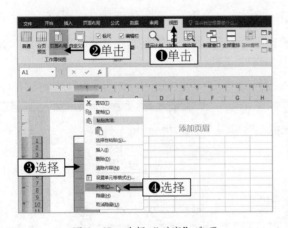

图 1-65　选择"列宽"选项

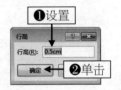

图 1-66　单击"确定"按钮

实例 024 多张不同列数不同排版的表格排版打印到一张 A4 页面的技巧

在日常工作时，我们经常会遇到需要将几个不同排版样式的小表合并打印到一页上面的情况，如果在 Excel 工作表中直接将几个小表放在一个工作表中进行排版，会因为表格样式、大小以及格式的不同而变得很烦琐，从而加深排版难度，降低用户的工作效率。这种情况下，用户可以借助 Excel 图片链接功能，帮助用户高效率完成工作任务。下面介绍如何将多张不同列数的表格排版打印到一张 A4 页面的技巧。

STEP 01 打开一个工作簿，切换至"家庭情况"工作表，选中并复制已制好的表格，切换至"排版打印"工作表，右击，在弹出的快捷菜单中，选择"选择性粘贴"|"其他粘贴选项"下方"链接的图片"按钮，如图 1-67 所示。

STEP 02 执行操作后即可将表格以图片的格式粘贴至"排版打印"表中，在图片上单击可以调整其停靠位置，此时粘贴的图片会与工作表中的网格重叠，❶单击"视图"菜单；在其功能区中，❷取消选中"网格线"复选框，如图 1-68 所示，即可清除工作表中的网格线，将背景变为白底。

图 1-67　选择"链接的图片"选项按钮

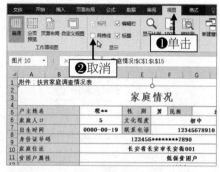

图 1-68　取消选中"网格线"复选框

STEP 03 切换至"家庭情况"工作表，用与上相同的方法，选中并复制工作表中与表格列宽一致的标蓝底的单元格，以图片的格式粘贴到"家庭成员"工作表中，然后右击，在弹出的快捷菜单中选择"大小和属性"选项，弹出"设置图片格式"任务窗口，❶展开"属性"面板；❷选中"不随单元格改变位置和大小"单选按钮，如图 1-69 所示，即可将蓝底单元格图片当作列宽标准。

STEP 04 调整"家庭成员"工作表中的表格列宽与蓝底单元格图片列宽一致后，选中并复制表格，将其以链接图片的格式粘贴至"排版打印"工作表中，并调整其停靠位置，然后用同样的方法，调整"帮扶责任人"工作表中的表格列宽，并以链接图片的格式粘贴至"排版打印"工作表中，并调整其停靠位置，进入"打印"预览页面，可以查看最终效果，如图 1-70 所示。

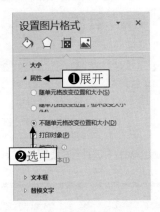

图 1-69　选中相应单选按钮

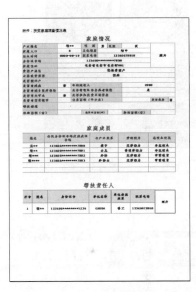

图 1-70　最终效果

 实例 **025**　**Office 小妙招之批量保存 Excel 中的多张图片**

在 Excel 中，有两种方法可以批量保存多张图片，第一种方法是将 Excel 文件转换为压缩包，此方法已在"实例 004"中进行了详细讲解，下面要介绍的是另外一种方法，这种方法不管是旧版本还是新版本都可以通用。

首先打开一个工作簿，单击"文件"|"另存为"|"浏览"命令，在弹出的"另存为"对话框中，设置保存位置和"文件名"，并设置"保存类型"为"网页"文件，设置完成后，单击"确定"按钮，在保存位置文件夹中会生成一个网页文件，和一个与原文件名一致的文件夹，Excel 中的图片就保存在该文件夹中，如图 1-71 所示。

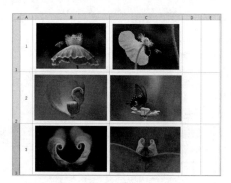

图 1-71 批量保存多张图片

实例 026 Excel 财务小技巧，人民币数字金额转汉字大写公式

在 Excel 工作簿中有一个看起来很复杂，但其实结构并不复杂的公式，这个公式的作用是可以将人民币数字金额转化成汉字大写，因此许多财会人员都会用到（即使不用也可以研究一下）。公式如下：="大写："&IF(ABS(B1)<0.005,"",IF(B1<0," 负 ",)&IF(INT(ABS(B1)),TEXT(INT(ABS(B1)),"[dbnum2]")&"元。

在实际用的时候，先把这个公式复制到记事本，比如要将 A1 的数字转化成人民币大写，那就用记事本的替换功能将 B1 替换成 A1，再将公式复制粘贴到要显示大写的单元格即可，如图 1-72 所示。

| A1 | | × ✓ *fx* | ="大写："&IF(ABS(B1)<0.005,"",IF(B1<0,"负",)&IF(INT(ABS(B1)),TEXT(INT(ABS(B1)),"[dbnum2]")&"元 |

	A	B	C	D	E	F	G	H	I
1	大写：壹仟贰佰元整	1200							
2	大写：伍仟肆佰元整	5400							
3	大写：壹万叁仟伍佰元整	13500							
4	大写：玖仟陆佰柒拾捌元整	9678							
5	大写：肆拾伍元叁角陆分	45.36							
6	大写：叁佰捌拾元柒角整	380.7							
7									

图 1-72　运用公式转换数字为汉字大写

实例 027　Excel 销售计划与完成情况表，从 0 开始的表格美化操作演示

将 Excel 销售计划与完成情况报表表格及图表美化实例演示，从"纯素颜"表格开始讲解，教会大家制作出既美观又实用的工作报表。

STEP 01 打开一个无边框、无填充颜色的工作表，如图 1-73 所示。

STEP 02 然后将第 1 行表格合并，设置字体大小为 20 并"加粗"，选中第 2 行表格，设置字体大小为 16 并"加粗"，选中 A、B、C、D 四列，将鼠标移至列宽边缘线上，向右拖动光标，调整列宽为 14，选中第 1 行，将鼠标移至行高边缘线上，向下拖动光标，调整行高为45.75，选中 2 ～ 9 行，用与上相同的方法，调整行高为 21，选中 A3：D8 单元格，设置字体大小为 11 并"加粗"，选中第 9 行表格，设置字体加粗，执行操作后，即可完成表格列宽、行高以及字体大小的设置，效果如图 1-74 所示。

STEP 03 选中第 1、2、9 行，设置"填充颜色"为"浅蓝色"、"字体颜色"为"白色"，选中第 3、5、7 行，设置"填充颜色"为淡色 80% 的"蓝色"，然后选中表格，单击功能区"边框"下拉按钮，选择"其他边框"选项，在弹出的对话框中，设置"颜色"为淡色 40% 的"绿

色"，设置"预置"为"内部"，单击"确定"按钮，即可完成表格边
框及颜色填充等设置，效果如图 1-75 所示。

图 1-73　无边框、无填充颜色的工作表　　图 1-74　设置表格列宽、行高以及字体大小

STEP 04 完成表格的美化后，选中 A2：C8 单元格，单击"插入"菜
单，在功能区单击"插入柱形图或条形图"下拉按钮，在弹出的下拉
列表中选择"簇状柱形图"选项，即可添加一个柱形图，调整图表至
合适位置并拖动图表四周的控制柄调整大小，效果如图 1-76 所示。

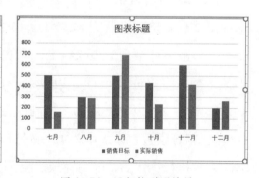

图 1-75　设置表格边框及颜色填充　　　　图 1-76　添加柱形图效果

STEP 05 在柱形图中选中橙色柱形，在"设计"功能区单击"更改
图表类型"选项按钮，弹出"更改图表类型"对话框，在"组合"选
项卡中，单击"实际销售"右侧的下拉按钮，在弹出的下拉列表框中，
选择"折线图"选项，单击"确定"按钮，即可将柱形图转换为折线图，

如图 1-77 所示。双击折线或柱形，弹出"设置数据系列格式"窗口，在"填充与线条"选项卡中可以设置其颜色、边框等属性。

STEP 06 完成折线图的添加设置后，按【Ctrl】键，选中 A2：A8、D2：D8 两列单元格，单击"插入"菜单，在功能区单击"插入饼图或圆形图"下拉按钮，在弹出的下拉列表中选择"饼图"选项，即可添加一个饼图，调整图表至合适位置并拖动图表四周的控制柄调整大小，在"设计"功能区，单击"添加图表元素"|"数据标签"|"居中"选项，为饼图添加数据标签，最终效果如图 1-78 所示。双击饼图中的某一块弧形图，弹出"设置数据系列格式"窗口，在"填充与线条"选项卡中可以设置其颜色、边框等属性。

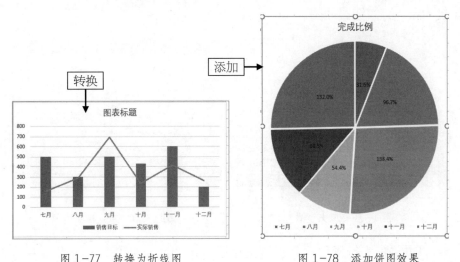

图 1-77　转换为折线图　　　　　图 1-78　添加饼图效果

Excel 输入身份证号码后显示为带 18 个方框的数字

我们经常会看到带有 18 个方框的身份证纸质报表，但是现在需要在表格中填写而且打印成这种样式，如果用拆分单元格来执行就会很麻烦。下面介绍一种方法，能够很便利地按连续数字输入身份证又可以显示为带方框的数字格式。

STEP 01 打开一个工作簿，切换至第 2 个工作表，在其中已制好了 18 个方框单元格，在第一个方框单元格中输入公式 =MID(Sheet1!$D$5,Sheet2!A1,1)，按回车键确认，即可将第 1 个表格中的身份证号码逐一拆分至第 2 个表格内，单击单元格右下角并向右拖动填充公式，效果如图 1-79 所示。

STEP 02 选择并复制这 18 个方框单元格，切换至第 3 个工作表，右击，在弹出的快捷菜单中选择"选择性粘贴"|"其他粘贴选项"下方"链接的图片"按钮，如图 1-80 所示。

图 1-79 填充公式

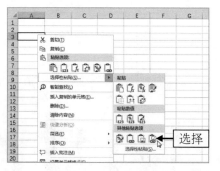

图 1-80 选择相应选项

STEP 03 执行操作后，复制链接图片，切换至第 1 个工作表，将图片粘贴至 D5 单元格，如图 1-81 所示。

STEP 04 拖动图片四周的控制柄可以调整图片大小，然后设置其"填充颜色"为白色，最终效果如图 1-82 所示。

图 1-81　粘贴链接图片　　　　　图 1-82　最终效果

 用 Excel 做英语 4 线 3 格作业本的基础操作演练

　　本实例将介绍用 Excel 制作英语 4 线 3 格作业本的基础操作，主要用来熟悉 Excel 页面设置、格式设置等功能。

　　STEP 01 新建一个工作簿，单击"视图"菜单，在其功能区单击"页面布局"选项按钮，在下方工作表中，调整 A 列列宽为 16.40 厘米，选择第 2 行，调整行高为 0.66 厘米，按【Ctrl】键选择第 3、5 行，调整行高为 0.32 厘米，选择第 4 行，调整行高为 0.37 厘米，效果如图 1-83所示。

　　STEP 02 选中 A2：A5 单元格，按【Ctrl+1】组合键，弹出"设置单元格格式"对话框，在"边框"选项卡中，❶设置"颜色"为"绿色"、"边框"为上中下三条边框线；❷单击"确定"按钮，如图 1-84 所示。

　　STEP 03 执行操作后，选择 A4 单元格，按【Ctrl+1】组合键，弹出"设置单元格格式"对话框，在"边框"选项卡中，❶设置"样式"为第 2 列倒数第 3 个线条样式、"边框"为上下两条边框线；❷单击"确定"按钮，如图 1-85 所示。

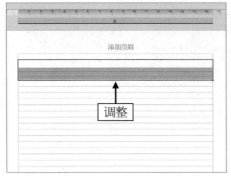

图 1-83 调整列宽、行高效果

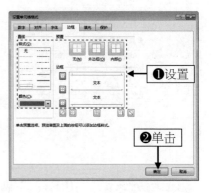

图 1-84 单击"确定"按钮

STEP 04 执行操作后，选中并复制第 2、3、4、5 行，按【Ctrl+V】组合键粘贴至此页中其余的行数，效果如图 1-86 所示。

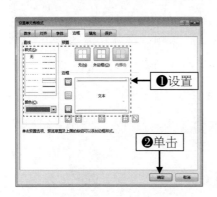

图 1-85 单击"确定"按钮

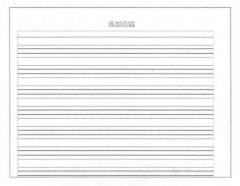

图 1-86 最终效果

实例 030 用 Excel 制作田字格中文字帖，你会吗

本实例将介绍用 Excel 制作田字格中文字帖的操作，喜欢练字或家里有小朋友的用户可以好好地学习一下这个技巧，用户可以在学习制作的同时，深入了解 Excel 单元格格式的设置和基础知识的运用。

STEP 01 新建一个工作簿，设置工作表名称为"字帖"，单击"视图"菜单，在其功能区单击"页面布局"选项按钮，在下方工作表中，按【Ctrl+A】组合键全选单元格，设置列宽、行高均为 1 厘米，然后设置第 1、4 行行高和 A、D 两列列宽均为 0.4 厘米，效果如图 1-87 所示。

STEP 02 选中 B2：C3 单元格，按【Ctrl+1】组合键，弹出"设置单元格格式"对话框，在"边框"选项卡中，❶设置"颜色"为"橙色"、"样式"为第 2 列倒数第 2 个线条样式、预置为"外边框"，然后再次选择"样式"选项区中第 2 列第 4 个线条样式，设置"边框"为十字虚线，如图 1-88 所示；❷单击"确定"按钮。

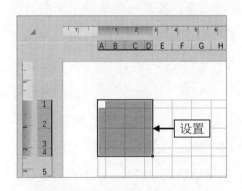

图 1-87 设置列宽、行高效果

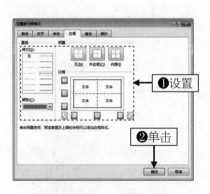

图 1-88 设置"边框"等属性

STEP 03 执行操作后，按【Ctrl】键选择 B2 和 C3 单元格，按【Ctrl+1】组合键，弹出"设置单元格格式"对话框，在"边框"选项卡中，设置"颜色"为"橙色"、"样式"为第 2 列第 4 个线条样式、"边框"为对角斜线，然后单击"确定"按钮，如图 1-89 所示。

STEP 04 用与上相同的方法，为 B3 和 C2 单元格设置一条对角斜线，选中 B、C、D 三列，运用功能区中的"格式刷"，复制单元格格式并粘贴到 E ~ V 列，然后用相同的方法，选中第 2、3、4 行，运用"格式刷"复制单元格格式并粘贴到 5 ~ 37 行，效果如图 1-90 所示。

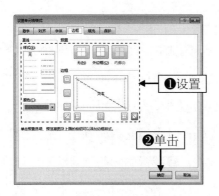

图 1-89　单击"确定"按钮

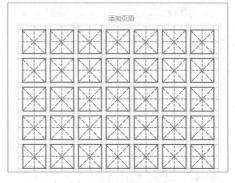

图 1-90　制作效果

STEP 05 制作完成后，单击"视图"功能区中的"普通"选项，切换为普通视图，然后在工作表名称上右击，在弹出的快捷菜单中，选择"移动或复制"选项，弹出"移动或复制工作表"对话框，❶选中"建立副本"复选框，❷单击"确定"按钮，如图 1-91 所示。

STEP 06 双击副本名称，重命名为"文字"，在工作表中选中并合并 B2：C3 单元格，选中 B、C、D 三列，运用功能区中的"格式刷"，复制单元格格式并粘贴到 E ～ V 列，然后用相同的方法，选中第 2、3、4 行，运用"格式刷"复制单元格格式并粘贴到 5 ～ 37 行，按【Ctrl+A】组合键全选，设置"字体"为"楷体"、字体大小为 48，输入文字效果如图 1-92 所示。

图 1-91　单击"确定"按钮

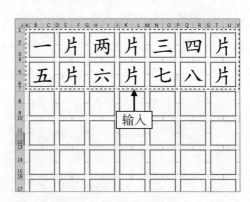

图 1-92　输入文字效果

STEP 07 按【Ctrl+A】组合键全选，设置"边框"为"无框线"，按【Ctrl+C】组合键复制表格，切换至"字帖"工作表，右击，在弹出的快捷菜单中选择"选择性粘贴"|"其他粘贴选项"下方"链接的图片"按钮，即可在"字帖"工作表中显示"文字"工作表中的文字，效果如图 1-93 所示。

STEP 08 ❶单击"视图"菜单；❷在其功能区中取消选中"网格线"复选框，如图 1-94 所示，用同样的方法清除"文字"工作表中的"网格线"，使字帖更加清晰。

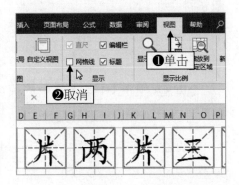

图 1-93　链接图片效果　　　　图 1-94　取消选中"网格线"复选框

实例 031 利用排序完成隔行插入空行制作简单工资条

企业财务部门人员在月底发工资时，通常会给员工一张工资条，为了方便裁剪，在制表时，需要制作隔行插入空行工作表，一行一行插入实在太过烦琐，下面教大家如何利用排序完成隔行插入空行的制作。

STEP 01 选中 G2 单元格，输入 1，移动鼠标至单元格右下角呈十字光标形状时，按【Ctrl】键下拉拖动至 G11 进行连续序号填充，添加一栏辅助列，如图 1-95 所示。

STEP 02 复制 G2：G11 单元格，在 G12 单元格处粘贴，选中 A1：G1 单元格，❶单击功能区中的"排序和筛选"下拉按钮，在弹出的下拉列表中，❷选择"筛选"选项，如图 1-96 所示。

图 1-95　添加一栏辅助列

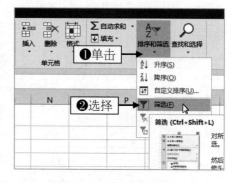

图 1-96　选择"筛选"选项

STEP 03 单击 G1 单元格中的筛选按钮，在弹出的下拉列表中，选择"升序"选项，表格效果如图 1-97 所示。

STEP 04 选中 A1 单元格，按【Shift】键的同时，选中 F20 单元格，设置"边框"为"所有框线"，按【Ctrl+G】组合键，打开"定位"|"定位条件"对话框，在其中选中"空值"单选按钮，单击"确定"按钮，即可定位所有空行，如图 1-98 所示。

图 1-97　表格效果

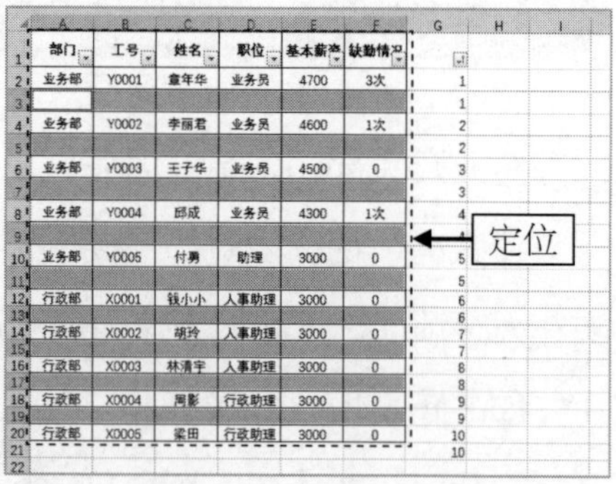

图 1-98　定位所有空行

STEP 05 按【Ctrl+1】组合键，弹出"设置单元格格式"对话框，在"边框"选项卡中，设置"预置"为无，"边框"为上下框线，如图 1-99 所示。

STEP 06 设置完成后单击"确定"按钮，即可完成制作，最终效果如图 1-100 所示。

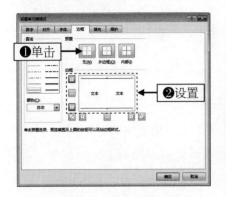

图 1-99　设置"边框"属性　　　　　图 1-100　最终效果

 Excel 制作带指纹和税号编号的印章

我们经常会遇到文件要盖章的情况，但随时把印章带在身边未免太过麻烦。下面教大家通过 Excel 制作带指纹和税号编号的印章，文字部分可直接通过修改单元格数据得到新的印章。

STEP 01 打开一个工作簿，单击"插入"菜单，在其功能区中单击"形状"下拉按钮，在弹出的下拉列表中，选择"椭圆"形状，如图 1-101 所示。

STEP 02 按【Shift】键在工作表中绘制一个正圆，在"格式"功能区，设置"形状填充"为"无填充"，单击"形状轮廓"下拉按钮，设置轮廓颜色为"红色"、"粗细"为"3 磅"，效果如图 1-102 所示。

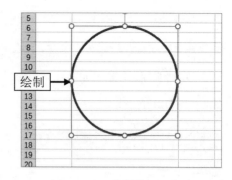

图 1-101　选择"椭圆"形状　　　　　　图 1-102　绘制的正圆效果

STEP 03 单击"插入"菜单，在其功能区中单击"艺术字"下拉按钮，在弹出的下拉列表中，选择第 1 个样式，在"格式"功能区中，单击"文本效果"|"转换"|"拱形"选项按钮，如图 1-103 所示。

STEP 04 在功能区"大小"选项区中，设置"高度"和"宽度"均为"4 厘米"，单击拖动艺术字文本框至正圆内圈的合适位置处，按【Ctrl】键同时选中正圆和艺术字文本框，在功能区单击"对齐"下拉按钮，选择"水平居中"选项和"垂直居中"选项，设置完成后，选中艺术字文本框，在编辑栏中输入 =B1，按回车键确认，即可同步单元格文字，效果如图 1-104 所示。在单元格中输入其他文字，印章中的文字也会随之改变。

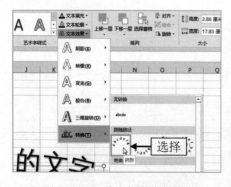

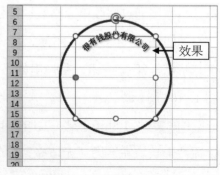

图 1-103　单击相应选项按钮　　　　　　图 1-104　同步单元格文字效果

STEP 05 选中艺术字文本框，单击"开始"菜单，在其功能区中，设置"字体"为"华文楷体"、"字号"为 54、"字体颜色"为"红色"，并为文本"加粗"，效果如图 1-105 所示。

STEP 06 选择工作表中提供的带指纹的印章图案，按【Ctrl+C】复制，粘贴至正圆内圈中，拖动图案四周的控制柄，可以调整其大小和位置，以正圆为基准设置图案"水平居中"对齐，效果如图 1-106 所示。

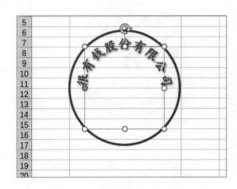 

图 1-105　设置文本属性效果　　　　　图 1-106　添加印章图案效果

STEP 07 单击"插入"菜单，在其功能区中单击"文本框"下拉按钮，在弹出的下拉列表中，选择"绘制横排文本框"选项，在印章图案下方绘制一个文本框，选中文本框，在编辑栏中输入 =B3，按回车键确认，在其功能区中，设置"字体"为"华文楷体"、"字号"为 18、"字体颜色"为"红色"，并为文本"加粗"，拖动文本框四周的控制柄，可以调整其大小和位置，以正圆为基准设置文本框"水平居中"对齐，并设置"形状填充"为"无填充"、"形状轮廓"为"无轮廓"，效果如图 1-107 所示。

STEP 08 单击"插入"菜单，在其功能区中单击"艺术字"下拉按钮，在弹出的下拉列表中，选择第 1 个样式，在"格式"功能区中，单击"文本效果"|"转换"|"拱形：下"选项按钮，用与上相同的

方法，设置文本框的位置、"高度"和"宽度"均为"5 厘米"、"对齐"为"水平居中"等属性，设置完成后，选中艺术字文本框，在编辑栏中输入 =B2，按回车键确认，用与上相同的方法，设置文本的"字体"为"华文楷体"、"字号"为 16、"字体颜色"为"红色"并"加粗"等属性，最终效果如图 1-108 所示。

图 1-107　设置文本属性效果

图 1-108　最终效果

第 2 章   公式函数实战应用

学前提示

本章主要讲解的是公式函数在日常生活和工作中的实战应用，如用公式设定条件格式、数据查找匹配、六舍七入取整以及提取文本数据等内容，细致全面，帮助读者快速掌握各种函数公式，通过实战教学的方法，灵活运用，举一反三。

本章知识重点

- 会计常用的 17 个 Excel 公式图解说明
- Excel 利用 VLOOKUP 对小分类快速划分大类（快速分组）
- Excel 表多条件查找（行列交叉查找）INDEX+MATCH
- 不同职称奖学金匹配：Excel 的 IF 函数多条件判断示例
- Excel 巧用函数构造 HTML 代码批量插入图片

学完本章后你会做什么

- 在 Excel 中用公式法制作横道图（甘特图）
- 用函数从混合文本中提取名字及银行卡号并分列显示
- 用 Excel 函数查找本行最后一个数据所在的列位置

 视频演示

制作横道图

随机打乱顺序

 **会计常用的 17 个 Excel 公式图解说明**

大家都知道，会计人员的工作不仅烦琐，还需要非常细心，每天都有做不完的报表，下面图解 21 位会计人员常用的 Excel 公式，帮助大家提高工作效率。

☺ **文本与百分比连接公式**：如果直接连接文本，百分比会以数字显示，因此需要用 TEXT 函数格式化后再连接，如图 2-1 所示，公式为：A3=TEXT(C2/B2,"0%")。

☺ **账龄分析公式**：借助辅助区域，用 LOOKUP 函数可以分析计算账龄区间，公式为：E2=LOOKUP(D2,G$2:H$6)，如图 2-2 所示，如果不用辅助区域，可以用常量数组，公式为：E2=LOOKUP(D2,{0," 小于 30 天 ";31,"1~3 个月 ";91,"3~6 个月 ";181,"6-1 年 ";361," 大于 1 年 "})。

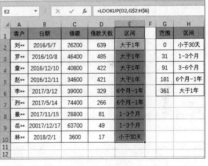

图 2-1　文本与百分比连接　　　　　图 2-2　账龄分析

☺ **屏蔽错误值公式**：运用该公式可以把公式产生的错误值显示为空，公式为：C2=IFERROR(A2/B2,"")，如图 2-3 所示。

☺ **完成率公式**：如图 2-4 所示。要求根据 B 列的实际数据和 C 列的预算数据，计算完成率，公式为：E2=IF(C2<0,2-B2/C2,B2/C2)。

	A	B	C	D
	C2			=IFERROR(A2/B2,"")
1	实际	计划	完成率	
2	23	67	34%	
3	5	12	42%	
4	89			
5	9	5	180%	

图 2-3 屏蔽错误值

	A	B	C	D	E
	E2			=IF(C2<0,2-B2/C2,B2/C2)	
1	部门	实际	预算	完成率错误	完成率正确
2	A	100	90	111%	111%
3	B	-50	-100	50%	150%
4	C	-150	-100	150%	50%
5	D	100	-50	-200%	400%

图 2-4 完成率

  ❧ **金额大小写公式**：在"实例 026"中有讲解如何将数字转换为大写汉字的公式，不过这里要讲解的公式与"实例 026"中的公式不太一样，不过作用是一致的，公式为：=TEXT(LEFT(RMB(A2),LEN(RMB(A2))-3),"[>0][dbnum2]G/ 通用格式元 ;[<0] 负 [dbnum2]G/ 通用格式元 ;;")&TEXT(RIGHT(RMB(A2),2),"[dbnum2]0 角 0 分 ;; 整 ")。

  ❧ **同比增长率公式**：如图 2-5 所示，B 列是本年累计，C 列是去年累计，要求计算两年同比增长率，公式为：D2=(B2-C2)/IF(C2>0,C2,-C2)。

  ❧ **多条件判断公式**：当两个条件同时成立时用 AND 函数来判断，当任意一个条件成立时则用 OR 函数来判断，如图 2-6 所示，公式为：C2=IF(AND(A2<500,B2=" 未到期 ")," 补款 ","")。

	A	B	C	D	E
	D2			=(B2-C2)/IF(C2>0,C2,-C2)	
1	项目	本年累计	去年同期累计	同比增长	
2	AA	8	5	60%	
3	BB	10	8	25%	
4	CF	20	10	100%	
5	DI	-30	-20	-50%	
6	XO	-5	5	-200%	
7	MI	66	65	2%	
8	LI	-15	-13	-15%	

图 2-5 同比增长率

	A	B	C	D	E	F
	C2			=IF(AND(A2<500,B2="未到期"),"补款","")		
1	金额	是否到期	提醒			
2	800	未到期				
3	200	已到期				
4	300	未到期	补款			
5	400	未到期	补款			

图 2-6 多条件判断

◈ **单条件查找公式：** 如图 2-7 所示，在表格下方制作一个辅助区域，根据姓名，查找籍贯，公式为：B2=VLOOKUP(A2,A4:E12,4,FALSE)。

◈ **双向查找公式：** 利用 MATCH 函数查找位置，用 INDEX 函数取值，如图 2-8 所示，用公式返回销量值，公式为：=INDEX(B5:H9,MATCH(A2,A5:A9,0),MATCH(B2,B4:H4,0))。

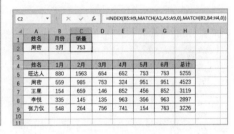

图 2-7　单条件查找　　　　　图 2-8　双向查找

◈ **多条件查找公式：** 可通过 LOOKUP 函数，返回向量或数组中的数据，如图 2-9 所示，公式为：B5=LOOKUP(1,0/((E2:E9=B2)*(F2:F9=B3)*(G2:G9=B4)),H2:H9)。

◈ **单条件求和公式：** 运用 SUMIF 函数可以对满足条件的单元格求和，如图 2-10 所示，公式为：G2=SUMIF(A:A,F2,D:D)。

◈ **多条件求和公式：** 使用 SUMIFS 函数可快速对多条件单元格求和，如图 2-11 所示，公式为：G2=SUMIFS(C2:C11,A2:A11,E2,B2:B11,F2)。

◈ **隔列求和公式：** 运用 SUMIF 函数加绝对引用，可以进行隔列求和，如图 2-12 所示，公式为：I2=SUMIF($B$2:$H$2,$I$2,B3:H3)。如果没有标题，就只能用稍复杂的公式，公式为：I2=SUMPRODUCT((MOD(COLUMN(B3:H3),2)=0)*B3:H3)。

图 2-9 多条件查找

图 2-10 单条件求和

图 2-11 多条件求和

图 2-12 隔列求和

两表数据多条件核对公式:
如图 2-13 所示,要求核对两个表
格中同一个产品同一个型号的数量
差异,并将其计算显示在 D 列单元
格中,输入公式后,下拉填充其他
单元格,公式为: D10=SUMPRO
DUCT(($A$2:$A$6=A10)*($B$2:$
B$6=B10)*$C$2:$C$6)−C10。

图 2-13 两表数据多条件核对

多表相同位置求和公式: 多个工作表如果格式完全相同,可以用 SUM 函数的多表求和功能。运用此公式，可以将在同一个工作簿中的多个工作表中的同一个单元格位置进行求和计算，公式为：=SUM(Sheet1:Sheet5!B2)，是指汇总求和前 5 个工作表。

ⓐ **两条相同查找公式：**COUNTIF 函数可以对指定区域中符合指定条件的单元格进行计数统计，公式为：=COUNTIF(Sheet2!A:A,A2)，在第 1 个工作表中输入公式，查找计数第 2 个工作表中的指定条件个数，如返回值大于 0，则说明在第 2 个表中存在查找的条件。若返回值为 0，则查找的条件在第 2 个表中不存在。

ⓐ **个税计算公式：**如在工作表中设定 A2 单元格是应税工资，则计算个税公式为：=5*MAX(A2*{0.6,2,4,5,6,7,9}%-{21,91,251,376,761,1346,3016},)。

实例 034 用公式设定条件格式，对户主所在行标红

在制作统计家庭户主和家庭成员信息表时，可以使用公式设定条件格式，对户主所在行标记颜色，以区分家庭与家庭之间的关系，方便阅览查找信息等。下面介绍具体操作。

STEP 01 在 Excel 中，单击功能区中的"条件格式"|"突出显示单元格规则"|"其他规则"选项，弹出"新建格式规则"对话框，在"选择规则类型"选项区中，❶选择"使用公式确定要设置格式的单元格"选项；在"编辑规则说明"选项区中的"为符合此公式的值设置格式"文本框中，❷输入公式 =$D2=" 户主 "，如图 2-14 所示。

STEP 02 单击右下角的"格式"按钮，弹出"设置单元格格式"对话框，设置字体"颜色"为"白色"，切换至"填充"选项卡，单击"其他颜色"按钮，弹出"颜色"对话框，❶切换至"自定义"选项卡；❷设置"红色"为 255、"绿色"和"蓝色"均为 91；❸连续单击"确定"按钮直至返回工作表，如图 2-15 所示。

图 2-14 输入公式   图 2-15 设置"颜色"参数

STEP 03 在功能区中单击"条件格式"|"管理规则"选项，弹出"条件格式规则管理器"对话框，在"应用于"下方的文本框中输入 =$A$2:$D$20，如图 2-16 所示。

STEP 04 执行操作后，单击"确定"按钮，即可应用公式设定条件格式，对户主所在行标记颜色，如图 2-17 所示。

图 2-16 输入公式   图 2-17 对户主所在行标记颜色

专家提醒

在 Excel 中，输入公式时，如果想要单元格可以识别文本，需要将文本加上双引号。若想要对判断条件进行绝对引用，如 A2，选中 A2 按【F4】键可以快速绝对引用变为 $A$2。

实例 035 Excel 之众里寻他，数据查找匹配函数 VLOOKUP 中文精解

很多用户都不太能理解 VLOOKUP 函数公式的意思，其实这个公式主要用于大量数据的查找匹配以及查找重复数据，大家也可以去查看 Excel 中的帮助提示。

VLOOKUP 其意是指在表格数组的首列查找值，并由此返回表格数组当前行中其他列的值。当比较值位于需要查找的数据左边的第一列时，可以使用 VLOOKUP 函数。

VLOOKUP 待查值：为需要在表格区域第一列中查找的数值。

VLOOKUP 搜索区：为两列以上数据区域，即用于查找的数据区域，待查值即在此区域的第一列进行搜索。

VLOOKUP 返回值在搜索区的列号：为搜索区中待返回值所在列的列数（搜索区从左往右依次数）。

实例 036 用 VLOOKUP 函数辅助将乱序数据相同部门的多个姓名合并

很多时候我们需要把同一个部门的人员名单合并在一个单元格中，但是 Excel 在字符合并方面比较差。下面介绍一种利用 VLOOKUP 函数 + 辅助列的方法，快速把乱序的数据相同项目对应的名单或者其他行的数据进行字符合并，技巧很简单，主要是思路，希望大家可以学以致用，举一反三。

STEP 01 打开一个工作簿，选中 C2：C12 单元格，❶在编辑栏中输入公式 =B2&IFERROR("、"&VLOOKUP(A2,A3:C12,3,),"")，按【Ctrl+Enter】组合键；❷即可获得计算结果，如图 2-18 所示。

STEP 02 按【Ctrl】键，选中 A 列和 C 列，复制粘贴至 E 列和 F 列，单击"数据"菜单，在其功能区单击"删除重复值"选项按钮，如图 2-19 所示。

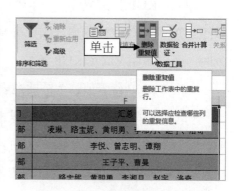

图 2-18　输入公式获得计算结果　　　　图 2-19　单击相应选项按钮

STEP 03 弹出"删除重复值"对话框，取消选中"汇总"复选框，如图 2-20 所示。

STEP 04 单击"确定"按钮，即可完成操作，得到最终结果，如图 2-21 所示。

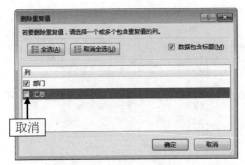

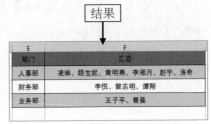

图 2-20　取消选中"汇总"复选框　　　　图 2-21　得到最终结果

Excel 利用 VLOOKUP 对小分类快速划分大类（快速分组）

在日常表格数据处理中，常常会遇到有些小分类需要归总为几个大类来统计或者排列数据，分类小的时候，用 IF 函数判断即可，但如果分类比较多就显得很烦琐，而且公式也会变得很长。下面介绍一个利用分类表结合 VLOOKUP 函数来快速分组的方法。

STEP 01 打开一个工作簿，其中"分类"工作表为数据参考表，"数据"工作表为本实例需要为表格中的数据进行快速分类的演示表，如图 2-22 所示。

图 2-22　"分类"工作表和"数据"工作表

STEP 02 选中 B2：B8 单元格，在编辑栏中输入公式 =VLOOKUP(A2, 分类 !A:B,2,0)，按【Ctrl+Enter】组合键，即可获得计算结果，分类效果如图 2-23 所示。

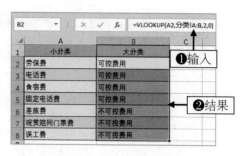

图 2-23　快速分类效果

 专家提醒

　　这个方法还可以应用于透视表源数据处理，有些透视表统计的时候需要进行分组统计，常规方法可以用手工在透视表选取小分类后分组，用这种方法在源数据直接添加辅助列进行分类后，可以非常快速地进行分类统计，而且可以很快捷地变更分类方式。

 实例 038　Excel 中用公式法制作横道图（甘特图）

　　进度计划横道图，相信很多人会用到，一般来说也有专业软件可以做，Excel 中也可以用图表做。下面介绍一种轻量级解决方案，只需要简单的公式和字体设置即可，相信大家可以快速学会制作简单的横道图。

STEP 01 打开一个工作簿，选中 D2：D15 单元格，并设置"字体"为 Webdings，在 D2 单元格中输入公式 =REPT(" ",B2-MIN($B$2:$B$9))&REPT("g",C2-B2+1)，如图 2-24 所示。

STEP 02 将鼠标移至 D2 单元格右下角，单击下拉拖动至 D15 单元格，填充公式，执行操作后，还可以根据需要更改字体颜色，效果如图 2-25 所示。

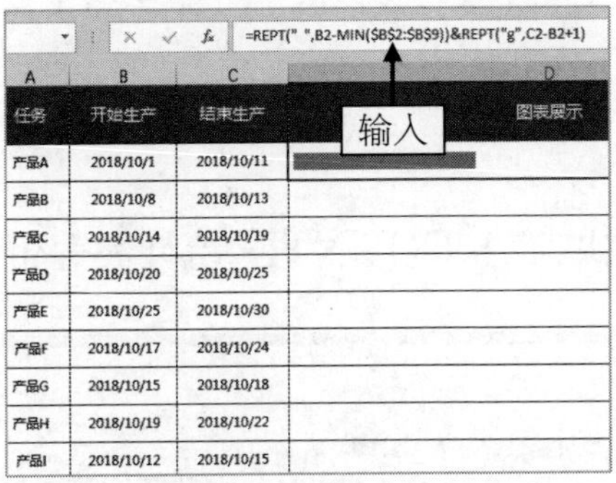

图 2-24　输入公式

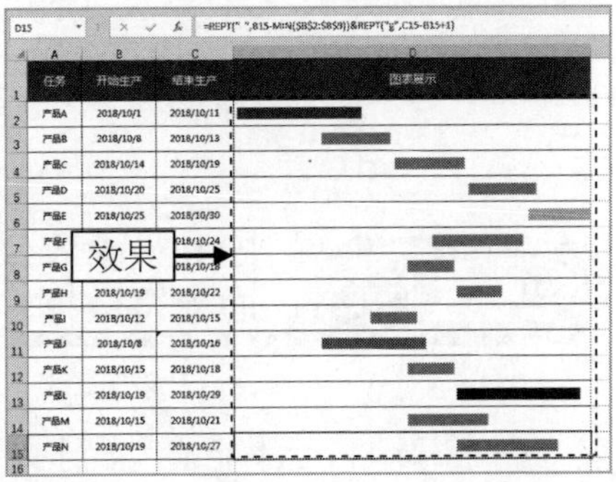

图 2-25　填充公式并更改部分字体颜色

实例 039　Excel 中六舍七入取整的两种公式写法

我们知道四舍五入取整时需使用 ROUND(A1,0)，下面介绍两种计算六舍七入的公式方法，就是指小数位大于等于 0.7 的数据向上取整，而小于等于 0.7 的数据向下取整。

◉ **ROUND 函数公式：** 整体数值减去 0.2，换算为基础四舍五入公式，公式为：=ROUND(A2−0.2,0)。

◉ **INT 函数公式：** 0.7 加上 0.3 就会进位，整体数值加上 0.3 后取整，公式为：=INT(A2+0.3)

实例 040　Excel 中取整公式扩展推广为 M 舍 N 入

在 Excel 中，除了上一个案例中所讲解的六舍七入取整公式外，还

可以在 INT 函数公式上进行推广扩展，相信大家学会以后，能够举一反三，活学活用。

扩展 M 舍 N 入取整公式为：=INT(A2+1−N/10)，比如 3 舍 4 入取整，则公式为：=INT(A2+1−4/10)；精简公式为：=INT(A2+0.6)。

实例 041　Excel 函数公式进阶之 COUNTIF 统计 ★ 等带通配符数据

在制表时，可能会遇到 COUNTIF 统计不准的情况，如图 2−26 所示，这个问题是因为统计的数据中含有"★"符号，那么就会造成 COUNTIF 把"★"符号作为通配符，实际效果就是"★"符号代表了任意字符而不是数据中本身的"★"符号。解决问题的方案有如下两个。

B3		✕ ✓ f_x	=COUNTIF(A:A,A3)	
	A		B	C
1	数据		统计	
2	M03-M2.6*5-0.1		1	
3	M03-M2*6		2	
4	M02-M2.6*7		1	
5	M02-M2.6*6		1	
6	M02-M2.5*10		1	

图 2−26　COUNTIF 统计不准的情况

方案一：

COUNTIF 要统计通配符本身前面需要加"~"符号，所以公式改为：=COUNTIF(A:A,SUBSTITUTE(A3,"*","~*"))，将通配符"★"替换为"~★"符号。

方案二：

在 Excel 工作表中，如果已经确定了是精确统计，那么直接用 SUMPRODUCT 公式 =SUMPRODUCT(−−($A$1:$A$100=A3))，注意这里不要写整列 A：A，否则会降低计算速度，这样就可以应对任何符号了。

Excel 多条件取值终极解法高级应用 SUMPRODUCT 函数

很多用户都知道，用 LOOKUP 可以进行多条件判断取值，不过这个解法有一个严重的缺陷，就是只能解 a<=A<b，就是当条件都是大于等于较小值且小于较大值的情况，如果需要解 a<A<=b（大于较小值而小于等于较大值的多条件），那么在节点上就判断不准了。如果用 IF 函数去做，嵌套一大堆的 IF 在公式中，看着都十分烦琐。在先后试验了 VLOOKUP、HLOOKUP 以及 MATCH 函数公式后，发现它们的内在原理都是一样的，只好用 SUMPRODUCT 这个高级应用函数。

实例如下：

⊚ 输入 500>=a1>0 的数的时候，B1 显示为 A1*0.1。

⊚ 输入 2000>=A1>500，B1 显示为 A1*0.2。

⊚ 输入 5000>=A1>2000，B1 显示为 A1*0.3。

⊚ 输入 20000>=A1>5000，B1 显示为 A1*0.4。

有人会说，这还不简单？几个 IF 就可以了。但现在要解决的问题是，如果有 N 个以上这样的条件，还能用 IF 吗？公式写出来只怕会很累，而且 IF 只能嵌套 7 层，那么怎样可以将公式简化，简化成容易理解容易使用的形式呢？下面开始分析。

第一，本问题核心是 A1*X，X 的取值根据 A1 的范围变化，那么核心就是求 X。

第二，抽出 A1 条件和 X 对应结果，得出以下数列，如图 2-27 所示。

1	2	3
>0	<=500	0.1
>500	<=2000	0.2
>2000	<=5000	0.3
>5000	<=20000	0.4

图 2-27 得出数列结果

到现在事情就变得比较简单了，这个问题抽象成数学逻辑就完成了。

对第 1、2 列数据进行逻辑与运算，其结果再乘以第 3 列数据，由于只有一行的数据符合要求，而其他行注定会等于 0，所以对每行的运算结果求和，就是最终的 X 取值。

综上所述，得出结论，最适合的公式就是 SUMPRODUCT 函数，这个函数其本质就是数组求和，实际上可以分解成 SUM 函数的数组公式，但它的优点就是用普通公式了完成数组公式的效果，在这里它最大的作用就是进行逻辑与运算以及数组求和。公式其实很简单，如下为纯数字版的公式：

=SUMPRODUCT((A1>{0,500,2000,5000})*(A1<={500,2000,5000,20000})*{0.1,0.2,0.3,0.4})

看起来很复杂，其实几个括号的值和上面的数列一对比，就很简单了，实际使用的时候，可以用单元格区域代替 {}，以图 2-28 为例，这是 F9: G13 的单元格区域，公式就相应改为：=SUMPRODUCT((

0	0.1
500	0.2
2000	0.3
5000	0.4
20000	

图 2-28 示范案例

A1>$F$9:$F$12)*(A1<=$F$10:$F$13)*($G$9:$G$12))。

这里当需要的条件更多时，一样可以套用这个公式，只要把条件区域进行相应改变即可。

到此为止，就算出了对应 X 的值，剩下的就是在公式前面加上 A1* 即可。

 **Excel 表多条件查找（行列交叉查找）**
INDEX+MATCH

平时有些 Excel 数据表常常是一个行表头和一个列表头，而在计算或者查找时，已知的条件往往是一个行数据和一个列数据，要快速地返回行和列对应的数据，如果数据量小、计算量小，人工肉眼看一下倒也还好，如果数据量大、计算量大，工作量就太大了。下面介绍一个常规的行列关键字表头的查找组合函数。

假设月份为列，产品为行，需要根据月份和产品来查找生产数量，如图 2-29 所示，则公式为：=INDEX(B3:G15,MATCH(B17,A3:A14,0),MATCH(B18,B2:G2,0))。

B19 =INDEX(B3:G15,MATCH(B17,A3:A14,0),MATCH(B18,B2:G2,0))

	A	B	C	D	E	F	G	H
1				产品生产数量统计				
2	产品 / 月份	A0001	A0002	A0003	A0004	A0005	A0006	
3	1月	1350	2000	2500	1100	500	1100	
4	2月	1560	1800	1500	1200	600	1000	
5	3月	1120	1780	1600	1500	550	1000	
6	4月	1600	1770	1550	800	550	2500	
7	5月	980	1700	1740	890	550	2500	
8	6月	1100	1850	1800	930	660	2500	
9	7月	1520	1900	1900	990	700	2500	
10	8月	1350	1960	2000	1100	800	1500	
11	9月	1400	2000	1800	1300	700	1500	
12	10月	1500	1880	2300	1500	780	1100	
13	11月	1580	1750	2200	1400	750	2300	
14	12月	1280	2000	2500	1100	800	2500	
15	总计	16340	22390	23390	13810	7940	22000	
16								
17	月份	11月						
18	产品	A0004						
19	数量	1400						

图 2-29 查找销售额

解析公式为：=INDEX(数据源，MATCH(月份，月份列表头，0)，MATCH(产品 ID，产品 ID 行表头，0))。基本原理是用 MATCH 函数分别求出月份跟产品的行和列相对应的位置，再通过源表的行列位置返回对应数据。

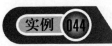

实例 044 不同职称奖学金匹配：Excel 的 IF 函数多条件判断示例

对刚刚接触 Excel 函数的人来说，IF 函数是必不可少的，从字面就可以看到 IF 就是如果的意思，用来做条件判断，简单的单条件，就是 IF（条件判断，条件满足返回值，条件不满足返回值）。

而最重要的是，IF 条件是可以嵌套的，也就是说它可以判定多个条件，根据多种不同的条件返回不同的结果，某学院年度奖金如图

2-30 所示，奖金根据职称确定，教授：2000 元，副教授：1500 元，讲师：1000 元，助教：500 元。

在 F3 单元格中输入计算公式：=IF(E3=" 教授 ",2000,IF(E3=" 副教授 ",1500,IF(E3=" 讲师 ",1000,IF(E3=" 助教 ",500))))。

图 2-30　某学院年度奖金

实例 045　Excel 中逆向查找最好记的公式套路 LOOKUP 万能查找函数应用

在 Excel 中，逆向查找最好记的公式套路就是 LOOKUP 万能查找函数应用，不管数据是正的还是反的，使用 LOOKUP 函数反向查找绝对是最好用的方法。下面进行详细介绍，一招就能搞定。

STEP 01 打开一个工作簿，选中 F3 单元格，❶在编辑栏中输入 LOOKUP 函数逆向查找公式 =LOOKUP(1,0/($C$2:$C$11=E3),$B$2:$B$11)，按回车键确认；❷即可获得查找结果，如图 2-31 所示。

STEP 02 选中 F3：F6 单元格，在编辑栏中单击，按【Ctrl+Enter】组合键，批量填充 F3 单元格中的公式至选中的单元格中，如图 2-32 所示。

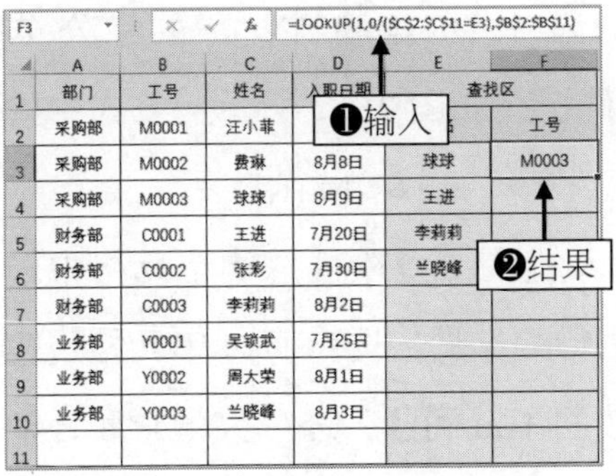

图 2-31　获得查找结果 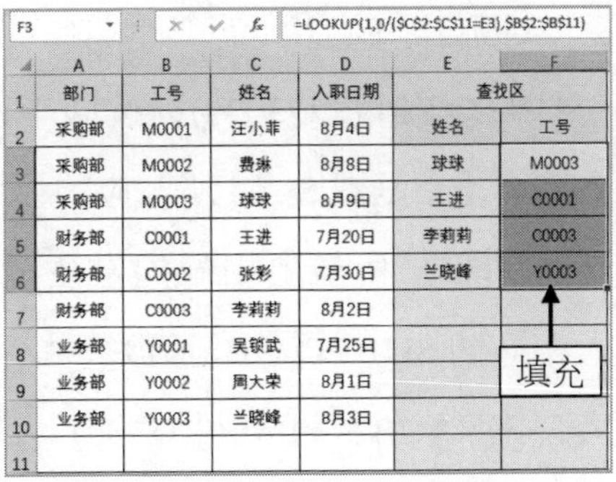　　　　　　图 2-32　批量填充

专家提醒

在某些函数公式中，使用绝对引用，可以固定公式中的条件区域，这样在应用公式批量填充其他单元格时，可以避免条件变动，返回结果错误的情况。

实例 **046**

汇总时总怕加错了前面的汇总行？让 SUBTOTAL 来帮你解决

我们制表时总是习惯在同一张表中写了明细的同时还写汇总，更奇葩的习惯还在于分段汇总，那么问题来了，在某一列中已经有了分段求和数据，最后又要将这些数据整体求和，难道要一个个加起来？当然不是，如果使用 SUM 函数来求和当然可以计算出我们想要的结果，但过程不仅烦琐，还需要反复检查是否有漏算的行。因此，我们可以使用 SUBTOTAL 函数来一次性解决这些麻烦。下面介绍如何应用 SUBTOTAL 函数公式来整体求和。

STEP 01 打开一个工作簿，选中 D5 单元格，输入公式 =SUBTOTAL(9,D3:D4)，按回车键确认，如图 2-33 所示，公式中的数字 9 是指函数 SUM 所对应的参数，即 9 代表 SUM 函数。

STEP 02 用与上相同的方法，在其他需要分段汇总的单元格中输入相应的 SUBTOTAL 函数公式，执行操作后，选中 D15 单元格，输入公式 =SUBTOTAL(9,D3:D14)，按回车键确认，进行整体求和，如图 2-34 所示。

图 2-33 输入公式   图 2-34 整体求和

专家提醒

这里需要了解的是，SUBTOTAL 函数在计算时，会自动过滤条件区域内同样应用 SUBTOTAL 函数计算公式的单元格。因此，最后汇总时，用户直接选中所有数据单元格即可得到整体求和值。

Excel 表中快速将数据随机打乱顺序（随机函数 RAND 应用）

有些时候我们需要对数据随机排序打乱，比如考场排号，随机抽取前 N 个号等。下面介绍一个简单实用的随机排序方法。

STEP 01 打开一个工作簿，在辅助列中选择 D2：D9 单元格，❶在编辑栏中输入公式 =RAND()；❷按【Ctrl+Enter】组合键确认并快速填充，如图 2-35 所示。

STEP 02 选中 A1：D1 单元格，在功能区中，单击"排序和筛选"下拉按钮，在弹出的下拉列表中，选择"筛选"选项，在表头"辅助列"单元格中，单击下拉按钮，在弹出的下拉列表中，选择"升序"选项，即可将数据随机打乱顺序，如图 2-36 所示。

	A	B	C	D
	编号	姓名	❶输入 辅助列
1				
2	A0001	刘晓飞	男	0.959078394
3	A0002	王佳佳	女	0.661578983
4	A0003	李晓杰	男	0.539769536
5	A0004	曾❷填充		0.456685213
6	A0005	魏		0.125435034
7	A0006	常远	男	0.148805647
8	A0007	沈佳怡	女	0.296102815
9	A0008	吴迪	男	0.779141915

图 2-35　输入公式

	A	B	C	D
1	编号	姓名	性别	辅助列
2	A0007	沈佳怡	女	0.691716176
3	A0008	吴迪	男	0.826991588
4	A0004	曾佳丽	女	0.554913598
5	A0005	魏训妮	女	0.304392539
6	A0002	王佳佳	女	0.016931668
7	A0003	李晓杰	男	0.288774673
8	A0006	常远	男	0.409374043
9	A0001	刘晓飞	男	0.49439959

图 2-36　随机打乱顺序

Excel 必学函数套路之中国式排名三种函数公式算法

众所周知，学生成绩如果遇到两个名次一样，比如有两个第 1 名，那么第三个人就得排第 3 名，但是 Excel 本身的 RANK 排名函数，只能计算出 1、1、2 这样的名次，就是说它不管有几个第 1 名，下一个总是第 2 名，当然最简单的方式就是人工计算，适用于数据少的时候。下面介绍 3 种计算排名的方法，大家只要依葫芦画瓢套用即可。

    ◎ COUNTIF 排名公式：

=SUM(IF(B$2:B$11>B2,1/COUNTIF(B$2:B$11,B$2:B$11)))+1

    ◎ FREQUENCY 排名公式：

=SUM(--(FREQUENCY(B$2:B$11,IF(B$2:B$11>=B2,B$2:B$11))>0))

    ◎ MATCH 排名公式：

=SUM(--IF(B$2:B$11>=B2,MATCH(B$2:B$11,B$2:B$11,)=ROW($2:$11)-1))

这里强烈推荐使用 COUNTIF 公式，这种方法容易理解、容易套用，切记输入公式后，需按【Ctrl+Shift+Enter】组合键确认，然后下拉填充单元格即可。

 **Excel 巧用函数构造 HTML 代码批量插入图片**

批量插入图片，还要按对应名称和位置，很多人都遇到过这种情况。下面介绍一个简单方法，利用 Excel 中粘贴 HTML 代码会自动识别图片的原理，用公式构造 HTML 代码复制粘贴以完成插入的效果。

STEP 01 打开一个工作簿，选中 B2：B6 单元格，❶在编辑栏中输入公式 ="<table><img src=""E:\ 图片 \"&A2&".jpg""width=""133""height=""100"">"；❷按【Ctrl+Enter】组合键确认并填充公式，如图 2-37 所示。

STEP 02 按【Ctrl+C】组合键，复制 B2：B6 单元格数据，在桌面新建一个文本文档并打开，在其中粘贴复制的单元格数据，按【Ctrl+A】组合键全选，然后按【Ctrl+C】组合键进行复制，如图 2-38 所示。

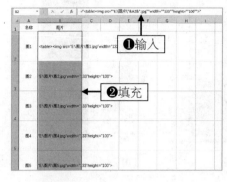

图 2-37 输入公式并填充单元格

图 2-38 复制文本内容

专家提醒

公式中 width 和 height 是指图片的宽和高，可自行调整。

STEP 03 选中 B2 单元格，右击，在弹出的快捷菜单中，选择"选择性粘贴"选项，弹出"选择性粘贴"对话框，❶设置粘贴方式为"Unicode 文本"选项，❷单击"确定"按钮，如图 2-39 所示。

STEP 04 执行操作后，即可批量插入图片，将鼠标移至图片上，单击并拖动，即可调整图片放置位置，最终效果如图 2-40 所示。

图 2-39　单击"确定"按钮

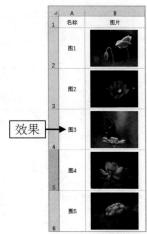

图 2-40　最终效果

实例 050 Excel 中提取单列不重复数据的函数公式

　　不重复数据的提取，一般来说可以应用系统的删除重复项、高级筛选或者透视表，但是有些情况下我们需要灵活地提取不重复项并与其他数据结合使用，这种时候还是函数比较方便。下面就介绍一下函数提取不重复项的函数公式。

　　STEP 01 打开一个工作簿，选中 E2 单元格，在编辑栏中输入公式 =INDEX(B:B,SMALL(IF(MATCH(B$2:B$17,B:B,)=ROW($2:$17),ROW($2:$17),99),ROW(A1)))&""，按【Ctrl+Shift+Enter】组合键确认，如图 2-41 所示。

　　STEP 02 移动鼠标至 E2 单元格右下角，单击下拉拖动至 E17，即可提取不重复的数据，如图 2-42 所示。

图 2-41　输入公式 　　　　　　　图 2-42　最终效果

实例 051 逐一将几个单元格数据连接到一起的两种函数方法

数据表常常是单独的数据，但是有时候会需要把一些单列的数据组合起来显示，这时候就需要将单元格文本进行连接，可以使用文本连接符"&"或使用 CONCATENATE 函数来执行，并且还可以在需要连接的单元格前面加上需要的文本文字。下面介绍这两种最简单的文本连接函数方法。

STEP 01 打开一个工作簿，选中 D2 单元格，输入连接符公式 =A2&B2&C2，按回车键确认，效果如图 2-43 所示。

STEP 02 选中 D3 单元格，输入公式 =" 姓名 "&A3&B3&" 工资 "&C3，按回车键确认，为连接的单元格数据添加文本文字，效果如图 2-44 所示。

STEP 03 选中 D4 单元格，输入函数公式 =CONCATENATE(A4, B4,C4,)，按回车键确认，效果如图 2-45 所示。

STEP 04 选 中 D5 单 元 格， 输 入 公 式 =CONCATENATE(" 姓

名 :",A5," 月份 :",B5," 工资 :",C5)，按回车键确认，为连接的单元格数据添加文本文字，效果如图 2-46 所示，这里需要注意的是，在"月份"和"工资"前面都加了一个空格，这样连接的文本不会挤在一起。

图 2-43　输入连接符公式

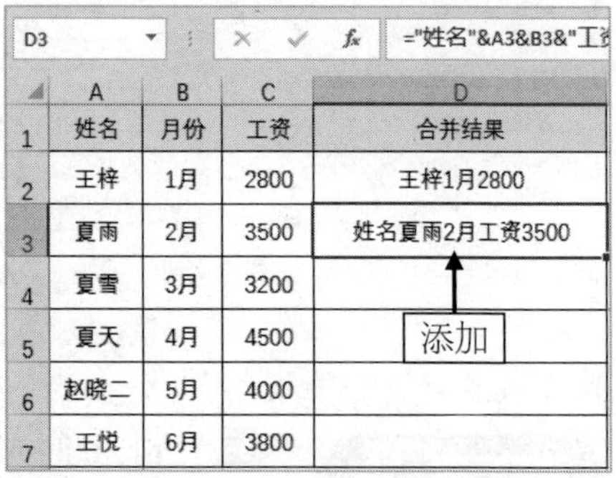

图 2-44　为连接的单元格数据添加文本文字

图 2-45　输入函数公式

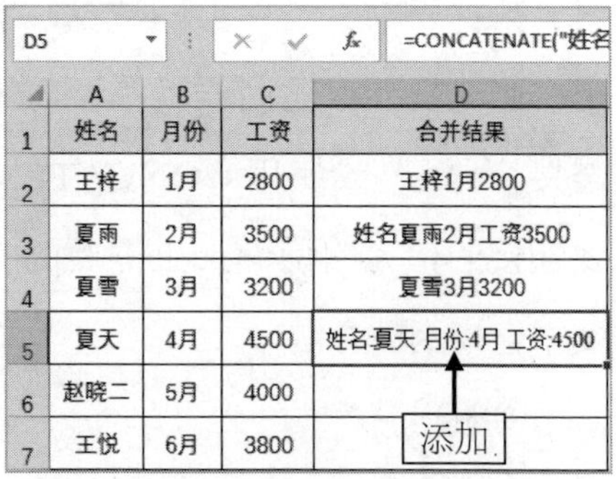

图 2-46　为连接的单元格数据添加文本文字

实例 052　批量将多个单元格数据连接到一起的函数方法

众所周知，在公式中的单元格条件，可以手动输入，也可以使用鼠标逐一选中单元格，在上一例中就介绍了两种逐一将几个单元格数据连接到一起的方法。如果单元格少，用上一例中的方法自然方便，但是如果有多个单元格数据需要连接就会比较烦琐。下面介绍一种批量将多个单元格数据连接到一起的函数方法。

STEP 01 打开一个工作簿，选中 D2 单元格，输入公式 =PHONETIC(A2:C2)，按回车键确认，效果如图 2-47 所示。此时返回结果会缺少一个单元格数据，是因为该函数只能连接文本，因此成绩数据并没有连接成功。

STEP 02 选中 C 列，单击"数据"菜单，在其功能区单击"分列"选项按钮，弹出"文本分列向导"对话框，连续单击"下一步"按钮，直至第三步页面，效果如图 2-48 所示。

STEP 03 ❶选中"列数据格式"选项区下方的"文本"单选按钮；❷单击"完成"按钮返回，如图 2-49 所示。

STEP 04 执行上述操作后，D2 单元格中的返回值会自动将成绩补充完整，选中 D2 单元格，将鼠标移至单元格右下角，下拉拖动至 D7 单元格，填充公式，最终效果如图 2-50 所示。

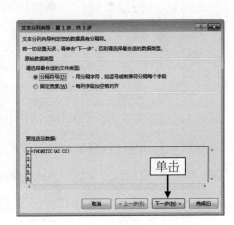

图 2-47　输入函数公式　　　　图 2-48　单击"下一步"按钮

图 2-49　单击"完成"按钮

图 2-50　最终效果

 **Excel 中大量快递地址按省、市、区、县不同级别分列**

经常会有人问，比如"湖南省娄底市娄星区桂枝路 5 号"，这个地址要单独提取出"湖南省""娄底市""娄星区""桂枝路 5 号"，如何按省、市、县（区）分级分列？如果数据中有空格分隔，直接用分列操作就可以，但是很多数据并没有空格分隔，而是像这种整个的地址，那么怎样提取出来呢？下面就介绍一个高级函数技巧来提取省、市、区。

STEP 01 打开一个工作簿，在其中显示了多个快递地址，选中 B2 单元格，输入公式 =TRIM(MID(SUBSTITUTE(SUBSTITUTE(SUBSTITUTE(SUBSTITUTE($A2," 省 "," 省 @")," 市 "," 市 @")," 区 "," 区 @"),"@",REPT(" ","99")),COLUMN(A1)*99-98,99))，按回车键确认，选中 B2 单元格，将鼠标移至单元格右下角，单击向右拖动至 E2 单元格，填充公式，效果如图 2-51 所示。

STEP 02 选中 B2：E2 单元格，将鼠标移至 E2 单元格右下角，单击下拉拖动至 E11 单元格，填充公式，然后通过"格式刷"恢复表格格式，最终效果如图 2-52 所示。

图 2-51　填充公式　　　　　　　　图 2-52　最终效果

 **用函数从混合文本中提取名字及银行卡号并分列显示**

在财务数据处理中，经常会遇到有些数据来源是名字和卡号混着写的，比如：王小明 696969699666966，而实际使用中需要把名字和后面的卡号分开来，这种没有明确分隔符的用分列也无法处理。下面介绍如何用函数从混合文本中提取名字及银行卡号并分列显示。

STEP 01 打开一个工作簿，在其中选中 B2：B13 单元格，在编辑栏中输入公式 =LEFTB(A2,SEARCHB("?",A2)-1)，按【Ctrl+Enter】组合键确认并填充公式，即可从混合文本中单独提取出姓名，效果如图 2-53 所示。

STEP 02 在工作表中选中 C2：C13 单元格，然后在编辑栏中输入公式 =MIDB(A2,SEARCHB("?",A2),2*LEN(A2)-LENB(A2))，按

【Ctrl+Enter】组合键确认并填充公式，即可从混合文本中单独提取出卡号，最终效果如图 2-54 所示。

图 2-53　单独提取姓名　　　　　　图 2-54　单独提取卡号

STEP 03 在工作表中选中 D2：D13 单元格，然后在编辑栏中输入公式 =MID(A2,LEN(B2)+LEN(C2)+1,99)，按【Ctrl+Enter】组合键确认并填充公式，即可从混合文本中单独提取出开户行，最终效果如图 2-55 所示。

图 2-55　单独提取开户行

 实例 055　批量快速计算某月的第一天和最后一天

在日常计算中，月初和月末经常需要用到，下面介绍几个常用的计算某月第一天和最后一天的函数，主要使用 EOMONTH 函数 (日期，月数)。

返回某个月份最后一天的序列号，该月份与 START_DATE 相隔

（之前或之后）指示的月份数。使用函数 EOMONTH 可以计算正好在特定月份中最后一天到期的到期日。

日期：必须为日期格式，字符串形式的日期将计算错误。

月数：为日期之前或之后的月份数。月数为正值将生成未来日期；为负值将生成过去日期。

如 B1 为某日期，使用示例如下：

🔘 本月最后一天：=eomonth(today(),0)

🔘 上月最后一天：=eomonth(today(),−1)

🔘 下月最后一天：=eomonth(today(),1)

🔘 某月最后一天：=eomonth(B1,0)

🔘 本月第一天：=eomonth(today(),−1)+1

🔘 上月第一天：=eomonth(today(),−2)+1

🔘 下月第一天：=eomonth(today(),0)+1

🔘 某月第一天：=eomonth(B1,−1) +1

进阶场景示例：

计算出某个月（B1）的天数：=DAY(EOMONTH(B1,0))

实例 056 Excel 函数查找本行最后一个数据所在的列位置

在 Excel 中，LOOKUP 函数可谓是万能查找公式，当需要在工作表中查找多个物品对应的最后一个出售日期，即可查找本行最后一个数据所在的列位置时，还是 LOOKUP 函数最为适用。

STEP 01 打开一个工作簿，如图 2-56 所示，需要查找本行最后一个数据所在列的位置。

STEP 02 在工作表中选中 B2：B7 单元格，然后在编辑栏中输入公式 =LOOKUP(1,0/(C2:G2<>"")),$C$1:$G$1)，按【Ctrl+Enter】组合键确认并填充公式，最终效果如图 2-57 所示。

图 2-56 打开一个工作簿   图 2-57 最终效果

专家提醒

公式要点：=LOOKUP(1,0/(条件数组), 结果数组)

0/ 把符合条件的变为 0，其他变为错误值，LOOKUP(1,0/.) 忽略错误值且返回最后一个 0 值对应的位置。

实例 057 **Excel 中数字日期与中文日期互相转换的函数实例讲解**

本实例要讲解的是如何在 Excel 中通过函数公式，将数字日期与中文日期互相转换，如将 2017-01-01 转换为贰零壹柒零壹零壹。

STEP 01 打开一个工作簿，如图 2-58 所示，C 列为源数据数字日期，下面将通过函数公式，将其转换为中文大写日期和中文小写日期，并由中文大写日期和中文小写日期还原为数字日期。

STEP 02 在工作表中选中 B2：B12 单元格，❶在编辑栏中输入公式 =TEXT(TEXT(C2,"yyyymmdd"),"[dbnum2]0")，按【Ctrl+Enter】组合键确认并填充公式；❷即可将数字日期转换为中文大写日期，最终效果如图 2-59 所示。

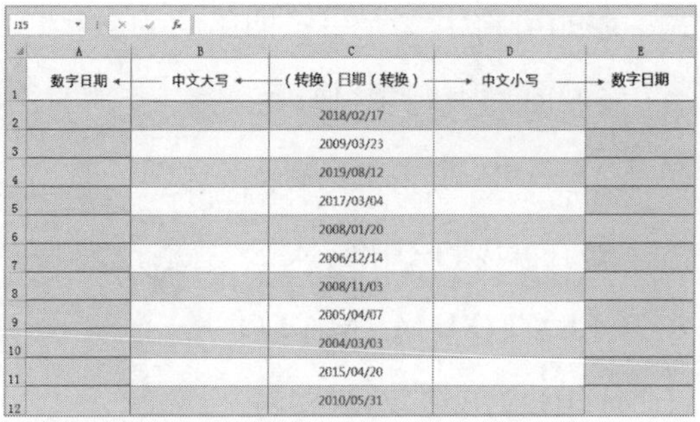

STEP 03 在工作表中选中 D2：D12 单元格，❶在编辑栏中输入公式 =TEXT(TEXT(C2,"yyyymmdd"),"[dbnum1]0")，按【Ctrl+Enter】组合键确认并填充公式；❷即可将数字日期转换为中文小写日期，最终效果如图 2-60 所示。

STEP 04 转换完成后，在工作表中选中 A2 单元格，❶在编辑栏中

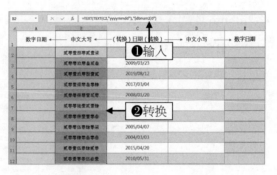

图 2-58 打开一个工作簿

图 2-59 转换为中文大写日期

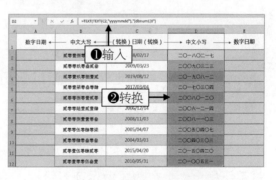

图 2-60 转换为中文小写日期

输入公式 =TEXT(SUM((MATCH(MID(B2,ROW($1:$8),1),TEXT(ROW($1:$10)-1,"[dbnum2]"),)-1)*10^(8-ROW($1:$8))),"0000-00-00")，按【Ctrl+Shift+Enter】组合键确认，并下拉拖动至 A12 单元格填充公

式；❷即可将中文大写日期还原为数字日期，效果如图 2-61 所示。

STEP 05 执行操作后，在工作表中选中 E2 单元格，❶在编辑栏中输入公式 =TEXT(SUM((MATCH(MID(D2,ROW($1:$8),1),TEXT(ROW($1:$10)-1,"[dbnum1]"),)-1)*10^(8-ROW($1:$8))),"0000-00-00")，按【Ctrl+Shift+Enter】组合键确认，并下拉拖动至 E12 单元格填充公式；❷即可将中文小写日期还原为数字日期，效果如图 2-62 所示。

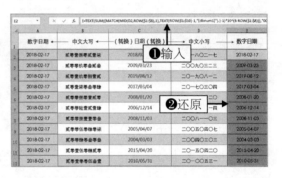

图 2-61　还原为数字日期

图 2-62　还原为数字日期

实例 058　指定区间的随机数函数，批量随机生成指定范围日期

在某些情况下，比如模拟数据进行学习以及教学，有时候为了测试系统稳定性，或为了做示范表给别人演示，都需要用到随机数据。这里介绍两种最常见的随机情景，第一个就是随机 A 到 B 区间实数，第二个就是随机日期，获得一个指定区间的随机日期。下面进行详细介绍。

STEP 01 打开一个工作簿，选中 D2：D10 单元格，❶在编辑栏中输

入公式 =RAND()*($B$3−$A$3)+$A$3；❷按【Ctrl+Enter】组合键确
认并填充公式，即可得到随机数据，效果如图 2-63 所示。

STEP 02 在工作表中选中 E2：E10 单元格，然后在编辑栏中输入公
式 =RANDBETWEEN($A$7,$B$7)；❷按【Ctrl+Enter】组合键确认
并填充公式，即可得到随机日期，并且 D 列中的随机数据也会再一次
进行随机转换，效果如图 2-64 所示。

图 2-63　随机数据效果　　　　　图 2-64　随机日期效果

实例 **059** 　**用函数分别提取姓名和手机号码，中文和英文或数字分离**

在 Excel 中，将姓名和手机号码混合的数据分离 (中文和英文或数
字分离)，其方法跟"实例 054"相差无几，这里再巩固一下函数公式
的用法，下面介绍详细步骤。

STEP 01 打开一个工作簿，选中 B2：B8 单元格，❶在编辑栏中输入
公式 =LEFT(A2,SEARCHB("?",A2)/2)，按【Ctrl+Enter】组合键确认
并填充公式；❷即可单独提取姓名，效果如图 2-65 所示。

STEP 02 在工作表中选中 C2：C8 单元格，❶在编辑栏中输入公式

=MID(A2,SEARCHB("?",A2)/2+1,100)，按【Ctrl+Enter】组合键确认
并填充公式；❷即可单独提取联系方式，效果如图 2-66 所示。

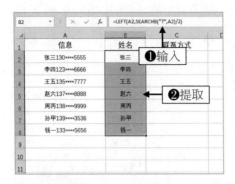

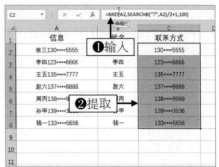

图 2-65　单独提取姓名　　　　　　图 2-66　单独提取联系方式

 **Excel 中双条件返回多行数据，万金油函数方法扩展讲解**

在 Excel 中，可以多条件查找多行数据，下面介绍一个双条件（可
拓展至多条件）查找多行数据套路。

公式要点：=INDEX(结果列 ,SMALL(IF((条件区 1= 条件 1)★(条
件区 2= 条件 2),ROW(条件区 , 大数字),ROW(A1)))

STEP 01 打开一个工作簿，选中 F5 单元格，❶在编辑栏中输入公式
=""&INDEX(A:A,SMALL(IF(($A$2:$A$11=$G$2)★($B$2:$B$11=$H$2)
,ROW($A$2:$A$11),1000),ROW(A1)))，按【Ctrl+Shift+Enter】组合键
确认；❷下拉拖动至 F11 单元格填充公式，效果如图 2-67 所示。

STEP 02 在工作表中选中 G5 单元格，❶在编辑栏中输入公式
=""&INDEX(C:C,SMALL(IF(($A$2:$A$11=$G$2)★($B$2:$B$11=$H$2),
ROW($A$2:$A$11),1000),ROW(A1)))，按【Ctrl+Shift+Enter】组合键

确认；❷下拉拖动至 G11 单元格填充公式，效果如图 2-68 所示。

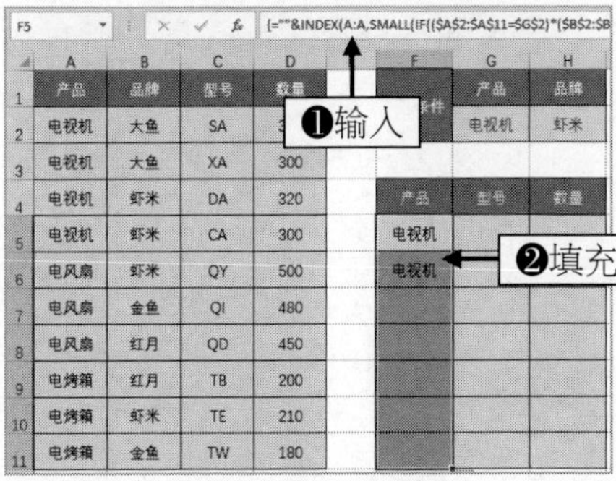

图 2-67　输入并填充公式 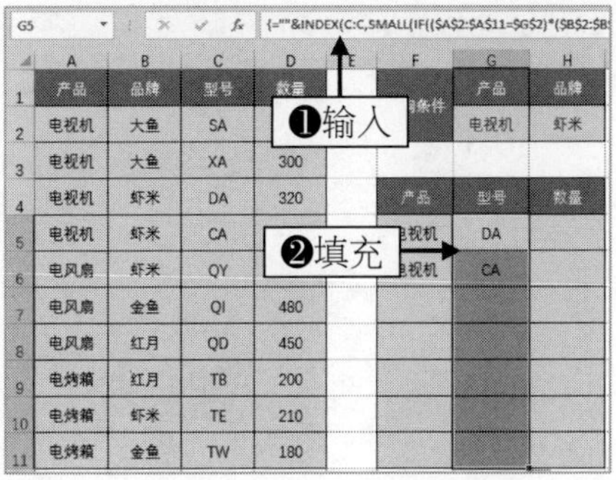　　　　　图 2-68　输入并填充公式

STEP **03**　在工作表中选中 H5 单元格，❶在编辑栏中输入公式
="""&INDEX(D:D,SMALL(IF(($A$2:$A$11=$G$2)★($B$2:$B$11=H
2),ROW($A$2:$A$11),1000),ROW
(A1)))，按【Ctrl+Shift+Enter】组合
键确认；❷下拉拖动至 H11 单元格
填充公式，最终效果如图 2-69 所
示，如果在 G2 或 H2 单元格中更
改内容，下方表格中的返回值也会
随之改变。

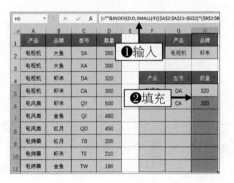

图 2-69　最终效果

第 3 章　统计求和实战应用

学前提示

本章主要讲解的是求和与统计等技巧在实战中的应用，如按项目小计求和、数字带单位求和、多条件求和公式、自动求和、合并单元格数据求和、汇总求和、计算时间差、提取身份证信息等内容，实战案例与理论知识相结合，帮助用户掌握本章内容，提高操作熟练度。

本章知识重点

- Excel 多条件求和公式 SUMIFS 演示
- 对不等行的合并单元格对应数据快速求和的函数技巧
- Excel 插入新表后自动汇总求和，多表汇总求和技巧
- Excel 用函数统计不重复项目个数的基本套路
- 身份证提取生日、性别及年龄 15 位 +18 位通用公式

学完本章后你会做什么

- 通过 Excel 函数对间隔相同列数的数据求和
- 在 Excel 中按指定条件求最大值
- 在 Excel 中快速、批量计算工资补贴

视频演示

多条件求和

设置生日倒计时提醒

 **Excel 高级求和技巧之按项目小计求和**

在 Excel 工作表中,经常需要计算数据总和,下面介绍一个 Excel 高级求和技巧,按项目小计进行求和,用户学会以后,可以在工作时事半功倍,提高工作效率。

首先选中需要求和的数据表格区域,按【Ctrl+G】组合键,打开"定位"|"定位条件"对话框,在其中选中"空值"单选按钮,单击"确定"按钮返回,然后按【Alt+=】组合键,即可快速求和。

 **Excel 高级求和技巧之数字带单位求和**

在 Excel 工作表中,有些单元格中数字后面是带有单位的,比如:元、个、件、包,等等,假设现在需要求带"元"单位数据单元格的总和,那么可以通过套用函数公式来解决,公式为:=SUMPRODUCT(1*SUBSTITUTE(A1:D4," 元 ","")),然后选中汇总求和的单元格,设置单元格格式为"自定义",并在"类型"文本框中输入"0" 元 "",如图 3-1所示,设置完成后,汇总单元格将会在求和得到的数字后添加单位"元"。

图 3-1　设置单元格格式

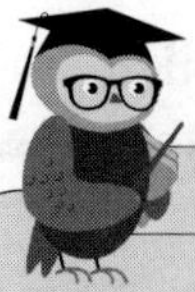

专家提醒

在 Excel 中设置单元格格式为“自定义”时，可以在“类型”文本框中输入自己想要的条件格式，也可以在下方的列表框中进行选择，单击“确定”按钮即可应用。

实例 063 Excel 多条件求和公式 SUMIFS 演示

在日常工作中，有时候需要进行多条件求和，例如在一个混合工作表中，需要求得某产品在某一月份中的总销量时，可以应用 SUMIFS 求和公式来解决。下面介绍多条件求和公式的具体操作。

STEP 01 打开一个工作表，在工作表中已经输入好了需要求和的多个条件，并填充了相应的颜色做标记，如图 3-2 所示。

STEP 02 在工作表中，选中 G2：G5 单元格，在编辑栏中输入公式 =SUMIFS(C:C,A:A,E2,B:B,F2)，按【Ctrl+Enter】组合键确认，即可在填充公式的同时，得到多条件求和结果，如图 3-3 所示。

G2

	A	B	C	D	E	F	G
1	产品名称	月份	销量		产品	月份	总销量
2	圆珠笔	8月	150		圆珠笔	8月	
3	橡皮擦	7月	30		作业簿	7月	
4	铅笔	8月	200		日记本	8月	
5	圆珠笔	8月	130		铅笔	9月	
6	日记本	8月	50				
7	作业簿	7月	80				
8	圆珠笔	9月	200				
9	铅笔	9月	180				
10	日记本	8月	80				
11	作业簿	7月	30				
12	橡皮擦	8月	100				
13							

图 3-2 打开一个工作表

G2 =SUMIFS(C:C,A:A,E2,B:B,F2)

	A	B	C	D	E	F	G
1	产品名称	月份	销量		产品	月份	总销量
2	圆珠笔	8月	150		圆珠笔	8月	280
3	橡皮擦	7月	30		作业簿	7月	110
4	铅笔	8月	200		日记本	8月	130
5	圆珠笔	8月	130		铅笔	9月	180
6	日记本	8月	50				
7	作业簿	7月	80				
8	圆珠笔	9月	200				
9	铅笔	9月	180				
10	日记本	8月	80				
11	作业簿	7月	30				
12	橡皮擦	8月	100				
13							

图 3-3 多条件求和结果

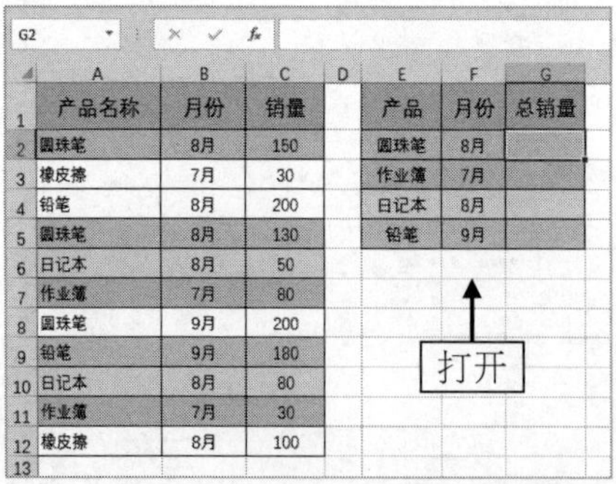

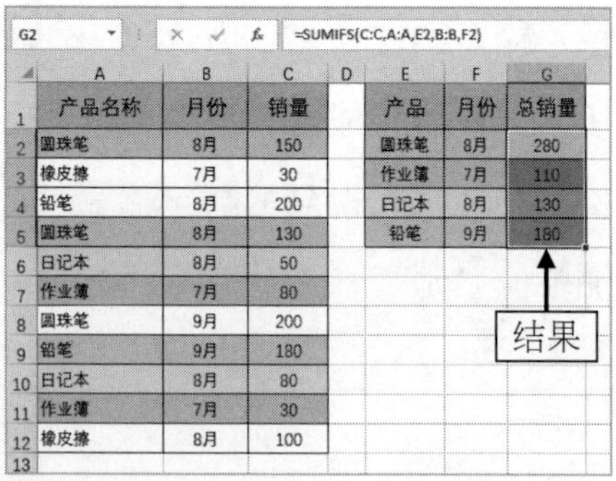

专家提醒

公式要点解析: =SUMIFS(求和列,条件列1,条件1,条件列2,条件2)。

实例 064 Excel 表格怎样自动求和? 3 种典型批量求和方法

在 Excel 表格中,经常需要为表格中的数据进行各式各样的求和,如图 3-4 所示为某公司员工 3 个月的业绩销量,其中 F 列和第 11 行的汇总都为空,下面以此为例,简单介绍如何应用快捷键(【Alt+=】组合键)进行自动求和。

序号	姓名	1月销量	2月销量	3月销量	合计
1	丁一	2870	2200	2330	
2	钱二	2250	2430	2900	
3	张三	2920	2660	2700	
4	李四	2400	2760	2045	
5	王五	2110	2580	2740	
6	赵六	2600	2450	2750	
7	周七	2110	2240	2000	
8	郑八	2755	2550	2690	
9	陆九	2070	2561	2250	
	总计				

图 3-4　某公司员工 3 个月的业绩销量

一键批量搞定部分数据区域的汇总

如需求得员工 3 个月以来的总销量,只需选中单元格区域 E2:E10,然后按【Alt+=】组合键即可得到求和结果。

一键批量搞定不连续数据区域的自动求和

当需要求和的数据单元格不连续时,可以通过【Ctrl】键进行辅助,Excel 同样可以进行自动求和。假设现在需要求得丁一、张三和王五这三人 3 个月以来的总销量,只需要在按【Ctrl】键的同时,选择 E2、E4、E6 单元格区域,然后按【Alt+=】组合键即可。

一键批量同时搞定每一行、每一列数据的总计

在 Excel 工作表中，除了可以对每一行数据进行自动求和，还可以通过【Alt+=】组合键同时计算每行、每列的数据总和，当需要求得该公司每个月的总销量及每位员工 3 个月的总销量时，同样只需要在按【Ctrl】键的同时，选择 E2：E10、B11：D11 单元格区域，然后按【Alt+=】组合键即可。

实例 065 对不等行的合并单元格对应数据快速求和的函数技巧

在日常工作中，经常会有需要对不等行的合并单元格对应数据进行求和的情况，问题的关键在于合并单元格所对应的行数是不相同的。下面介绍如何应用 SUM 函数公式对合并单元格快速求和。

STEP 01 打开一个工作表，在工作表中，选中合并的 D2 单元格区域，在编辑栏中输入公式 =SUM(C2:C4)，按回车键确认，即可对合并单元格所对应数据快速求和，如图 3–5 所示。

STEP 02 用与上相同的方法，选中合并的 D5 单元格区域，❶在编辑栏中输入公式 =SUM(C5:C8)，按回车键确认，❷查看最终效果，如图 3–6 所示。

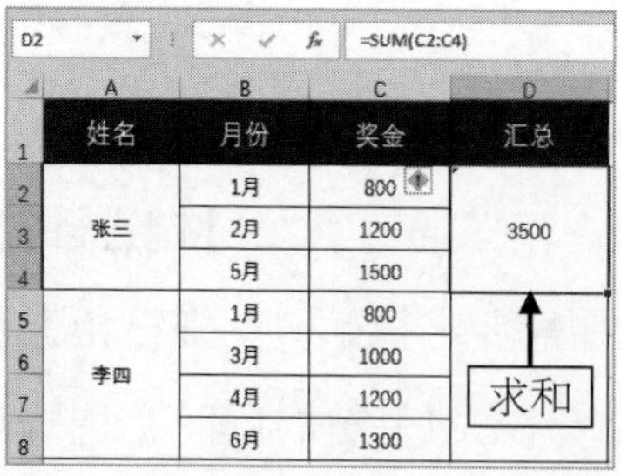

图 3–5 对合并单元格所对应数据快速求和

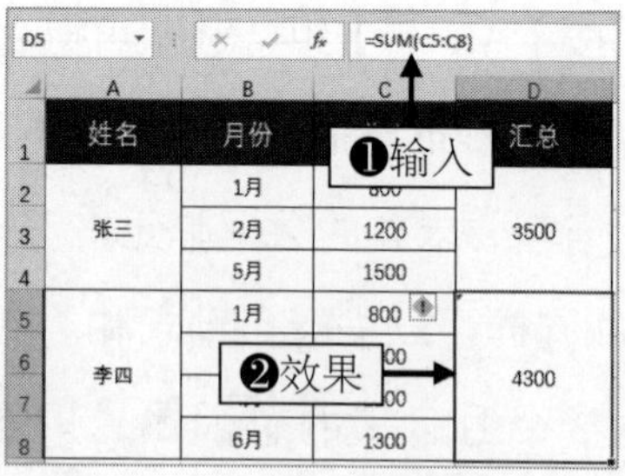

图 3–6 查看最终效果

实例 **066**	Excel 中对合并单元格对应的多行数据快速求和

在 Excel 工作表中，对不等行的合并单元格对应数据进行求和，如果合并的单元格数据不多时，可以采取 "实例 065" 中的函数公式进行快速求和，但如果工作表比较长，单元格数据较多时，要一个个地写 SUM 函数公式就会太麻烦。下面介绍一个对合并单元格所对应的多行数据进行快速求和的函数公式。

STEP **01** 打开一个工作表，在工作表中，选中 D2：D10 单元格区域，如图 3-7 所示。

STEP **02** ❶在编辑栏中输入公式 =SUM(C2:$C$10)−SUM(D3:$D$10)，按【Ctrl+Enter】组合键确认；即可在填充公式的同时，❷对合并单元格对应的数据快速求和，如图 3-8 所示。

图 3-7 选中单元格区域

图 3-8 快速求和

专家提醒

公式要点：

在公式中的绝对引用符号 $，一定不能取消，它的作用是固定工作表中数据的最大行数。

◎ 第一个 SUM 参数是要求和的列，从求和的第一行到最后一行。

◎ 第二个 SUM 参数是公式列，从求和的第二行到最后一行。

 Excel 插入新表后自动汇总求和，多表汇总求和技巧

当一个工作簿中有多个工作表时，比如多个月份、多个部门或者多个产品，需要对每个表的固定位置进行汇总求和，而且随后可能插入新表，并同样对插入的新表进行汇总求和，如果每插入一个新的工作表就要改动一次汇总表中的求和公式，未免太过麻烦了，下面介绍一个可以在插入新表后不用改动汇总表中的求和公式，汇总表就能自动对新表进行求和的技巧。

STEP 01 打开一个工作簿，在其中有多个工作表，在最后的位置，新增一个空白工作表，并重命名为"辅助表"，如图 3-9 所示。

STEP 02 切换至"汇总"工作表中，选中 B2：B6 单元格，❶在编辑栏中输入公式 =SUM('1 月 : 辅助表 '!D2)，按【Ctrl+Enter】组合键确认；❷即可对每个表的固定位置进行汇总求和，如图 3-10 所示，如果需要插入新的工作表，可以将工作表插入"6 月"与"辅助表"两个工作表之间，这样"汇总"工作表就能对插入的新表进行自动求和。

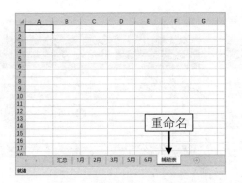

图 3-9 重命名为"辅助表"

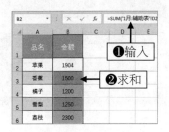

图 3-10 快速求和

Excel 函数技巧之对间隔相同列数的数据求和

在 Excel 工作表中隔行求和、隔列求和，是很多人工作中常遇到的情况，如果表头规范，可以应用 SUMIF 函数对一行里对应相同表头的数据求和，但是如果表头不规范，只是有间隔 2 列或者多列这样的规律怎么办？下面将介绍如何应用 SUMPRODUCT 函数来解决以上问题。

STEP 01 打开一个工作簿，选中 I3：I8 单元格，❶在编辑栏中输入公式 =SUMPRODUCT((MOD(COLUMN($C$2:$H$2),3)=MOD(COLUMN(C3),3))★C3:H3)，按【Ctrl+Enter】组合键确认；即可对间隔相同列数的数据求和，❷求得工作表中的数量总和，如图 3-11 所示。

STEP 02 执行上述操作后，在工作表中选中 J3：J8 单元格，❶在编辑栏中输入公式 =SUMPRODUCT((MOD(COLUMN($C$2:$H$2),3)=MOD(COLUMN(D3),3))★C3:H3)，按【Ctrl+Enter】组合键确认；❷即可求得工作表中的金额总和，如图 3-12 所示。

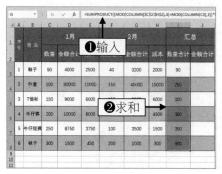

图 3-11　求得数量总和

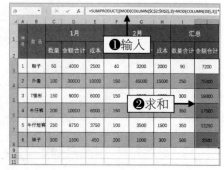

图 3-12　求得金额总和

实例 069　OFFSET+MATCH 函数对本行下属相同部分的数据求和

在 Excel 表格中对本行下属相同部分的数据求和，如 A 列有序号，在序号行对下属行对应的数据进行求和，WPS 也可使用本公式。下面介绍具体步骤。

STEP 01 打开一个工作簿，选中 E2 单元格，在编辑栏中输入公式 =SUM(OFFSET(D2,0,0,MATCH(A2+1,A:A,0)−ROW())），按回车键确认，即可对本行下属相同部分的数据求和，如图 3-13 所示。

STEP 02 执行上述操作后，选中 E2 单元格并按【Ctrl+C】组合键复制单元格，在需要求和的 E7、E10、E12 单元格中粘贴，并统一单元格格式，最终效果如图 3-14 所示，这里需要注意的是，在最后一行需要添加一个序号，方便公式进行判断。

	A	B	C	D	E	F
	序号	地区	纯银产品	销量	总计	备注
1						
2	1	长沙	项链	660	2990	
3			吊坠	780		
4			手链	450		
5			手镯	300		
6			耳坠	800		
7	2	上海	项链	600		
8			吊坠	700		
9			手链	400		
10	3	武汉	手镯	200		
11			耳坠	500		
12	4	天津	吊坠	800		
13			手镯	400		
14			耳坠	900		
15	5					

图 3-13 对本行下属相同部分的数据求和

	A	B	C	D	E	F
	序号	地区	纯银产品	销量	总计	备注
1						
2	1	长沙	项链	660	2990	
3			吊坠	780		
4			手链	450		
5			手镯	300		
6			耳坠	800		
7	2	上海	项链	600	1700	
8			吊坠	700		
9			手链	400		
10	3	武汉	手镯	200	700	
11			耳坠	500		
12	4	天津	吊坠	800	2100	
13			手镯	400		
14			耳坠	900		
15	5					

图 3-14 最终效果

实例 070 在 Excel 中如何按指定条件求最大值

在 Excel 中按指定条件求最大值,如果数据量不是特别大,用函数就可以解决。下面介绍具体应用。

STEP 01 打开一个工作簿,如图 3-15 所示,G 列和 H 列为指定条件,I 列为求值结果。

STEP 02 选中 I2 单元格,❶在其中输入公式 =MAX((D2:D13*(A2:A13=G2)*(B2:B13=H2))),按【Ctrl+Shift+Enter】组合键确认;❷即可按指定条件求最大值,最终效果如图 3-16 所示。

	A	B	C	D	E	F	G	H	I
1	姓名	月份	科目	成绩	备注		姓名	月份	成绩
2	何必	10	语文	108			何必	10	
3	赵培	10	语文	80					
4	柳浪	10	语文	100					
5	袁望	10	语文	90					
6	何必	10	数学	70					
7	赵培	10	数学	115					
8	柳浪	10	数学	90					
9	袁望	10	数学	80					
10	何必	10	英语	110					
11	赵培	10	英语	80					
12	柳浪	10	英语	85					
13	袁望	10	英语	75					
14									

图 3-15 打开一个工作簿

{=MAX((D2:D13*(A2:A13=G2)*(B2:B13=H2)))}

	A	B	C	D	E	F	G	H	I
1	姓名	月份	科目	成绩	备注		姓名	月份	成绩
2	何必	10	语文	108			何必	10	110
3	赵培	10	语文	80					
4	柳浪	10	语文	100					
5	袁望	10	语文	90					
6	何必	10	数学	70					
7	赵培	10	数学	115					
8	柳浪	10	数学	90					
9	袁望	10	数学	80					
10	何必	10	英语	110					
11	赵培	10	英语	80					
12	柳浪	10	英语	85					
13	袁望	10	英语	75					
14									

❶输入 ❷求值

图 3-16 按指定条件求最大值

Excel 中如何快速、批量计算工资补贴

某工厂有一个员工福利，凡是入职工龄超过 15 年的员工，每月可以领 300 元的工资补贴，但是该工厂的员工太多，每次计算工资补贴都需要花费大量的时间，下面介绍一个函数公式来解决这个问题。

STEP 01 打开一个工作簿，选中 C2 单元格，在其中输入公式 =IF(AND(B2>=15),300,"")，按回车键确认，如图 3-17 所示。

STEP 02 执行操作后，选中 C2 单元格，移动鼠标至单元格右下角，单击下拉至表格的最后一个单元格，填充公式，即可快速有效地批量计算工资补贴，效果如图 3-18 所示。

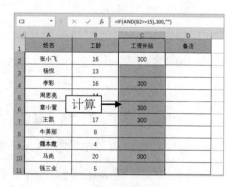

图 3-17　输入公式　　　　　　图 3-18　计算工资补贴

 专家提醒

Exce 中函数 AND 是"与"的意思，B2 是引用工龄单元格，大于等于 15，假设条件满足，则补贴 200 元，否则就为空。

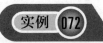

实例072 Excel用函数统计不重复项目个数的基本方法

Excel报表统计中，常见的有一个不重复项目的个数统计，一般来说单列数据的不重复项，直接用系统帮助里推荐的函数即可。不重复项目的个数统计公式为：=SUMPRODUCT(1/COUNTIF(统计区域，统计区域))，效果如图3-19所示，这里需要注意的是，公式内的统计区域需要绝对引用。

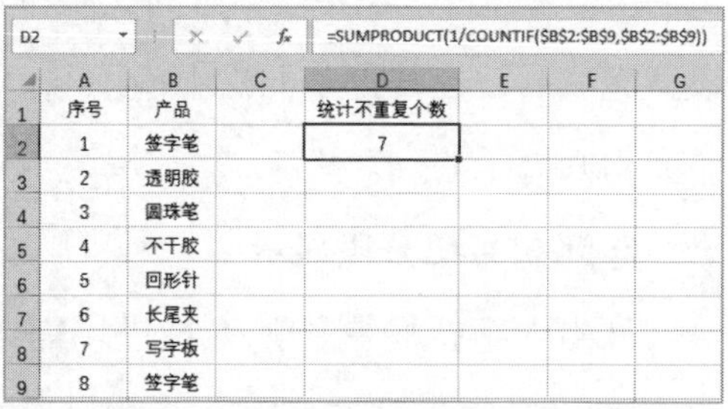

D2 =SUMPRODUCT(1/COUNTIF($B$2:$B$9,$B$2:$B$9))

	A	B	C	D	E	F	G
1	序号	产品		统计不重复个数			
2	1	签字笔		7			
3	2	透明胶					
4	3	圆珠笔					
5	4	不干胶					
6	5	回形针					
7	6	长尾夹					
8	7	写字板					
9	8	签字笔					

图3-19 不重复项目个数统计

实例073 学会这6招，让Excel数据既能显示文字信息又能参与计算

在Excel工作表中，如果在数据单元格中添加单位，是无法进行公式计算的，但是老板又要求这样做怎么办呢？下面这6个Excel单元格自定义格式小妙招可以帮用户解决这些麻烦，例如在“实例062”中为单元格添加单位“元”，以现有格式为基础，生成自定义的数字格式，帮助用户提高工作效率，早点下班！

快速以“万”为单位显示金额

老板经常需要查看财务报表，当大额的金额是以数字显示时，总不能一个一个地去数有几位数、有几个零吧。因此为了读取方便，财务人员可以在不改变数字本身的前提下，以“万”“亿”为单位显示。选中需要的数据单元格，设置单元格格式为“自定义”，在“类型”下方的文本框中，输入：0!.0," 万 "，设置完成后，在数据单元格中输入金

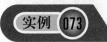

额，将以"万"为单位显示金额。

快速输入性别

人事岗位经常要做各种员工信息表格，性别是必不可少的一项，如果能够快速输入就能大大地提高工作效率！可以设置单元格格式为"自定义"，在"类型"下方的文本框中，输入：[=1]" 男 ";[=2]" 女 "，设置完成后，在数据单元格中输入 1，单元格则显示为男，输入数字 2，单元格则显示为女。

手机号码分段显示

从事人事招聘岗位的人员进场需要打电话邀约面试，手机号码有 11 位，当邀约人数较多时，读数很不方便，也不方便检查，如果能够将其分段显示，输入效率和准确率将大大提升，在拨打电话时也不容易出错。同样可以设置单元格格式为"自定义"，在"类型"下方的文本框中，输入：000-0000-0000，设置完成后，在数据单元格中输入手机号码，即可分段显示。

快速插入中间字

做教务工作的人员，经常会遇到学生花名册的制作，班级信息输入是比较麻烦的，这时，可以设置单元格格式为"自定义"，在"类型"下方的文本框中，输入：0 年级 0 班，设置完成后，如果在数据单元格中输入 32，单元格则会显示为"3 年级 2 班"。

快速判断及格与否

学校经常需要考核学生的学习成绩，考核分数出来后，同样可以设置单元格格式为"自定义"，在"类型"下方的文本框中，输入：[红色][>=80]" 优良 ";[绿色][<=60]" 重考 ";" 通过 "。设置完成后，如果考试成绩大于等于 80 分，则可显示为"优良"，"字体颜色"为"红色"；如果考试成绩小于等于 60 分，则可显示为"重考"，"字体颜色"为"绿

色";如果考试成绩在 61 ～ 79 分之间,则显示为"通过"。

⑥ 快速输入√和 ×

在 Excel 工作表中,√和 × 是经常要输入的符号,有没有什么快速方法来输入呢? 这里依旧需要通过设置单元格格式为"自定义",在"类型"下方的文本框中,输入: [=1]"√";[=2]"×",设置完成后,在数据单元格中输入 1,单元格则显示为√,输入数字 2,单元格则显示为 ×。

一步一步教你利用公式在 Excel 中求解一元二次方程

Excel 初学者大都不知道,用 Excel 也能求解一元二次方程,其实这也是入门知识,一元二次方程的标准形式为: $ax^2+bx+c=0$ ($a \neq 0$),判别式为: $\triangle = b^2-4ac$,求根公式为: $x=[-b \pm \sqrt{(b^2-4ac)}]/2a$。下面通过这些公式介绍在 Excel 中如何求解一元二次方程。

STEP 01 打开一个工作表,在其中已列有一个求解的一元二次方程式,在表格中有 4 个版块:已知、判定、求根和验证,如图 3-20 所示。

求解-x²+4x+5=0								
已知			判定		求根		验证	
a	b	c	△	是否有解	x1	x2	x1验证	x2验证
-1	4	5						

图 3-20 打开一个工作表

STEP 02 选中 D4 单元格,❶输入公式 =B4^2-4*A4*C4,按回车键确认;❷求△的判别值,效果如图 3-21 所示。

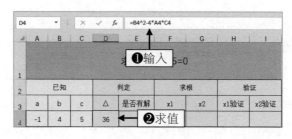

图 3-21 求 △ 的判别值

STEP 03 选中 E4 单元格，❶输入公式 =D4>=0，按回车键确认；❷判定是否有解，如图 3-22 所示，若返回值为 TRUE 则正确，公式有解，若返回值为 FALSE 则错误，公式无解。

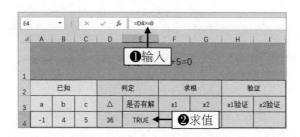

图 3-22 判定是否有解

STEP 04 选中 F4 单元格，❶输入公式 =(−B4+D4^0.5)/(2★A4)，按回车键确认；❷求根式 X1，效果如图 3-23 所示。

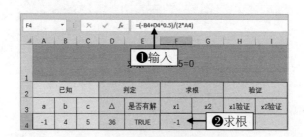

图 3-23 求根式 X1

STEP 05 选中 G4 单元格，❶输入公式 =(−B4−D4^0.5)/(2★A4)，按回车键确认；❷求根式 X2，效果如图 3-24 所示。

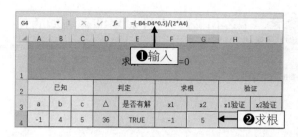

图 3-24　求根式 X2

STEP 06 选中 H4 单元格，❶输入公式 =A4*F4^2+B4*F4+C4，按回车键确认；❷验证求解得知的结果 X1 是否正确，如正确则返回值为 0，如图 3-25 所示。

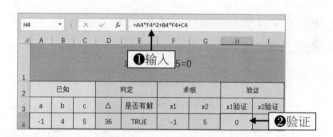

图 3-25　验证求解得知的结果 X1 是否正确

STEP 07 选中 I4 单元格，❶输入公式 =A4*G4^2+B4*G4+C4，按回车键确认；❷验证求解得知的结果 X2 是否正确，如图 3-26 所示，如正确则返回值为 0，至此该公式求解完成，用户如需求解其他一元二次方程，只需将已知的 a、b、c 所对应的单元格数据进行替换即可。

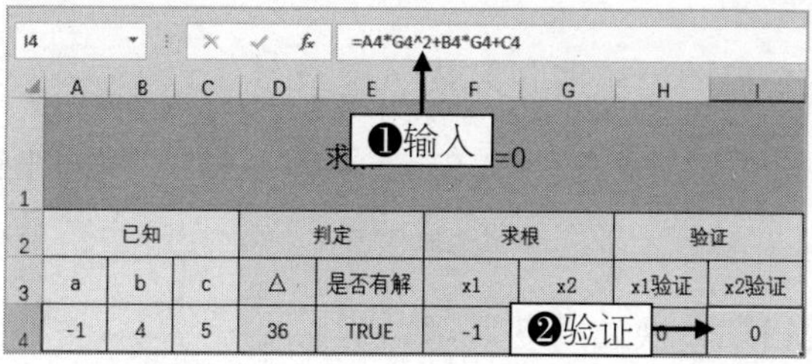

14	▼	:	×	✓	f_x	=A4*G4^2+B4*G4+C4			
◢	A	B	C	D	E	F	G	H	I
1					求　　　❶输入　　0				
2	已知			判定		求根		验证	
3	a	b	c	△	是否有解	x1	x2	x1验证	x2验证
4	-1	4	5	36	TRUE	-1	❷验证		0

图 3-26　验证求解得知的结果 X2 是否正确

实例 075　**Excel 必学之计算星期和周期的几个函数公式**

在工作中我们也许都会碰到这样的情况：工作表不仅需要将时间列上去，还需要把星期也列上去，有时甚至还需要按本年度第几周的方式进行制表。很显然这是个令人厌烦的制表方式，下面将介绍几个自动计算星期的函数公式，以解决这个问题。

计算某个日期为星期并以中文显示

❶ 在单元格中输入公式 =TEXT(A2,"AAAA")，按回车键确认；❷即可将计算的星期以中文显示，效果如图 3-27 所示。

计算某个日期为星期并以英文显示

❶ 在单元格中输入公式 =TEXT(A2,"DDDD")，按回车键确认；❷即可将计算的星期以英文显示，效果如图 3-28 所示。

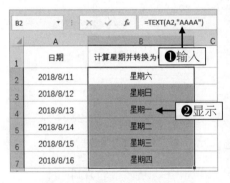
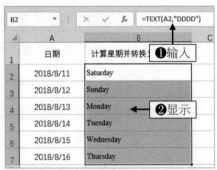

图 3-27　将计算的星期以中文显示　　图 3-28　将计算的星期以英文显示

计算某个日期为星期并以数字显示

❶在单元格中输入公式 =WEEKDAY(A2,2)，按回车键确认；❷即可将计算的星期以数字显示，效果如图 3-29 所示。

快速把日期转换为周期显示

❶在单元格中输入公式 =WEEKNUM(A2)，按回车键确认；❷即

可将计算的星期以该年度第几周的方式显示，效果如图 3-30 所示。

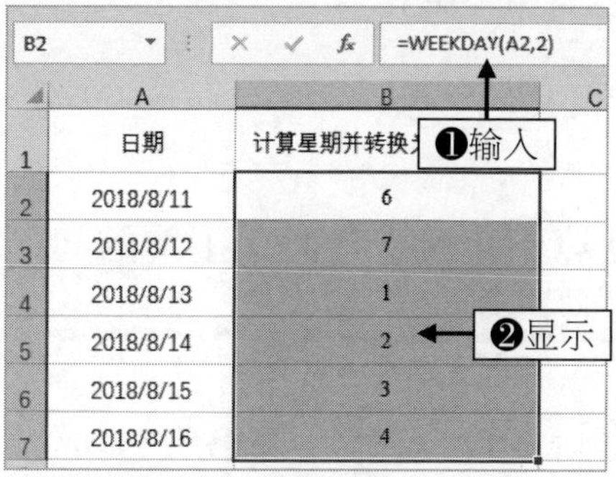

图 3-29 将计算的星期以数字显示

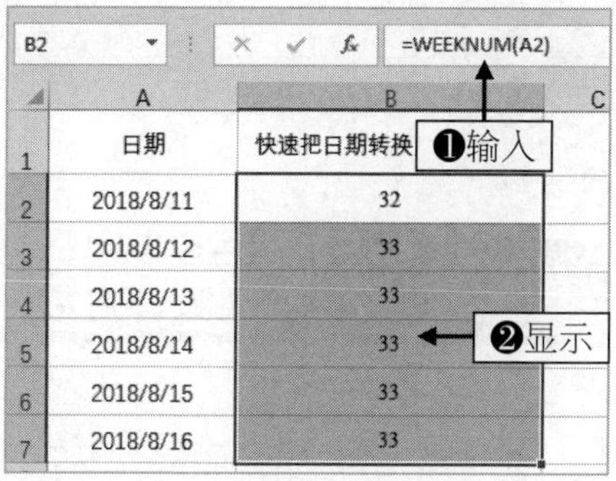

图 3-30 快速把日期转换为周期显示

实例 076 Excel 中时间与分钟加减计算的两种方法

在做进度安排、时间调度和控制时，常需要对时间进行加减计算，如图 3-31 所示。下面介绍计算多少分钟前后的两种方法。

时间	X分钟	加X分钟后的时间	减X分钟后的时间
8:00	20	8:20	7:40
9:00	30	9:30	8:30
10:00	40	10:40	9:20
11:00	50	11:50	10:10
12:00	60	13:00	11:00

图 3-31 对时间进行加减计算

方法一：

直接计算分钟在一天 24*60 分钟里所对应的小数，然后就可以与时间格式直接加减。

加 X 分钟后的时间公式为 C2=A2+B2/1440

减 X 分钟后的时间公式为 C2=A2−B2/1440

方法二：

用“0:”与分钟数组合成为系统默认的时间格式，在运算中会自动识别为时间格式，可直接加减，记住这里括号是必需的，否则会计算错误，如果带秒，那么用 "0:"& 分 &":"& 秒。

加 X 分钟后的时间公式为 C3=A3+("0:"&B3)

减 X 分钟后的时间公式为 C3=A3-("0:"&B3)

实例 077 Excel 中日期计算不用愁，年龄、工龄的间隔天数、月数一个公式搞定

在 Excel 中日期计算不用愁，应用 DATEIF 函数，年龄、工龄的间隔天数、月数一个公式就能解决，通过本案例便可以学会日期间隔计算的一般规律。

STEP 01 打开一个工作表，单击"文件"|"选项"命令，弹出"Excel 选项"对话框，❶选择"高级"选项，展开相应选项卡；❷选中"扩展数据区域格式及公式"复选框，如图 3-32 所示，单击"确定"按钮，设置完成后，在单元格中输入公式，下方的数据区域单元格即可自动填充上一行中的公式及格式等。

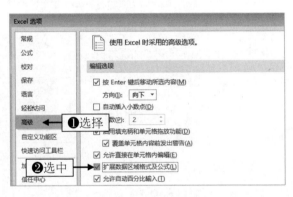

图 3-32 选中相应复选框

STEP 02 选中 D2 单元格，❶输入公式 =DATEDIF(TEXT(MID([@身份证],7,8),"0000 年 00 月 00 日 "),TODAY(),"y")，按回车键确认；❷即可求得身份证日期至今相对应的年龄，效果如图 3-33 所示。

STEP 03 选中 E2 单元格，❶ 输入公式 =DATEDIF([@ 入职日期],TODAY(),"y")&" 年 "&DATEDIF([@ 入职日期],TODAY(),"ym")&"

月 "&DATEDIF([@ 入职日期],TODAY(),"md")&" 天 "，按回车键确认；
❷即可求得入职日期至今相对应的工龄，效果如图 3-34 所示。

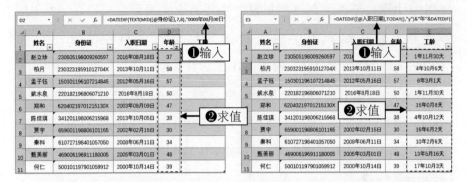

图 3-33　求相对应的年龄　　　　　　图 3-34　求相对应的工龄

专家提醒

公式要点：
- y 意为相差年。
- m 意为相差月。
- d 意为相差日。
- ym 意为去掉年份的月份差。
- md 意为去掉月份的日期差。
- yd 意为去掉年份的日期差。

 **实例 078** Excel 中计算一个日期属于第几个季度的 3 种方法及中文表示法

有时候统计数据需要按季度来分类统计，人脑判断季度当然简单，然而如果有大量数据需要计算属于什么季度，该如何计算呢？下面介

绍 3 个 Excel 公式，用户可以套用任意一个公式来解决这个问题。

STEP 01 打开一个工作表，A 列为打乱的随机日期，B 列、C 列、D 列为计算日期季度的 3 种解法，E 列为中文表示法，选中 B2：B12 单元格，❶在编辑栏中输入公式 =INT((MONTH(A2)+2)/3)，按【Ctrl+Enter】组合键确认；❷应用 INT 函数计算公式，如图 3-35 所示。

STEP 02 选中 C2：C12 单元格，❶在编辑栏中输入公式 =ROUNDUP(MONTH(A2)/3,0)，按【Ctrl+Enter】组合键确认；❷应用 ROUNDUP 函数计算公式，效果如图 3-36 所示。

图 3-35　应用 INT 函数计算公式

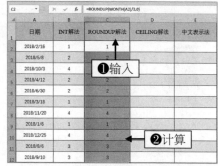

图 3-36　应用 ROUNDUP 函数计算公式

STEP 03 选中 D2：D12 单元格，❶在编辑栏中输入公式 =CEILING(MONTH(A2)/3,1)，按【Ctrl+Enter】组合键确认；❷应用 CEILING 函数计算公式，效果如图 3-37 所示。

STEP 04 用与上相同的方法，选中 E2：E12 单元格，❶在编辑栏中输入公式 =TEXT(INT((MONTH(A2)+2)/3),"[dbnum1] 第 0 季度 ")，按【Ctrl+Enter】组合键确认；❷即可将季度以中文表示，效果如图 3-38 所示。

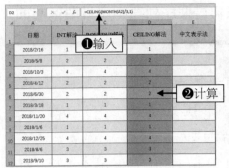

图 3-37　应用 CEILING 函数计算公式　　　　图 3-38　将季度以中文表示

实例 **079**　**Excel 中计算时间差，用多少小时多少分钟来表示的公式**

在日常工作中，计算时间差的情况很多，比如上班时长、工序时长、车辆运行时长，还有机械台班统计等。下面介绍一个函数来计算时长，用小时、分钟显示。

STEP 01 打开一个工作表，选中 C2：C4 单元格，❶在编辑栏中输入公式 =TEXT(B2-A2,"[h] 小时 m 分钟 ")，按【 Ctrl+Enter 】组合键确认；❷计算时间差，如图 3-39 所示。

STEP 02 选中 C5 单元格，❶在编辑栏中输入公式 =TEXT(SUMPRODUCT(B2:B4-A2:A4),"[h] 小时 m 分钟 ")，按回车键确认；❷计算累积时间，效果如图 3-40 所示。

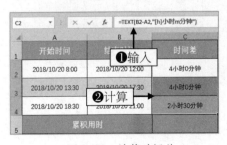

图 3-39　计算时间差

图 3-40　计算累积时间

实例 080 **Excel 计算已知日期序列在指定日期区间的遗漏日期**

公司指派员工到某地调查，有一个到访日期记录，日期是不连续的，我们想知道在当月内，有哪些日期是这位员工没有到访的。下面介绍一个函数公式，快速找出漏掉的日期。

STEP 01 打开一个工作表，A 列为到访日期，选中 B2 单元格，在编辑栏中输入公式 =IFERROR(SMALL(IF(COUNTIF(A:A,"2018/9/30"+ROW($1:$30)),"","2018/9/30"+ROW($1:$30)),ROW(A2)),"")，按【Ctrl+Shift+Enter】组合键确认，如图 3-41 所示。

STEP 02 选中单元格，移动鼠标左键至右下角，单击下拉拖动至 B17 单元格，填充公式，快速找出漏掉的日期，效果如图 3-42 所示。

	A	B
1	到访日期	遗漏日期
2	2018/9/1	2018/9/3
3	2018/9/2	
4	2018/9/4	结果
5	2018/9/6	
6	2018/9/10	
7	2018/9/11	
8	2018/9/13	
9	2018/9/15	
10	2018/9/17	
11	2018/9/20	
12	2018/9/22	
13	2018/9/23	
14	2018/9/25	
15	2018/9/27	
16	2018/9/29	
17	2018/9/30	

图 3-41 输入公式

	A	B
1	到访日期	遗漏日期
2	2018/9/1	2018/9/3
3	2018/9/2	2018/9/5
4	2018/9/4	2018/9/7
5	2018/9/6	2018/9/8
6	2018/9/10	2018/9/9
7	2018/9/11	2018/9/12
8	2018/9/13	2018/9/14
9	2018/9/15	2018/9/16
10	2018/9/17	2018/9/18
11	2018/9/20	2018/9/19
12	2018/9/22	2018/9/21
13	2018/9/23	2018/9/24
14	2018/9/25	2018/9/26
15	2018/9/27	2018/9/28
16	2018/9/29	
17	2018/9/30	

填充

图 3-42 快速找出漏掉的日期

Excel 多条件计数函数求多个销售区间的销售员个数

在日常工作中，我们经常需要通过在已知的数据中，筛选出想要看到的数据，例如在某公司 7 月、8 月销售分析报告中，筛选计算出满足条件的销售人员个数，如果数据量少，用户可以使用筛选按钮来进行筛选统计，但在数据信息量多的情况下，可以应用 COUNTIFS 函数来解决。下面介绍该函数的应用公式。

STEP 01 打开一个工作表，在 H2 和 H3 单元格中输入筛选计算条件，如图 3-43 所示。

	A	B	C	D	E	F	G	H
	H3	:	× ✓ fx	平板电脑				
1	7月、8月销售目标分析报告					满足计算的条件		
2	月份	销售员编号	产品	销售数量		月份		7月
3	7月	X001	平板电脑	150		产品		平板电脑
4	7月	X002	笔记本	290		销售数量区间		销售人员个数
5	7月	X003	平板电脑	190		>100	<=200	输入
6	7月	X004	平板电脑	235		>200	<=300	
7	8月	X005	平板电脑	150		>300	<1000	
8	8月	X006	笔记本	300				
9	8月	X007	笔记本	260				
10	8月	X008	平板电脑	450				

图 3-43 输入筛选计算条件

STEP 02 筛选计算条件输入完成后，选中 H5：H7 单元格，在编辑栏中输入公式 =COUNTIFS($A$3:$A$10,$H$2,$C$3:$C$10,$H$3,$D$3:$D$10,F5,$D$3:$D$10,G5)，按【Ctrl+Enter】组合键确认，即可求得满足条件的销售人员个数，效果如图 3-44 所示。

图 3-44   求得满足条件的销售人员个数

实例 082   告别计算器，Excel 轻松计算学分成绩点

大学生每次考试后，学生、老师甚至家长都会面临同一个问题，计算学分成绩点，用计算器手工计算，不仅累还容易出错，下面介绍一个公式，告别计算器，轻松计算出大学生学分成绩点，全班成绩只需要几分钟就可以搞定。

STEP 01   打开一个工作表，❶选中 B4 单元格，在编辑栏中输入计算公式 =SUM(IF(B2:F2>=60,B3:F3*B2:F2,0))/SUM(B3:F3)，按【Ctrl+Shift+Enter】组合键确认；❷即可轻松计算出学分成绩点，如图 3-45 所示。

STEP 02   执行操作后，选中 B4：F4 单元格，然后合并选中的单元格，效果如图 3-46 所示。

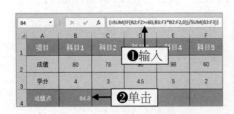

图 3-45   计算出学分成绩点   图 3-46   合并单元格

身份证提取生日、性别及年龄 15 位 +18 位通用公式

在 Excel 表格中可以提取身份证信息，如生日、性别及年龄等，下面介绍一个兼容 15 位和 18 位的通用函数公式。

STEP 01 打开一个工作表，选中 C2：C8 单元格，❶在编辑栏中输入公式 =IF(ISODD(MID(B2,IF(LEN(B2)=18,17,15),1))," 男 "," 女 ")，按【Ctrl+Enter】组合键确认；❷即可判断性别，如图 3-47 所示。

STEP 02 执行操作后，选中 D2：D8 单元格，❶在编辑栏中输入公式 =1*TEXT(MID(B2,7,IF(LEN(B2)=18,8,6)),"0-00-00")，按【Ctrl+Enter】组合键确认；❷即可提取出生年月，效果如图 3-48 所示。

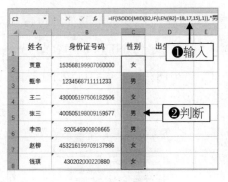

图 3-47　判断性别　　　　　图 3-48　提取出生年月

STEP 03 出生年月提取完成后，选中 E2：E8 单元格，❶在编辑栏中输入公式 =DATEDIF(D2,TODAY(),"y")，按【Ctrl+Enter】组合键确认；❷即可计算年龄，效果如图 3-49 所示。

图 3-49　计算年龄

 **根据身份证号所提取的出生日期设置生日倒计时提醒**

在实例 083 中，讲解了如何通过身份证号来提取出生年月及年龄等身份证信息的基础操作，假设现在的日期为 2018 年 9 月 12 日，需要知道在这之后 3 天内生日的人员信息。下面将在实例 083 的效果文件基础上，介绍如何设置生日倒计时提醒。

STEP 01 在 Excel 中，选中 D2：D8 单元格，单击功能区中的"条件格式"|"新建规则"选项，如图 3-50 所示。

STEP 02 执行上述操作后，即可弹出"新建格式规则"对话框，在对话框中的"选择规则类型"选项区中，❶选择"使用公式确定要设置格式的单元格"选项；然后在"编辑规则说明"选项区中的"为符合此公式的值设置格式"文本框中，❷输入判断公式 =AND(TEXT(D2,"m-d")-"2018/9/12">=0,TEXT(D2,"m-d")-"2018/9/12"<=3)，如图 3-51 所示。

图 3-50 单击相应选项

图 3-51 输入公式

STEP 03 单击右下角"格式"按钮，弹出"设置单元格格式"对话框，❶切换至"填充"选项卡；❷设置颜色为"黄色"，如图 3-52 所示。

STEP 04 连续单击"确定"按钮，直至返回工作表，即可设置生日倒计时提醒，最终效果如图 3-53 所示。

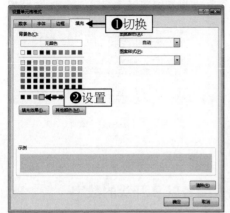

图 3-52 设置颜色为"黄色"　　　　　图 3-53 设置生日倒计时提醒

 **如何在 Excel 中不改变单元格各属性，复制粘贴单元格中的公式**

在制表时，经常需要在单元格中填充公式，如果工作表没有设置边框、颜色等单元格格式属性，可以直接单击单元格右下角拖动至其他单元格填充公式，若已经设置了单元格各属性，继续该操作，则会改变单元格各属性，之后还要重新设置。下面介绍一个非常便捷的方法，可以在不改变单元格各属性的情况下，填充单元格中的公式。

STEP 01 在工作表中，选中 F2 单元格，❶输入 =C2*D2*E2，按回车键确认；❷求出体积大小，如图 3-54 所示。

STEP 02 按【Ctrl+C】组合键复制 F2 单元格，选中 F3：F9 单元格，右击，在弹出的快捷菜单中，选择"粘贴选项"下方的"公式"按钮，最终效果如图 3-55 所示。

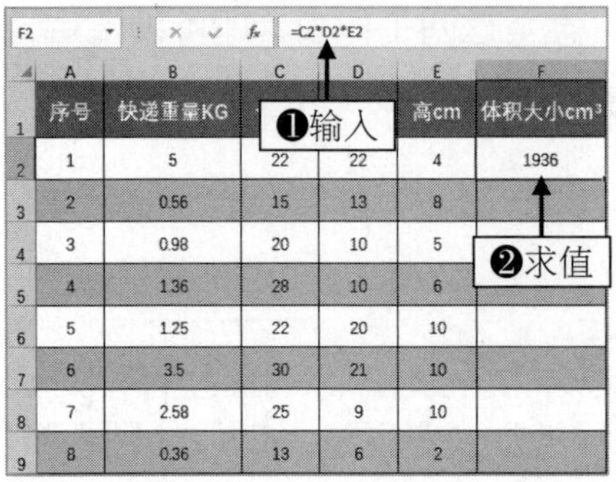

图 3-54　求出体积大小

图 3-55　最终效果

实例 086　在 Excel 中输入编号以 0 开头的数字

在 Excel 中，经常会遇到输入编号的问题，以 0 开头的数字估计是很多人心中的痛，我们可以按如下方法进行操作：

选中需要设置的单元格区域或整列整行，按【Ctrl+1】组合键，打开"设置单元格格式"对话框，❶展开"自定义"分类选项卡；在右侧的"类型"文本框中，❷输入"000000"，如图 3-56 所示；❸单击"确定"按钮即可设置完成。

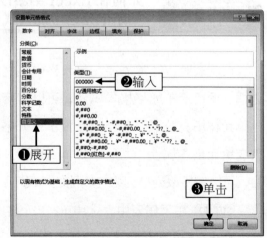

图 3-56　设置单元格格式

用公式根据销售提成比例基准表计算销售提成

在各种销售管理中，销售提成永远是重中之重，传统的销售提成计算方法就是对着销售提成比例基准表按计算器，已经是 21 世纪了，早就该告别计算器，用 Excel 表的 LOOKUP 公式合成销售提成表，计算销售提成费用省时又省力，再配上图表就会更加一目了然，更多的工作还是尽可能多使用 Excel。下面介绍具体的操作。

STEP 01 打开一个工作簿，选中 C13：C18 单元格，❶在编辑栏中输入公式 =LOOKUP(B13,$A$3:$A$10,$C$3:$C$10)，按【Ctrl+Enter】组合键确认；❷计算提成比例，如图 3-57 所示。

STEP 02 选中 D13：D18 单元格，❶在编辑栏中输入公式 =B13*C13，按【Ctrl+Enter】组合键确认；❷计算应付提成，最终效果如图 3-58 所示。

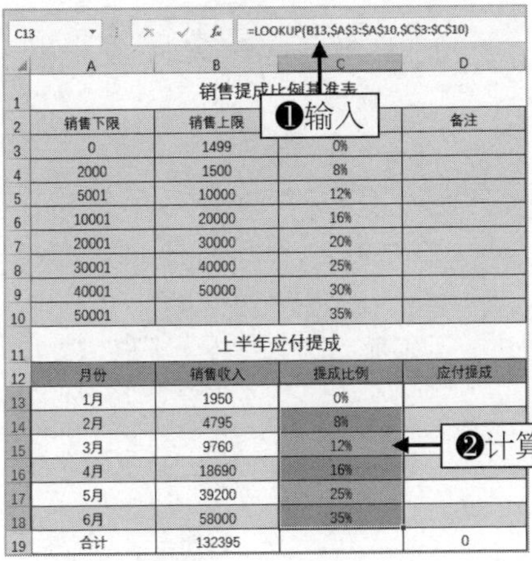

图 3-57　计算提成比例 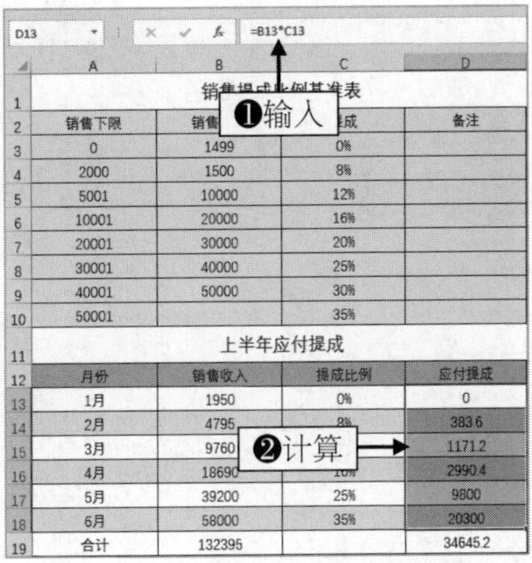　　　　　图 3-58　计算应付提成

专家提醒

　　用户如果觉得分两步操作计算太麻烦，也可以一步到位，去掉"提成比例"列，计算"应付提成"公式为：=B13*LOOKUP(B13, $A$3:$A$10,$C$3:$C$10)，直接计算出结果，只是这样会看不到提成比例。

第4章 数据分析实战应用

学前提示

本章主要讲解的是数据分析实战应用，如显示带颜色箭头＋数据形式、隐藏数据的便捷方法、筛选去除重复数据、跨文件查找引用数据、一对多查找数据、从相似数据中找出异同、按关键字匹配分组汇总排序等内容及技巧，帮助用户在做数据分析表时，提高制表准确率和工作效率。

本章知识重点

- 在 Excel 中临时隐藏数据的两种便捷方法
- 如何删除日期数据中后面的时间只保留日期部分
- Excel 随机从指定几个数据中进行取数
- 文本混合数字表不能按数字顺序排序的解决方案
- Excel 表中禁止同列输入重复数据

学完本章后你会做什么

- 在 Excel 中利用函数和辅助列筛选去除重复数据
- 在 Excel 中不同行列中制作选择下拉按钮
- 在 Excel 中快速找出两列相似数据中的异同

 视频演示

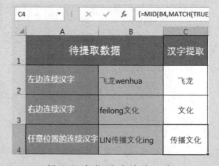

找出两列数据中的异同 　　　　　提取任意位置连续的汉字

显示带颜色箭头＋数据形式，销售同比数据美化

在 Excel 中，数据对比分析表除了数据之外，也可以很赏心悦目，例如某公司 2017 年与 2018 年的销售额对比分析，除了用正负数据外，还可以以上升、下降的箭头表示，甚至还可以为其设置颜色。下面介绍具体操作。

STEP 01 打开一个工作表，在工作表中销售同比数据已经求出，D 列为普通的正负数据，如图 4-1 所示。

STEP 02 选中 E4：E14 单元格，按【Ctrl+1】组合键，打开"设置单元格格式"对话框，❶展开"自定义"分类选项卡；❷在"类型"文本框中输入"↑#;↓#;-"，如图 4-2 所示；❸单击"确定"按钮，返回工作表，E 列中的数据随即变为带箭头的数据。

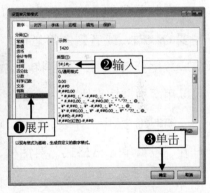

图 4-1　打开一个工作表　　　　图 4-2　输入条件格式

STEP 03 选中 F4：F14 单元格，用与上相同的方法，按【Ctrl+1】组合键，打开"设置单元格格式"对话框，展开"自定义"分类选项卡，在"类型"文本框中输入"[红色]↑#;[绿色]↓#;-"，单击"确定"按钮，查看带颜色箭头数据的最终效果，如图 4-3 所示。

效果

2017年与2018年销售额对比分析表					
项目	2017年销售额	2018年销售额	同比分析		
			普通同比	带箭头同比	带颜色箭头同比
A	1580	2000	420	↑ 420	↑ 420
B	2220	2220	0	-	-
C	3350	3500	150	↑ 150	↑ 150
D	4480	4480	0	-	-
E	8850	8800	-50	↓ 50	↓ 50
F	5580	5800	220	↑ 220	↑ 220
G	94300	49300	-45000	↓ 45000	↓ 45000
H	44580	50000	4420	↑ 4420	↑ 4420
I	9880	10000	120	↑ 120	↑ 120
J	15850	16000	150	↑ 150	↑ 150
K	56870	56900	30	↑ 30	↑ 30

图 4-3　查看带颜色箭头数据的最终效果

专家提醒

　　在"设置单元格格式"对话框中，本实例在"类型"文本框中所输入的条件格式，统一输入为英文大写符号。

实例 089　在 Excel 中临时隐藏数据的两种便捷方法（可快速恢复）

　　有时候我们会把工作表中的一些数据给隐藏掉，可以方便查看所需要的数据，或者截图给老板、同事，例如在某公司员工的目标计划完成数据分析表中，需要将"完成状况"以及"奖惩状况"进行隐藏，可以用两种方法来执行。下面介绍具体操作。

　　STEP 01 打开工作表，选中 D2：D8 单元格，按【Ctrl+1】组合键，打开"设置单元格格式"对话框，展开"自定义"选项卡，在"类型"文本框中，输入"；；；"，然后单击"确定"按钮返回工作表，即可隐藏"完成状况"数据，如图 4-4 所示，双击单元格即可显示单元格中的数据信息，或选中单元格在编辑栏可查看，如需恢复隐藏数据，设置单元格格式为"常规"即可快速恢复。

　　STEP 02 选中 E2：E8 单元格，在功能区设置"字体颜色"为"白色"，即可隐藏"奖惩状况"数据，如图 4-5 所示。

D2			✕ ✓ *fx*	已完成	
▲	A	B	C	D	E
1	编号	姓名	8月目标计划完成数量	完成状况	奖惩状况
2	180002	贾二	5000		500
3	180005	张三	5000		500
4	180010	李四	5500		-100
5	180011	王五	隐藏➡		450
6	180025	赵六	4000		400
7	180028	钱七	4800		-50
8	180030	周八	5200		500

E2			✕ ✓ *fx*	500	
▲	A	B	C	D	E
1	编号	姓名	8月目标计划完成数量	完成状况	奖惩状况
2	180002	贾二	5000		
3	180005	张三	5000		
4	180010	李四	5500		
5	180011	王五	4500	隐藏➡	
6	180025	赵六	4000		
7	180028	钱七	4800		
8	180030	周八	5200		

图 4-4　隐藏"完成状况"数据　　　　图 4-5　隐藏"奖惩状况"数据

专家提醒

　　在本实例中，通过改变"字体颜色"来隐藏数据信息的方法，需要灵活变通运用，如果"填充颜色"为"红色"，则需要设置"字体颜色"为相同的"红色"，才能隐藏信息。

实例 090　利用函数和辅助列筛选去除重复数据，保留最后出现的行

　　关于删除重复项，使用 Excel 提供的删除重复项工具直接删除就可以，但这个工具是按出现顺序保留的首行，某些情况下需要保留的是尾行怎么办呢？可以利用筛选与函数同时进行的方法，筛选出最后一行。下面介绍具体的操作方法。

STEP 01 打开工作表，选中 C2：C12 单元格，❶在编辑栏中输入 =COUNTIF(A:A,A2)，按【Ctrl+Enter】组合键确认；❷计算次数，如图 4-6 所示。

STEP 02 选中 D2：D12 单元格，❶在编辑栏中输入 =COUNTIF (A3:A12,A2)，按【Ctrl+Enter】组合键确认，❷计算筛选最后一行的数据，如图 4-7 所示，显示计算结果为 0 的单元格，则是重复数据出现的最后一行。

图 4-6 计算次数   图 4-7 计算筛选最后一行的数据

STEP 03 单击 D1 单元格右下角的下拉按钮，在下拉列表框中，❶取消选中"全选"复选框，再选中 0 复选框，❷单击"确定"按钮，如图 4-8 所示。

STEP 04 执行操作后，即可筛选出重复数据出现的最后一行数据，选中筛选后的 A1：C12 单元格，按

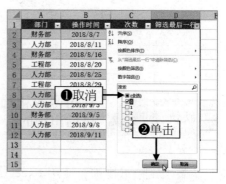

图 4-8 单击"确定"按钮

【Ctrl+C】复制单元格，❶粘贴在 F1 单元格处并调整列宽；此时复制的单元格数据会暂时隐藏，再次单击 D1 单元格右下角的下拉按钮，在下拉列表框中，选中"全选"复选框，单击"确定"按钮，❷即可将所有数据展示出来，效果如图 4-9 所示。

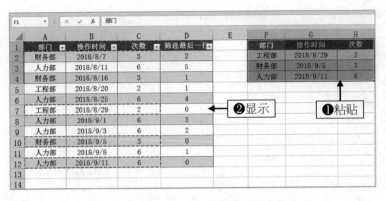

图 4-9 显示所有的数据

实例 091 如何删除日期数据中后面的时间只保留日期部分

现在有很多系统都会从 Excel 导入数据，但是对 Excel 的数据格式有诸多要求，比如导入数据时日期后面有时间数据，系统会导入失败，这里就需要删除日期数据后面的时间，只保留日期部分。下面讲解如何快速地取出日期后面的时间，只保留日期部分。

STEP 01 打开一个工作簿，切换至"方法一"工作表，选中 A3：A13 单元格，单击"数据"菜单，在其功能区单击"分列"选项按钮，弹出"文本分列向导"对话框，单击"下一步"按钮，❶选中"空格"复选框；❷单击"完成"按钮，如图 4-10 所示。

STEP 02 执行操作后，即可将日期后面的时间分离出来，按【Ctrl+1】组合键，打开"设置单元格格式"对话框，设置格式为"日期"选项，单击"确定"按钮，即可保留日期数据，效果如图 4-11 所示。

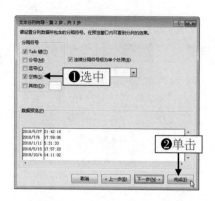

图 4-10 单击"完成"按钮

图 4-11 保留日期数据

STEP 03 切换至"方法二"工作表，选中 B3：B12 单元格，❶在编辑栏中输入公式 =INT(A3)，按【Ctrl+Enter】组合键确认；❷将日期后的时间清零，如图 4-12 所示，然后用 STEP 02 中的方法，设置单元格格式为"日期"选项，即可保留日期数据。

STEP 04 切换至"方法三"工作表，选中 A3：A13 单元格，按【Ctrl+H】组合键，弹出"查找和替换"对话框，❶在"替换"选项卡中的"查找内容"文本框中输入"＊：＊：＊"；❷单击"全部替换"按钮，将日期后的时间清零，如图 4-13 所示，然后关闭对话框，设置单元格格式为"日期"选项，即可保留日期数据。

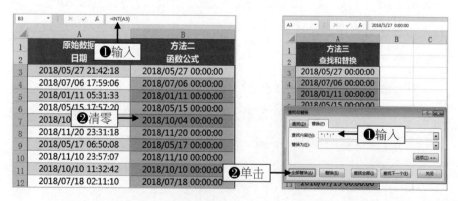

图 4-12 将日期后的时间清零

图 4-13 将日期后的时间清零

专家提醒

在本实例 STEP 04 中，文本框中输入内容时，需在符号前加一个空格，否则替换的数据单元格将是空白的。

实例 092 **Excel 日期、时间快速计算函数**

在统计时间、日期时，经常需要在 Excel 工作表中输入当前日期进行数据对比，一个一个输入太过烦琐，下面介绍两个快速计算当前日期、时间的函数，灵活运用这两个函数可以为用户节省工作时间并提高工作效率。

☺ **函数 TODAY：** 在单元格中输入公式 =TODAY()，即可快速计算出当前日期。

☺ **函数 NOW：** 在单元格中输入公式 =NOW()，即可快速计算出当前日期及时间。

实例 093 **Excel 中筛选数据不成功的原因分析及解决办法**

自动筛选功能我们经常会用到，但是常常有人会筛选不成功，而且是以前可以现在却操作不成功，或者说筛选的时候有漏项，这是为什么呢？下面以图 4-14 为例，分析 Excel 中筛选数据不成功的原因，并介绍解决方法。

图 4-14　每日价格表

　　如图 4-14 所示为某水果店的每日价格表，其中有多种水果，但在筛选时仅显示了 2 种水果名称，这是由于第 10 行为空白行，并且被隐藏了，因此筛选范围只有第 3 行至第 9 行的数据区域，而空白行下方的数据系统会默认为是单独的数据，不在筛选范围内。

　　❀ 解决方案一：

　　在行标尺上右击，在弹出的快捷菜单中，选择"取消隐藏"选项，删除空白行，再次筛选时即可筛选全部数据。

　　❀ 解决方案二：

　　删除第一行，选中整列数据，取消筛选命令，然后再重新设置筛选按钮，即可在整列数据范围内进行筛选。

　　❀ 解决方案三：

　　选中第 2 行至最后一行的单元格数据范围区域，取消筛选命令，然后再重新设置筛选按钮，即可在选中的数据范围区域内进行筛选。

实例 094 Excel 中跨文件查找引用数据的公式写法操作详解

VLOOKUP 相当于 Excel 中的王牌函数，很多时候经常需要用到它，相信很多用户都知道如何使用。下面介绍一个应用 VLOOKUP 函数跨文件查找引用数据的公式写法基本操作，帮助新手巩固该函数的基础应用。

STEP 01 打开两个工作簿，其中“实例 094 工作表 1”作为查找表，“实例 094 工作表 2”作为数据表，如图 4-15 所示，在查找表中输入公式，将数据表中查找到的数据返回结果至查找表中。

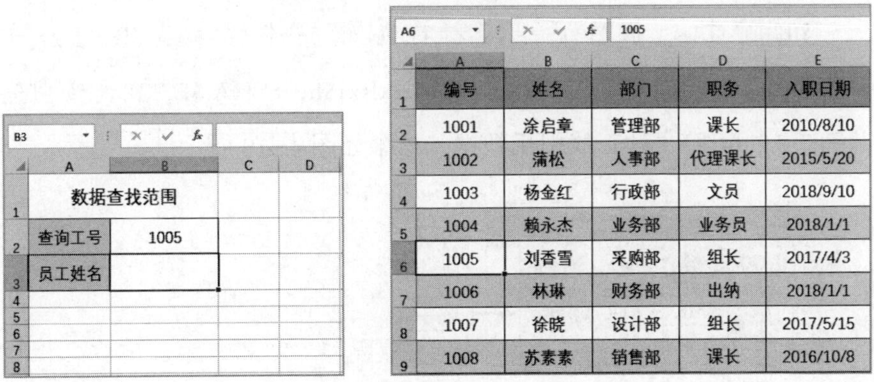

数据查找范围	
查询工号	1005
员工姓名	

编号	姓名	部门	职务	入职日期
1001	涂启章	管理部	课长	2010/8/10
1002	蒲松	人事部	代理课长	2015/5/20
1003	杨金红	行政部	文员	2018/9/10
1004	赖永杰	业务部	业务员	2018/1/1
1005	刘香雪	采购部	组长	2017/4/3
1006	林琳	财务部	出纳	2018/1/1
1007	徐晓	设计部	组长	2017/5/15
1008	苏素素	销售部	课长	2016/10/8

图 4-15 查找表和数据表

STEP 02 在查找表中选中 B3 单元格，输入公式 =VLOOKUP(B2,，如图 4-16 所示。

STEP 03 单击“视图”菜单，❶在其功能区中单击“切换窗口”下拉按钮；❷在弹出的下拉列表中选择“实例 094 工作表 2”选项，如图 4-17 所示。

图 4-16 输入公式

图 4-17 选择相应选项

(STEP) 04 切换至数据表，在其中选中 A：E 列整列数据，在编辑栏中的公式会自动补充选中的数据条件 =VLOOKUP(B2,'[实例 094 工作表 2.xlsx]Sheet1'!$A:$E，如图 4-18 所示。

(STEP) 05 执行操作后，接着在编辑栏中输入完整的公式 =VLOOKUP(B2,'[实例 094 工作表 2.xlsx]Sheet1'!$A:$E,2,0)，按回车键确认，即可跨文件查找引用数据，效果如图 4-19 所示。

图 4-18 选中 A：E 列整列数据

图 4-19 跨文件查找引用数据

 实例 095 一对多查找数据的万金油函数套路讲解

一对一关键字查询，我们都知道用 VLOOKUP 函数，但如果是一对多呢？有时候需要从数据表中查询出某个产品对应的多行数据，这样貌似用函数做比较难，不过也不是没有办法。下面介绍一个函数高手常用的一对多查询的万金油函数组合，大家可以边学边操作，加深印象。

STEP 01 打开一个工作簿，A：D 列为源数据，G1 为查询条件，F3：G9 为一对多查找数据返回结果区域，如图 4-20 所示。

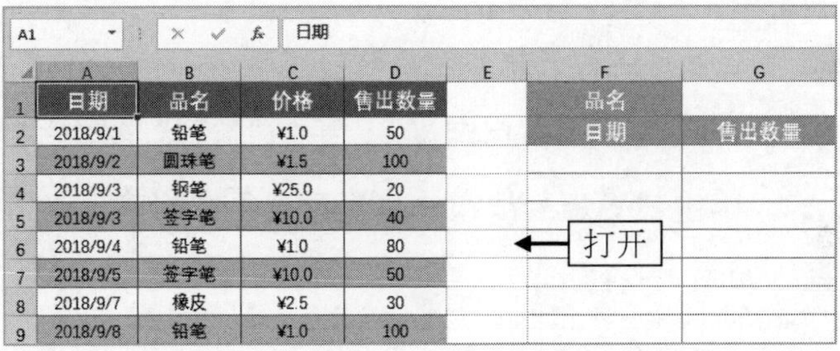

	A	B	C	D	E	F	G
1	日期	品名	价格	售出数量		品名	
2	2018/9/1	铅笔	¥1.0	50		日期	售出数量
3	2018/9/2	圆珠笔	¥1.5	100			
4	2018/9/3	钢笔	¥25.0	20			
5	2018/9/3	签字笔	¥10.0	40			
6	2018/9/4	铅笔	¥1.0	80			
7	2018/9/5	签字笔	¥10.0	50			
8	2018/9/7	橡皮	¥2.5	30			
9	2018/9/8	铅笔	¥1.0	100			

图 4-20　打开一个工作簿

STEP 02 在 G1 单元格中输入查询条件“铅笔”，选中 F3：F9 单元格，按【Ctrl+1】组合键，设置单元格格式为“日期”，❶然后在 F3 单元格中输入公式 =INDEX(A:A,SMALL(IF(B$2:B$9=G$1,ROW($2:$9),99),ROW(A1)))，按【Ctrl+Shift+Enter】组合键确认；❷即可得到查找的“日期”数据，如图 4-21 所示。

STEP 03 单击单元格右下角下拉填充公式至 F9 单元格，按【Ctrl+1】组合键，设置单元格格式为“自定义”，并在“类型”文本框中输入“yyyy/m/d;;”，单击“确定”按钮，将不符合条件的单元格清除，保留查找的数据，如图 4-22 所示。

STEP 04 ❶在 G3 单元格中输入公式 =INDEX(D:D,SMALL(IF(B$2:B$9=G$1,ROW ($2:$9),99),ROW(A1)))，按【Ctrl+Shift+Enter】组合键确认；❷即可得到查找的“售出数量”数据，如图 4-23 所示。

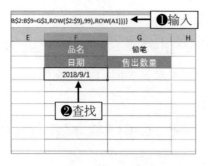

图 4-21　得到查找的"日期"数据

图 4-22　保留查找的数据

STEP 05 单击单元格右下角下拉填充公式至 G9 单元格，按【Ctrl+1】组合键，设置单元格格式为"自定义"，并在"类型"文本框中输入"G/通用格式 ;;"，单击"确定"按钮，将不符合条件的单元格清除，保留查找的数据，如图 4-24 所示。

图 4-23　得到查找的"售出数量"数据

图 4-24　保留查找的数据

 **快速从 Excel 表中的两列相似数据中找出异同**

已知数据 A 列和 B 列，要在 B 列中找出没有在 A 列中出现过的数据，或者找出 B 列中已经在 A 列中出现的数据，下面通过介绍 COUNTIF 的解法来解决以上问题。

STEP 01 打开一个工作簿，已知 A、B 两列数据，需要找出 B 列"物品名单"中已购买的物品名单，如图 4-25 所示。

STEP 02 选中 C2：C12 单元格，❶在编辑栏中输入公式 =IF(COUNTIF(A:A,B2)>0," 是 "," 否 ")，按【Ctrl+Enter】组合键确认，即可求得返回结果；❷找出两列数据中的异同之处，如图 4-26 所示。

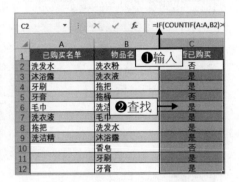

图 4-25　打开一个工作簿　　　　图 4-26　找出两列数据中的异同之处

 **实例 097** **多条件一对多查找函数根据分类和品牌查找多个型号数据**

在 Excel 工作表中，可以根据分类和品牌查找多个型号数据，多条件一对多查找函数，前面讲过一对多查找数据的万金油函数组合，不过有时候我们需要的是多条件来查找多行数据。下面介绍多条件情况下的一对多查询函数套路新技能。

STEP 01 打开一个工作簿，在工作表中选中 G2 单元格，在其中输入公式 =INDEX(C:C,SMALL(IF(($A$2:$A$9=$F$2)★($B$2:$B$9=$F$3),ROW($2:$9),99),ROW(A1)))&""，按【Ctrl+Shift+Enter】组合键确认，如图 4-27 所示。

STEP 02 选中 G2 单元格，将鼠标移至单元格右下角，当鼠标呈黑色十字光标时，单击下拉至 G9 单元格填充公式，执行操作后即可得到符合条件的型号数据，最终效果如图 4-28 所示。

图 4-27　输入公式

图 4-28　得到符合条件的型号数据

专家提醒

　　上述用的是很经典的函数组合 INDEX+SMALL+IF，本实例与前文的一对多查找的区别在于这个是多条件的，前文中的是单条件的，如果想要多条件地一对多查找，并且条件就是 A1>5 且 B1>5，这样的条件之间，如上面的公式，用 * 相连接，或者用 +。

 实例 098　提取中英文混合字符串汉字的函数套路

　　平时的数据中，常常需要从中英文混合的字符串中提取出需要的汉字。下面介绍几种常用的提取汉字函数写法。

STEP 01 打开工作表，选中 C2 单元格，❶在其中输入公式

=LEFT(B2,LENB(B2) −LEN(B2))，按【Ctrl+Shift+Enter】组合键确认；
❷即可提取左边的连续汉字，如图 4-29 所示。

STEP 02 选中 C3 单元格，❶在其中输入公式 =RIGHT(B3,LENB
(B3)-LEN(B3))，按【Ctrl+Shift+Enter】组合键确认；❷即可提取右边
的连续汉字，如图 4-30 所示。

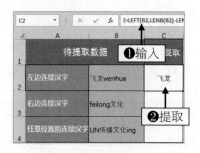

图 4-29 提取左边的连续汉字

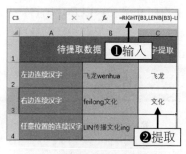

图 4-30 提取右边的连续汉字

STEP 03 选中 C4 单元格，❶在其中
输入公式 =MID(B4,MATCH (TRUE,MID
(B4,ROW($1:$101),1)>=" 啊 "),LENB(B4)−
LEN(B4))，按【Ctrl+Shift+Enter】组合键确
认；❷即可提取任意位置连续的汉字，如
图 4-31 所示。

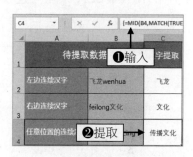

图 4-31 提取任意位置连续的汉字

实例 099 函数套路之提取前后指定字符之间的数据及双
分隔符分列

由于数据来源的不同，常常需要提取数据中的有效数据。下面介绍
一个提取指定字符之间的字符串的函数公式，用户可以直接套用。

⚙ **提取固定前后字符间的函数公式**

公 式 1=LEFT(MID(A1,FIND("★",A1)+1,100),FIND("-",MID(A1,

FIND("★",A1)+1,100))−1)

公　式　2=TRIM(LEFT(SUBSTITUTE(MID(A1,FIND("★",A1)+1,99),"

−",REPT(" ",20)),20))

◎ 函数法多符号分列

=TRIM(MID(SUBSTITUTE(SUBSTITUTE($A1,"−","★"),"★",

REPT("",99)),COLUMN(A1)*99−98,99))

实例 100　Excel 随机从指定几个数据中进行取数（模拟数据）

Excel 的随机数公式可以用来做很多事情，但是很多人可能只会用 RANDBETWEEN 来取一定区间内的随机数。下面介绍一种从指定几个数进行随机取数的方法，函数很简单，相信你能学会！

STEP 01 打开一个工作表，A 列为某组成员业绩抽查名单，C 列为星期一至星期日随机抽查的人员名单，如图 4-32 所示。

STEP 02 选中 C2：C9 单元格，在编辑栏中输入公式 =INDEX($A$2:$A$9,RANDBETWEEN(1,8))，按【Ctrl+Enter】组合键完成，即可从指定的人员名单中随机抽取，如图4-33所示，按【F9】可以刷新随机数据。

图 4-32　打开一个工作表　　　图 4-33　从指定的人员名单中随机抽取

 **从多个日期对应价格中查询产品最新价格的数组公式**

在做市场调研时，经常需要从统计出来的信息表中，提取到某一产品在一段时期内的最新价格。下面介绍从多个日期对应价格中查询产品最新价格信息的数组公式，帮助用户提高工作效率。

STEP 01 打开一个工作表，选中 F2 单元格，在编辑栏中输入公式 =INDEX(A:A,MAX (IF($B$2:$B$14=E2,ROW($2:$14)))), 按【Ctrl+Shift+Enter】组合键确认，选中单元格，单击右下角并下拉填充至 F6 单元格，即可得到最新的日期，如图 4-34 所示。

STEP 02 选中 G2 单元格，在编辑栏中输入公式 =INDEX(C:C,MAX (IF($B$2:$B$14 =E2,ROW($2:$14)))), 按【Ctrl+Shift+Enter】组合键确认，选中单元格，单击右下角并下拉填充至 G6 单元格，即可得到最新的价格，如图 4-35 所示。

图 4-34　得到最新的日期　　　　　图 4-35　得到最新的价格

 **通过产品名称和型号两个条件来查找对应价格的方法**

VLOOKUP 函数主要应用于单列数据查找，如果要查找的条件有

2 列甚至 3 列怎么办？这里可以借用一个条件求和函数 SUMIFS，有人说，SUMIFS 不是用来求和的吗？对，它确实是用来求和的，但是也可以利用它的条件求和特性来进行多条件查找。下面介绍具体的操作。

(STEP) 01 打开一个工作表，A、B、C 列为数据源，在 E 列和 F 列中，通过产品名称和型号两个条件来查找对应的价格，选中 F2 单元格，在其中输入"长尾夹"，选中 F3 单元格，在其中输入型号"10#"，如图 4-36 所示。

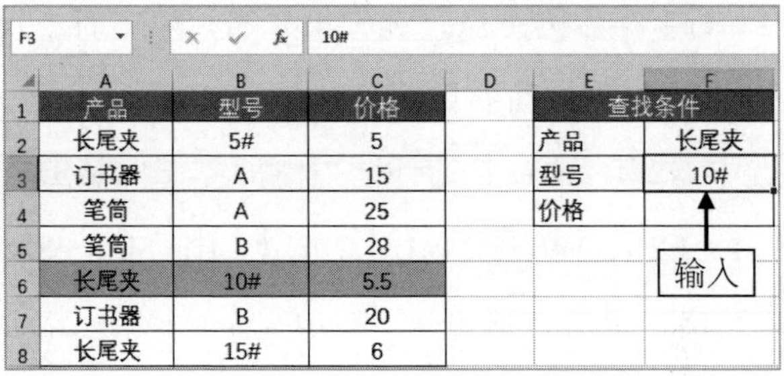

图 4-36 输入查找条件

(STEP) 02 查找条件输入完成后，选中 F4 单元格，❶在编辑栏中输入公式 =SUMIFS(C:C,A:A,F2,B:B,F3)，按回车键确认；❷即可查找与条件对应的价格，效果如图 4-37 所示。

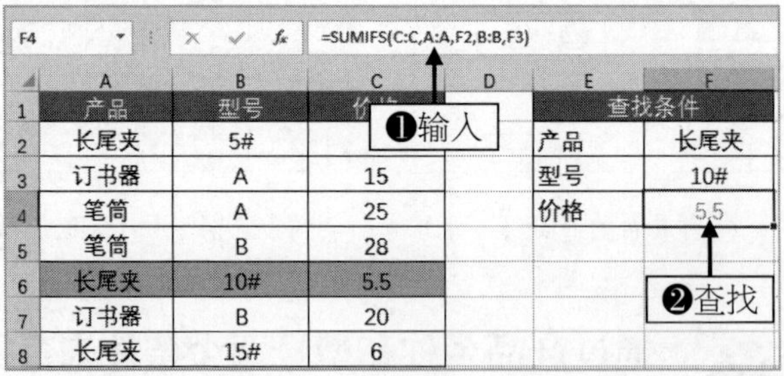

图 4-37 查找与条件对应的价格

专家提醒

⊛ 公式解析

=SUMIFS(源价格列 , 产品列 , 待查产品 , 源型号列 , 待查型号)

⊛ 通用解析

=SUMIFS(求和列 , 条件列 1, 待查 1, 条件列 2, 待查 2,......), 后续可以写多个条件

 **VLOOKUP 查找数据出现错误的几种常见原因及解决方案**

很多用户第一次觉得 Excel 很厉害，应该是自从学会了 VLOOKUP 之后，不过也应该有很多次被它折磨得很厉害，明明公式写得没错，可是返回的结果就是不对。下面介绍 VLOOKUP 返回结果错误的几种常见问题及解决方案，希望能帮助用户更愉快地使用 Excel。

⊛ **源数据空格导致返回结果错误**

在源数据单元格中含有空格，应用 VLOOKUP 函数公式计算返回的结果会有出现错误的情况，例如在单元格中的数据为" 张三 "，条件单元格中的数据为"张三"，在源数据前后都有空格，而条件数据则没有空格，这样的情况下就会因为数据不统一而导致返回结果错误，最好的解决方法是删除源数据中的空格，或在条件数据的相同位置添加空格。

⊛ **条件数据空格导致结果错误**

所谓"条件关键字空格"，其实就是源数据无误，但是在输入条

件数据时含有空格键，因此导致返回结果错误，最简单的方法是删除数据中的空格，还有一个方法是在计算公式中应用 TRIM 函数消除空格，公式为：=VLOOKUP(TRIM($ 条件数据),$ 源数据区域 , 返回数据列 ,0)。

◎ 强制换行符号导致错误

在源数据单元格中，有的数据会显示为两行，导致返回结果错误，而且在数据区域内可能不止一个单元格是这样的情况，这时就可以通过"查找和替换"对话框来解决。

首先选中需要设置的源数据列或行，按【Ctrl+H】组合键，弹出"查找和替换"对话框，在"查找内容"文本框中单击，按【Ctrl+Enter】组合键，单击"全部替换"按钮，即可将单元格区域内换行的单元格数据变为相连的一整行数据，反过来，在条件数据中出现该情况时，也可以使用此方法解决。

◎ 条件数据为文本格式，而源数据为其他格式导致结果错误

在条件区域单元格中，有时会因为方便操作，将条件单元格统一设置为文本格式，与源数据单元格格式不符，在数量多的情况下，一个一个去设置单元格格式显然是很费时的，这样的情况可以通过以下两个公式中的任意一个来忽略格式不符的错误。

公式一：VALUE 函数

=VLOOKUP(VALUE($ 条件数据),$ 源数据区域 , 返回数据列 ,0)

公式二："--"两个负号符号

=VLOOKUP(--($ 条件数据),$ 源数据区域 , 返回数据列 ,0)

实例104 在VLOOKUP计算公式中通配符的弊端

通配符"*"在Excel中用来代替1个或多个字符，例如"1011-02"在查找时可以用"10*-02"来代替。但在VLOOKUP函数公式中有一个弊端，就是当"10*-02"本身就是一个条件数据，而同时在该条件范围内又包含了"1011-02"时，会导致返回结果为"1011-02"的条件数据。

与实例104中所述的几种错误情况不同，实例104中的错误情况返回结果会显示乱码，而通配符导致的错误依旧是数据，不会显示乱码，当数据量多时，这一种情况导致的错误会比较难以察觉，往往制表人员会忽略这个错误，最简单的解决方法是在条件单元格中输入数据时，在通配符前加大写英文波浪符号"~"，如"10~*-02"。还有一种方法是用函数SUBSTITUTE来解决，公式为：=VLOOKUP(SUBSTITUTE($条件数据，"*","~"),$源数据区域,2,0)。

实例105 用VLOOKUP快速返回整行或多列数据的方法

在应用VLOOKUP查找数据时，大都返回一列数据，但有时很多列都需要返回，如果一个一个指定参数就会比较麻烦。下面介绍一个比较简便的方法来完成这个操作。

打开一个工作簿，如图4-38所示，分别为某校某班级"学员成绩表"和"成绩查找表"，在"成绩查找表"中，有三种状况可以通过VLOOKUP函数公式来快速返回在"学员成绩表"中的相应数据。

图 4-38 "学员成绩表"和"成绩查找表"

◉ 状况一：所对应的数据列一致

在应用 VLOOKUP 函数查找一整行数据时，会有查找数据单元格列与源数据表格中的数据列位置一致的情况，在"成绩查找表"中的"状况一"中，A 列为查找条件，后面 B：H 列为结果返回数据列，数据列位置与"学员成绩表"中的位置完全一致，选中 B3：H3 单元格，在编辑栏中输入公式 =VLOOKUP($A$3, 学员成绩表 !$A:$H,COLUMN(),0)，按【Ctrl+Enter】组合键确认，即可快速返回整行多列数据。

◉ 状况二：所对应的数据列不一致

在"成绩查找表"中的"状况二"中，与"状况一"不同的是，数据列位置与"学员成绩表"中的位置相错，这时就需要在上一个公式的基础上做一个小小的改动，即在 COLUMN() 中的括号中输入在"学员成绩表"中相应数据列的位置，选中 C7：H7 单元格，在编辑栏中输入公式 =VLOOKUP($A$3, 学员成绩表 !$A:$H,COLUMN(B1),0)，按【Ctrl+Enter】组合键确认，即可快速返回整行多列数据。

◉ 状况三：所对应的数据列是打乱的

在"成绩查找表"中的"状况三"与以上两种状况完全不一样，上述两种状况中，表头与"学员成绩表"中的表头顺序都是一致的，而"状况三"中的表头顺序完全是打乱的，与"学员成绩表"中的数据列完全不一致，这种状况下就需要用到 MATCH 函数来进行更加精确的查找，选中 C11：E11 单元格，在编辑栏中输入公式 =VLOOKUP($A$3,学员成绩表!$A:$H,MATCH(C10,学员成绩表!1:1,0),0)，按【Ctrl+Enter】组合键确认，即可快速返回多列数据。

 **通过型号和日期查找季度及型号对应的数据交叉查询**

Excel 中经典的交叉表查询函数 INDEX+MATCH，有时需要和其他函数一起配合，比如这里已知数据是季度，但要查询的是日期，这就需要将日期先转换为季度对应的样式再进行查询。下面以公式拆解重组的方式教会大家如何活学活用。

STEP 01 打开一个工作表，选中 H6 单元格，❶在其中输入公式 =TEXT(INT((MONTH(H3) +2)/3),"[dbnum1] 第 0 季度成本 ")，按回车键确认；❷求 H3 单元格中的日期在 A：E 列数据源区域中的所属季度，如图 4–39 所示。

	A	B	C	D	E	F	G	H
H6		fx	=TEXT(INT((MONTH(H3)+2)/3),"[dbnum1]第0季度成本")					
1	型号	第一季度成本	第二季度成本	第三季度成本	第四季度	❶输入	查找区	
2	A	22.33%	21.83%	21.33%	20.83%		型号	B
3	B	22.33%	21.83%	21.33%	20.83%		日期	2018/9/10
4	C	17.33%	16.83%	16.33%	15.83%		成本	
5	D	16.63%	16.13%	15.63%	15.13%		公式拆解区	
6	E	17.33%	16.83%	16.33%	15.83%		求日期所属季度	第三季度成本
7	F	17.33%	16.83%	16.33%	15.83%		求型号所属行数	
8	G	17.33%	16.83%	16.33%	15.83%		求季度所属列数	❷结果
9	H	17.33%	16.83%	16.33%	15.83%		求查找数据	

图 4–39　求日期所属季度

STEP 02 选中 H7 单元格，在其中输入公式 =MATCH(H2,A:A,0)，按回车键确认，求 H2 单元格中的型号在数据源区域中的所属行数，如图 4-40 所示。

STEP 03 选中 H8 单元格，在其中输入公式 =MATCH(H6,1:1,0)，按回车键确认，求 H6 单元格中求得的季度在数据源区域中的所属列数，如图 4-41 所示。

公式拆解区	
求日期所属季度	第三季度成本
求型号所属行数	3
求季度所属列数	
求查找数据	

结果

图 4-40　求型号所属行数

公式拆解区	
求日期所属季度	第三季度成本
求型号所属行数	3
求季度所属列数	4 ← 结果
求查找数据	

图 4-41　求季度所属列数

STEP 04 选中 H9 单元格，在其中输入公式 =INDEX(A:E,H7,H8)，按回车键确认，求符合条件查找的数据，如图 4-42 所示。

STEP 05 执行上述操作后，复制 H9 单元格中的公式，并粘贴至 H4 单元格中，然后在编辑栏中，将公式中的 H7、H8 替换成相应单元格中的公式，H8 替换后的公式中含有 H6，也用同样的方法进行替换，拆解重组后的公式为 =INDEX(A:E,MATCH(H2,A:A,0),MATCH (TEXT (INT((MONTH(H3)+2)/3),"[dbnum1] 第 0 季度成本 "),1:1,0))，按回车键即可求得成本数据，如图 4-43 所示，完成操作后，即使将下方的"公式拆解区"数据进行删除操作，也不会影响到重组公式所求的结果。

公式拆解区	
求日期所属季度	第三季度成本
求型号所属行数	3
求季度所属列数	4
求查找数据	21.33% ← 结果

图 4-42　求查找数据

查找区	
型号	B
日期	2018/9/10
成本	结果 → 21.33%

图 4-43　求公式重组后的成本数据

Excel 小妙招之如何在不同行列中制作选择下拉按钮

在 Excel 中，"筛选"命令可以在单元格右下角出现一个下拉按钮，主要用于筛选、排序操作，还有一种下拉按钮，它的作用是可以在下拉列表中进行选择，选择的内容会显示在该单元格中，这样的下拉按钮相信很多人都会，但对 Excel 初学者来说却比较陌生。下面将通过实例讲解，教会大家如何制作选择下拉按钮。

STEP 01 打开一个工作表，其中 F2 和 F3 中的数据会随 F1 中的数据变化而变化，选中 F1 单元格，单击"数据"菜单，在其功能区中的"数据工具"选项区中，单击"数据验证"图标按钮，如图 4-44 所示。

STEP 02 弹出"数据验证"对话框，❶单击"允许"下方的下拉按钮；❷在弹出的下拉列表框中选择"序列"选项，如图 4-45 所示。

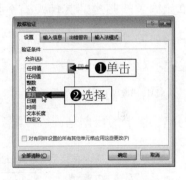

图 4-44 单击"数据验证"图标按钮　　　　图 4-45 选择"序列"选项

STEP 03 在下方的"来源"文本框中单击，在工作表中选择 B 列，在文本框中随即会显示公式 =$B:$B，如图 4-46 所示。

STEP 04 单击"确定"按钮，返回工作表，在 F1 单元格右侧会出现一个下拉按钮，❶单击下拉按钮；❷即可在弹出的下拉列表中选择相应选项，如图 4-47 所示。

图 4-46　显示公式

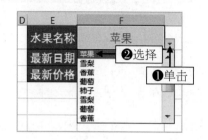

图 4-47　选择相应选项

实例 108　**按关键字模糊匹配分组汇总及排序，函数及透视表综合实操案例**

在 Excel 工作表中，对 A 列包含 CDE、金时代、奥利莱、金玉的单元格重新归类，其他没有分组的数据不变，重新归类后按关键字分组在前的顺序排列进行透视汇总，综合实操案例，教大家学会如何用关键字对已有项目重新分类汇总和排序。

STEP 01 打开一个工作表，其中 F 列为关键字辅助列，标黄色底纹的单元格中的数据是进行匹配分组的关键字，如图 4-48 所示。

	A	B	C	D	E	F
1	店名	数量	重分组	顺序		关键字（CDE、金时代、奥利莱、金玉）
2	艾达人美妆，美丽看得见	2				CDE
3	CDE星聚美食城	3				金时代
4	CDE星聚美食城（长沙店）	3				奥利莱
5	金时代私人茶坊	2				金玉
6	金时代欢乐影城	5				越朝越爱品牌服装
7	金时代手工作坊	2				大地影院
8	奥利莱国际影城	6				青少年剧场
9	奥利莱者水晶牌店	4				美利星城影院
10	奥利莱品牌男装	3				艾达人美妆，美丽看得见
11	吃在金玉食品代购	2				
12	金玉良缘珠宝店	3				
13	越朝越爱品牌服装	1				
14	大地影院	3				
15	青少年剧场	5				
16	美利星城影院	3				

图 4-48　打开一个工作表

STEP 02 选中 C2：C16 单元格，❶在编辑栏中输入公式 =IFERROR(LOOKUP(99,FIND ($F$2:$F$5,A2),$F$2:$F$5),A2)， 按 【Ctrl+Enter】组合键确认公式；❷即可提取 A 列中包含的关键字，如图 4-49 所示。

STEP 03 选中 D2：D16 单元格，❶在编辑栏中输入公式 = IFERROR(MATCH(C2,$F$2:$F$5,0), 1000+ROW())， 按 【Ctrl+Enter】组合键确认公式；❷即可根据关键字来进行数字排序，最终效果如图 4-50 所示。

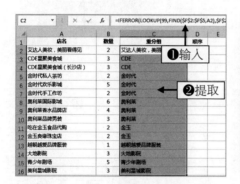

图 4-49 提取 A 列中包含的关键字

图 4-50 根据关键字进行数字排序

STEP 04 单击"插入"菜单，在其功能区中单击"数据透视表"选项，弹出"创建数据透视表"对话框，单击"确定"按钮，如图 4-51 所示。

STEP 05 执行操作后，则可以新建一个数据透视分析表，在右侧的"数据透视表字段"面板中，❶选中"重分组"选项并拖动至"行"选项区中；然后用同样的方法，❷将"数量"及"顺序"选项拖动至"值"选项区中，如图 4-52 所示。

STEP 06 执行操作后，在工作表中的数据会进行自动汇总求和，双击 C3 单元格，弹出"值字段设置"对话框，❶在"计算类型"选项区内选择"最小值"选项；❷单击"确定"按钮，如图 4-53 所示。

图 4-51 单击"确定"按钮

图 4-52 拖动至"值"选项区中

STEP 07 执行操作后，❶单击 A3 单元格中的下拉按钮；❷在弹出的下拉列表框中选择"其他排序选项"，如图 4-54 所示。

图 4-53 单击"确定"按钮

图 4-54 选择相应选项

STEP 08 弹出"排序（重分组）"对话框，❶选中"升序排序（A 到 Z）依据（A）"单选按钮；❷单击下方的下拉按钮；在弹出的下拉列表框中，❸选择"最小值项：顺序"选项，如图 4-55 所示。

STEP 09 执行上述操作后，单击"确定"按钮，即可完成关键字匹配分组汇总及排序，最终效果如图 4-56 所示。

图 4-55 选择"最小值项：顺序"选项

行标签	求和项:数量	最小值项:顺序
CDE	6	1
金时代	9	2
奥利莱	13	3
金玉	4	4
艾达人美妆，美丽看得见	2	1002
越朝越爱品牌服装	1	1013
大地影院	3	1014
青少年剧场	5	1015
美利星城影院	3	1016
总计	46	1

图 4-56 查看最终效果

专家提醒

◉ 分组公式解析

=IFERROR(LOOKUP(99,FIND(关键字列表 , 待分组行), 关键字列表), 待分组行)

文本混合数字表不能按数字顺序排序的解决方案

实例 109

我们在排序的时候，常常会遇到下面这种情况，如图 4-57 所示，我们实际上是想要按后面的数字排序，但直接排序的结果是按姓名拼音排序的。

这里就需要用一个辅助列提取出数字，然后按数字列为关键字排序。加辅助列及公式操作步骤如下：

STEP 01 打开一个工作表，其中 B 列为辅助列，选中 B2：B9 单元格，在编辑栏中输入公式 =--RIGHT(A2,2*LEN(A2)-LENB(A2))，按【Ctrl+Enter】组合键确认公式，即可提取 A 列混合文本中汉字右边的数字，如图 4-58 所示。

STEP 02 执行操作后，单击 B1 中的下拉按钮，在弹出的下拉列表中，选择"升序"选项重新排序，最终效果如图 4-59 所示。

	A
1	排序列
2	李晓露5
3	龙飞扬22
4	罗家18
5	齐玉珏13
6	王悦2
7	王跃飞8
8	张晓晓12
9	赵千惠35

图 4-57　排序情况

	A	B
1	排序列	辅助列
2	李晓露5	5
3	龙飞扬22	22
4	罗家18	18
5	齐玉珏13	13
6	王悦2	2
7	王跃飞8	8
8	张晓晓12	12
9	赵千惠35	35

图 4-58　提取 A 列中的数字

	A	B
1	排序列	辅助列
2	王悦2	2
3	李晓露5	5
4	王跃飞8	8
5	张晓晓12	12
6	齐玉珏13	13
7	罗家18	18
8	龙飞扬22	22
9	赵千惠35	35

图 4-59　重新排序效果

实例 110　只使用 2 列数据实现二级联动下拉菜单的方法

在 Excel 中，可以在不改变数据源的情况下，实现二级联动下拉菜单，其操作方法十分简单，下面介绍具体的操作步骤。

STEP 01 打开一个工作表，选中 A3：A10 单元格中的数据，复制并粘贴至 D3：D10 单元格中，如图 4-60 所示。

STEP 02 执行操作后，单击菜单栏中的"数据"菜单，在其功能区中，单击"删除重复值"选项按钮，如图 4-61 所示。

图 4-60 复制粘贴数据　　　　　图 4-61 单击"删除重复值"选项按钮

STEP 03 执行操作后，弹出"删除重复值"对话框，单击"确定"按钮，弹出信息提示框，提示用户已删除发现的重复值，并保留唯一值，如图 4-62 所示。

STEP 04 单击"确定"按钮，即可删除数据列中的重复项，如图 4-63 所示。

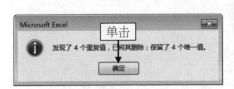

图 4-62 弹出信息提示框

图 4-63 删除数据列中的重复项

STEP 05 执行上述操作后，选中 G 列，单击功能区中"数据验证"图标按钮，弹出"数据验证"对话框，❶单击"允许"下方的下拉按钮；❷在弹出的下拉列表框中选择"序列"选项，如图 4-64 所示。

STEP 06 在下方的"来源"文本框中单击，在工作表中选择 D 列中的数据范围，在文本框中会显示范围公式，如图 4-65 所示。

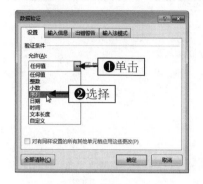

图 4-64　选择"序列"选项

图 4-65　显示范围公式

STEP 07 单击"确定"按钮，❶单击 G3 单元格右侧的下拉按钮；❷在其中可以选择需要筛选的产品名称，如图 4-66 所示。

STEP 08 然后选中 H 列，用与上同样的方法，打开"数据验证"对话框，❶在"来源"文本框中输入公式 =OFFSET($B$3,MATCH($G$3,A:A,)-1,,COUNTIF(A:A,$G$3))；❷单击"确定"按钮，如图 4-67 所示。

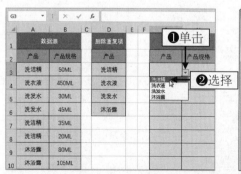

图 4-66　选择需要筛选的产品名称

图 4-67　单击"确定"按钮

STEP 09 执行操作后，❶单击 H3 单元格右侧的下拉按钮；在弹出的下拉列表中，❷会显示 G3 单元格数据相匹配的产品规格，如图 4-68 所示。

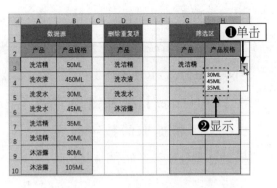

图 4-68　显示产品规格

实例 111　Excel 表中财务数字金额拆分函数实例

在财务报表中，常常需要把一个金额拆分到多个格子中去，下面介绍一种函数方法来解决这个问题，在 A2 中输入 12345678.98 后，在"千百十万千百十元角分"下方相对应的单元格中分别设置公式，自动将 A2 单元格中的数字，提取到相应的位置，并将其转换为大写汉字。

STEP 01 打开一个工作表，选中 B3：K3 单元格，❶在编辑栏中输入公式 =--MID (TEXT($A2*100,REPT(0,10)),COLUMN(A1),1)，按【Ctrl+Enter】组合键确认；❷即可提取 A2 单元格中的数字并拆分至相应位置，如图 4-69 所示。

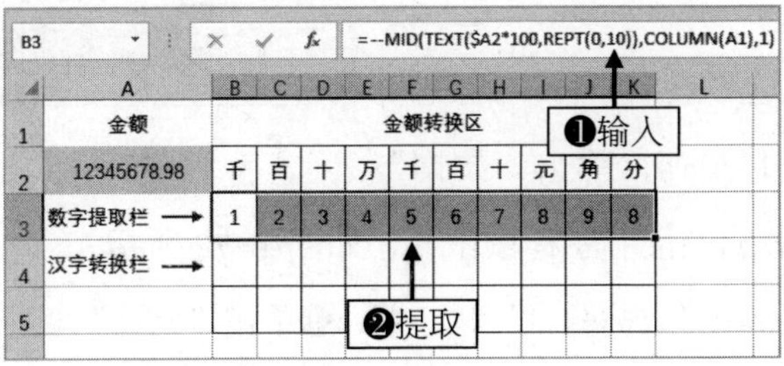

图 4-69　提取数字并拆分至相应位置

STEP 02 选中 B4：K4 单元格，在编辑栏中输入公式 =NUMBERSTRING(B3,2)，按【Ctrl+Enter】组合键确认，即可将提取的数字转换为大写汉字，如图 4-70 所示。

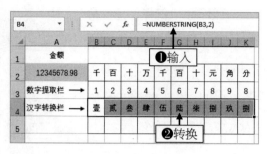

图 4-70　转换大写汉字

 **Excel 表中禁止同列输入重复数据（数据验证公式实现）**

禁止在同列中输入重复数据，可以确保数据唯一性，这个问题在数据库中可以很容易做到，那么在 Excel 中也是可以做到的。在 Excel 中，"数据验证"功能可以检查数据有效性，我们可以通过"数据验证"功能，用公式来进行验证。下面介绍具体的操作。

STEP 01 打开一个工作表，在工作表中最后一行中的数据与第 7 行中的数据是一致的，即在录入信息时，出现了重复数据，如图 4-71 所示。

STEP 02 选中最后一行中的数据并删除，选中 A 列，单击"数据"功能区中"数据验证"图标按钮，如图 4-72 所示。

图 4-71　打开一个工作表

STEP 03 弹出"数据验证"对话框，❶单击"允许"下方的下拉按钮；❷在弹出的下拉列表框中选择"自定义"选项，如图 4-73 所示。

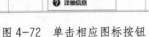

图 4-72 单击相应图标按钮

图 4-73 选择"自定义"选项

STEP 04 在"公式"文本框中，❶输入公式 =COUNTIF (A:A,A1)=1；❷单击"确定"按钮，如图 4-74 所示。

专家提醒

用户在进行公式验证时如果出现错误，可以通过"设置单元格格式"对话框，将单元格设置为"文本"，再进行验证。

STEP 05 执行操作后，即可完成公式验证操作，❶在 A 列空白单元格中输入一个已有的姓名；❷会弹出信息提示框，提示用户所输入的数据与验证限制不匹配，如图 4-75 所示。

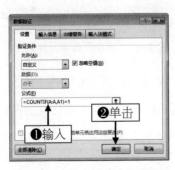

图 4-74 单击"确定"按钮

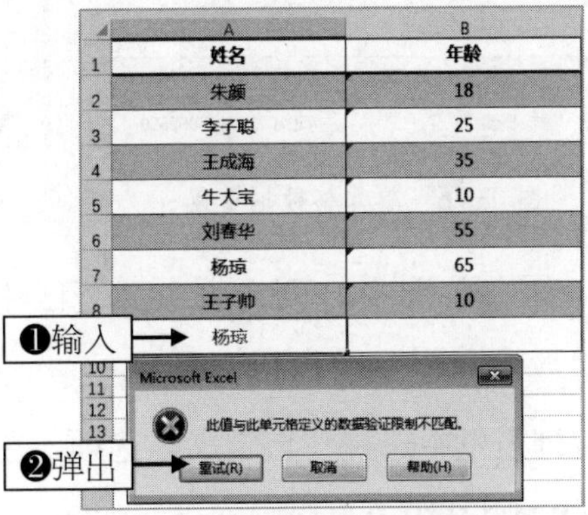

图 4-75 弹出信息提示框

 **Excel 某列中禁止重复输入身份证号码（数据验证限定输入）**

在 Excel 中，禁止输入重复数据的验证公式很常见也很简单，但是用于身份证时却总容易出错，这是由 COUNTIF 函数对数字型文本的计算方式决定的，在条件格式中可以用公式来限定内容。下面介绍如何禁止录入重复数据。

(STEP) 01 打开一个工作表，其中 B6 单元格中的数据与 B4 单元格中的数据重复了，如图 4-76 所示。

(STEP) 02 选中 B 列，按【Ctrl+1】组合键，弹出"设置单元格格式"对话框，❶设置单元格格式为"文本"选项；❷单击"确定"按钮，如图 4-77 所示。

	A	B
1	姓名	身份证号
2	文芳芳	430102199909099990
3	曾小宁	430102199908088880
4	谢聪	430102199907077770
5	张烈	430102199906066660
6	谢聪元	430102199907077770
7	张爱红	430102199905055550

图 4-76　单元格数据重复

图 4-77　单击"确定"按钮

(STEP) 03 选中 B 列，单击功能区中"数据验证"图标按钮，弹出"数据验证"对话框，❶单击"允许"下方的下拉按钮；在弹出的下拉列表框中选择"自定义"选项，在"公式"文本框中，❷输入公式 =COUNTIF(B:B,B1&"*")=1，如图 4-78 所示。

STEP 04 单击"确定"按钮，❶双击 B6 单元格；❷按回车键后会弹出信息提示框，提示用户"此值与此单元格定义的数据验证限制不匹配"，如图 4-79 所示，单击"重试"或"取消"按钮，可以修改 B6 单元格中的数据或撤销重录。

图 4-78　输入公式

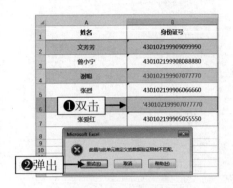

图 4-79　弹出信息提示框

实例 114　更换重复输入时出错警告提示框中的提示语

在前面的两个实例中，通过"数据验证"功能，利用公式验证，可以避免数据重复输入，以确保数据唯一性，该命题的核心是检查输入的值是否和已有值重复，若重复则输入，下面在实例 114 的基础上进行拓展，教大家如何更换重复输入数据时所弹出的信息提示框中的提示语。

STEP 01 打开实例 114 中的效果文件，单击功能区中"数据验证"图标按钮，弹出"数据验证"对话框，切换至"出错警告"选项卡，如图 4-80 所示。

STEP 02 ❶单击"样式"下方的下拉按钮；在弹出的下拉列表中，❷选择"警告"选项，如图 4-81 所示。

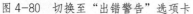

图 4-80　切换至"出错警告"选项卡　　　　图 4-81　选择"警告"选项

STEP 03 在右边的"错误信息"文本框中，❶输入"您已重复输入身份证号码"；❷单击"确定"按钮，如图 4-82 所示。

STEP 04 ❶双击 B6 单元格；❷按回车键后会弹出信息提示框，提示用户"您已重复输入身份证号码，是否继续？"，如图 4-83 所示，单击"是"按钮，即可保留输入的数据，单击"否"按钮，即可修改输入的数据，单击"取消"按钮，即可撤销数据并重新输入数据信息。

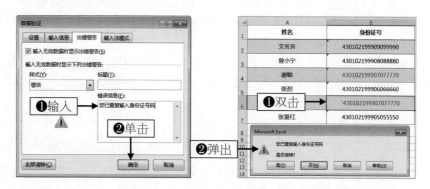

图 4-82　单击"确定"按钮　　　　图 4-83　弹出信息提示框

第 5 章　数据透视表实战应用

学前提示

　　本章主要讲解的是数据透视表的操作应用，内容包括新手操作中的常见疑难解答、分类汇总、求和、排序、筛选、美化、合并、切片器以及图表插入等常见的办公数据处理实例操作，透视表很强大，只要你掌握了透视表应用，分分钟就可以提前完成工作任务！

本章知识重点

- Excel 数据透视表新手操作中的常见疑难解答
- Excel 表中妙用透视表合并相同行的最快方法
- Excel 透视表中如何让更改的数据源随时刷新
- HR 必学的 Excel 技巧之快速生成标准考勤表
- 按分类汇总求和货品数量及百分比

学完本章后你会做什么

- 在透视表中按部门分月汇总并美化
- 在透视表中调整字段排列顺序
- 在透视表中提取不重复数据

视频演示

在透视表中合并相同行

筛选联动数据

 **Excel 数据透视表新手操作中的常见疑难解答**

数据透视表可以说是 Excel 中的一大应用神器，是比函数和 VBA 都好用的功能，而且很好上手，可惜很多人不知道应用，在入门阶段就望而却步。下面介绍数据透视表的几个入门常见疑难，希望大家能借此打开透视表的大门。

首先，在介绍数据透视表的入门疑难前，先要打开一个 Excel 工作数据表，然后单击"插入"菜单，在其功能区中，单击"数据透视表"选项按钮，弹出"创建数据透视表"对话框后，单击"确定"按钮，如图 5-1 所示。

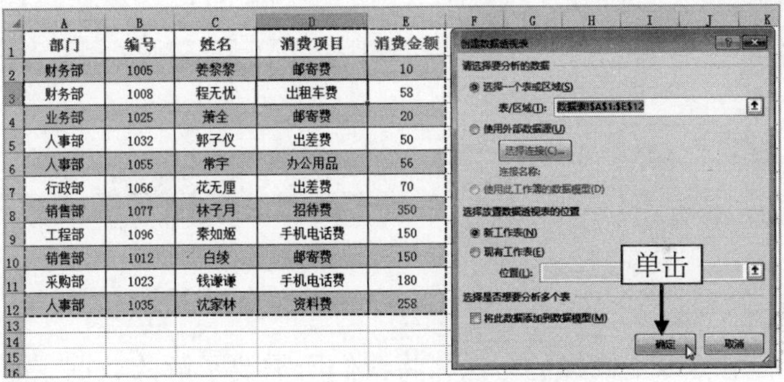

图 5-1   "创建数据透视表"对话框

执行上述操作后，即可新建一个数据透视表。下面通过操作该数据透视表，为大家解答入门初期常见的疑难问题。

行字段和列字段以及数据区

很多人在入门阶段总是搞不清楚什么是行字段，什么是列字段，什么是数据区。在图 5-1 中，可以看到 A1：E1 单元格为数据表的表头，A2：E12 单元格为数据，所有数据都是根据表头位置，对应在某一列中，当用户要对其进行数据透视分析时，需要将数据表中的数据重新排列。

首先我们来理解一下什么是行字段。切换至透视表，在"数据透视表字段"选项卡中，选中"消费项目"复选框或直接拖动"消费项目"至"行"下方的选项区中，在工作表中，"消费项目"中的数据会以纵向形式显示，并且自动筛选了重复项，如图 5-2 所示，可以将其理解为行表头，也就是行标签。

接下来，用同样的方法，拖动"部门"至"列"下方的选项区中，在工作表中，"部门"中的数据将会以横向形式显示，如图 5-3 所示，可以将其理解为列表头，也就是列标签。

图 5-2　行标签

图 5-3　列标签

然后用与以上同样的方法，将我们所需要了解的数据，如"消费金额"，拖动至"值"下方的选项区中，"消费金额"中的数据将会自动求和汇总至"行标签"和"列标签"相对应的位置处，如图 5-4 所示，可以将其理解为符合条件所返回的结果值数据区域。

◎ 更改数据统计方式

所谓数据统计方式，其实就是汇总求值方式。在"值"选项区中，❶单击"求和项：消费金额"字段选项；在弹出的下拉列表中，❷选择"值字段设置"选项，如图 5-5 所示；执行操作后，❸会弹出"值字段设置"对话框；❹在"计算类型"选项区中，可以选择相应的计算方式进行汇总求值，如图 5-6 所示。

求和项:消费金额	列标签							
行标签	财务部	采购部	工程部	行政部	人事部	销售部	业务部	总计
办公用品					56			56
出差费				70	50			120
出租车费	58							58
手机电话费		180	150					330
邮寄费	10					150	20	180
招待费						350		350
资料费					258			258
总计	68	180	150	70	364	500	20	1352

图 5-4 数据区

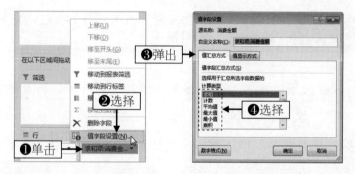

图 5-5 选择"值字段设置"选项   图 5-6 "值字段设置"对话框

ⓖ 撤销放错的行、列字段

在排列的时候，不排除会有放错位置的可能，那么如何撤销放错的行、列字段呢？可以通过两种最简单的方法来执行。

第一种方法：在"行""列"选项区域中，❶单击需要撤销的字段；在弹出的下拉列表中，❷选择"删除字段"选项，如图 5-7 所示，即可撤销放错的行、列字段。

第二种方法：在"行""列"选项区域中，选择需要撤销的字段，将其拖动至工作表区域内，如图 5-8 所示，释放鼠标左键即可撤销字段。

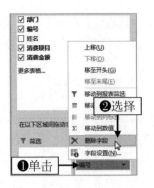

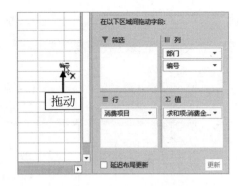

图 5-7　选择"删除字段"选项　　图 5-8　拖动至工作表区域内

 **Excel 数据透视表常用必学技巧之筛选销售业绩为前 5 名的员工**

在 Excel 数据透视表中，要善于利用各项功能来进行有效的数据分析。例如，某公司的销售员工较多，因此制作的业绩统计表都是按照员工编号来排序的，但工作表排名却是一片混乱，领导查看时不能一眼捕捉到业绩靠前的是哪几位员工，现在需要筛选出销售业绩为前 5 名的员工，在数据透视表中，通过筛选功能，可以快速有效地帮助用户筛选出业绩排名靠前的几位员工。下面通过实例演示，讲解如何筛选销售业绩为前 5 名的员工。

STEP 01 打开一个工作表，为某公司员工 5 月份销售成绩排行工作表，在工作表内可以查看各项数据内容，如图 5-9 所示。

STEP 02 单击"插入"菜单，在其功能区中，单击"数据透视表"选项按钮，弹出"创建数据透视表"对话框后，单击"确定"按钮，如图 5-10 所示。

图 5-9　销售排行工作表　　　　图 5-10　单击"确定"按钮

STEP 03 执行操作后，即可新建一个数据透视表，在"数据透视表字段"选项卡中，拖动"姓名"字段选项至"行"选项区域中，如图 5-11 所示。

STEP 04 然后用与上同样的方法，依次将"5 月份销售额"及"排名"字段选项拖动至"值"选项区域中，在工作表中，可以查看重新排列后的效果，如图 5-12 所示。

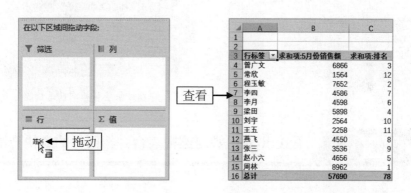

图 5-11　拖动"姓名"字段选项　　　图 5-12　查看重新排列后的效果

STEP 05 ❶单击"行标签"单元格中的下拉按钮；❷在弹出的下拉列表中，选择"值筛选"|"前 10 项"选项，如图 5-13 所示。

STEP 06 执行操作后，弹出"前 10 个筛选"对话框，在"显示"下方，单击第一个文本框的下拉按钮，❶在弹出的下拉列表中选择"最小"选项；在第二个文本框中，❷将值改为 5；❸单击"依据"右侧的下拉按钮；❹在弹出的下拉列表中选择"求和项：排名"选项，如图5-14 所示。

图 5-13　选择"前 10 项"选项

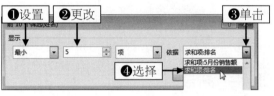

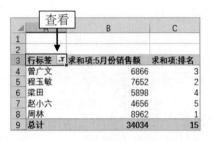

图 5-14　选择"求和项：排名"选项

STEP 07 单击"确定"按钮，返回工作表，查看员工业绩排名前 5 的筛选结果，如图 5-15 所示。

图 5-15　查看员工业绩排名前 5 的筛选结果

实例 117　Excel 表中妙用透视表合并相同行的最快方法

在日常工作中，很多人在制表时，习惯每个单元格表格中都有数据，比如连续的几行数据都是某一产品相同的品名，这样方便录入其他相应数据时不出错，但是有的领导、上司在查看汇总表时，不喜欢这样的表格格式，需要将同产品行合并查看。在 Excel 工作表中合并相同行的最快方法是选中相同行单元格，单击功能区中的“合并后居中”选项按钮，即可合并相同行，但是合并后汇总时会影响公式计算结果，在数据透视表中就不会出现这种错误，那么在数据透视表中应如何操作呢？下面通过实例教程进行介绍。

STEP 01 打开一个工作表，选中 D2：D12 单元格，❶在编辑栏中输入公式 =SUMIF(A:A, A2,C:C)，按【Ctrl+Enter】组合键确认；❷将相同地区的数量进行汇总，如图 5-16 所示。

STEP 02 在 E 列，为表格进行 1-11 的序列排序，如图 5-17 所示。

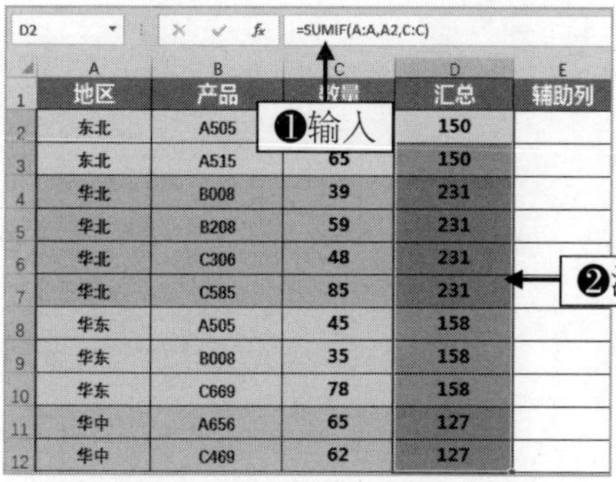

	A	B	C	D	E
1	地区	产品	数量	汇总	辅助列
2	东北	A505		150	
3	东北	A515	65	150	
4	华北	B008	39	231	
5	华北	B208	59	231	
6	华北	C306	48	231	
7	华北	C585	85	231	
8	华东	A505	45	158	
9	华东	B008	35	158	
10	华东	C669	78	158	
11	华中	A656	65	127	
12	华中	C469	62	127	

图 5-16　将相同地区的数量进行汇总

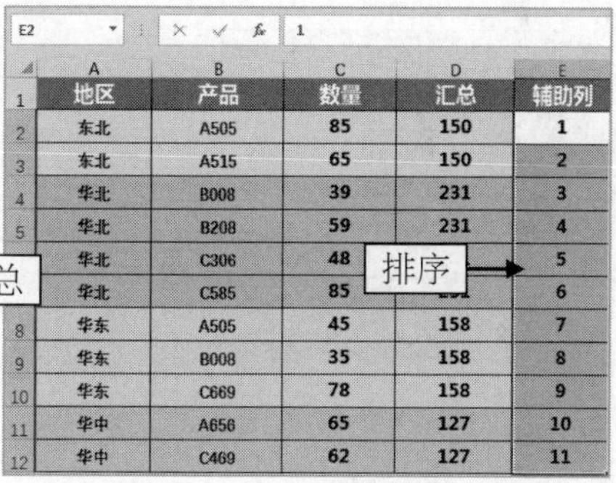

	A	B	C	D	E
1	地区	产品	数量	汇总	辅助列
2	东北	A505	85	150	1
3	东北	A515	65	150	2
4	华北	B008	39	231	3
5	华北	B208	59	231	4
6	华北	C306	48		5
7	华北	C585	85		6
8	华东	A505	45	158	7
9	华东	B008	35	158	8
10	华东	C669	78	158	9
11	华中	A656	65	127	10
12	华中	C469	62	127	11

图 5-17　序列排序

STEP 03 执行操作后，插入一个数据透视表，然后将“地区”“辅助列”字段选项分别拖动至“行”选项区域内，如图 5-18 所示。

STEP 04 单击“设计”菜单，在其功能区中，❶单击“报表布局”下拉按钮；❷在弹出的下拉列表中选择“以表格形式显示”选项，如图 5-19 所示。

STEP 05 执行操作后，在功能区中，❶单击“分类汇总”下拉按钮；❷在弹出的下拉列表中选择“不显示分类汇总”选项，如图 5-20 所示。

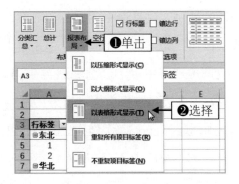

图 5-18　拖动相应字段选项　　　　　　图 5-19　选择相应选项

STEP 06 在工作表中右击，在弹出的快捷菜单中选择"数据透视表选项"，如图 5-21 所示。

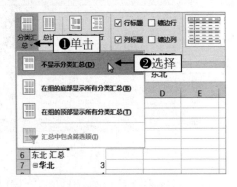

图 5-20　选择相应选项　　　　　　　图 5-21　选择相应选项

STEP 07 弹出"数据透视表选项"对话框，❶选中"合并且居中排列带标签的单元格"复选框；❷单击"确定"按钮，如图 5-22 所示。

STEP 08 执行上述操作后，即可在数据透视表中将相同行进行合并，在透视表中，选中 A4：A14 单元格，在"开始"功能区中，双击"格式刷"选项按钮，然后切换至源数据表，分别选中 A2：A12、D2：D12 两列单元格数据，应用单元格格式，即可得到最终效果，并且汇总栏中的计算公式不会出现计算错误，如图 5-23 所示。

图 5-22 单击"确定"按钮　　　　图 5-23 最终效果

专家提醒

　　用户在完成操作后，可以将辅助列删除或者隐藏，还可以为合并的单元格填充背景颜色，使工作表更为美观。

实例 118　巧用透视表实现传说中的一对多部门名单合并

　　在 Excel 中，用数据透视表，可以实现按部门一对多合并人员名单的操作，这里需要用到辅助列结构和每个部门最大行的筛选排列。下面介绍具体的操作步骤。

　　STEP 01 打开一个工作表，选中 C2：C10 单元格，❶在编辑栏中输入公式 =IF(A2=A1,C1&"、"&B2,B2)；按【Ctrl+Enter】组合键确认，❷将姓名连接汇总，如图 5-24 所示。

STEP 02 选中 D2：D10 单元格，❶在编辑栏中输入公式 =ROW()；按【Ctrl+Enter】组合键确认，❷求当前行，如图 5-25 所示。

	A	B	C	D
	部门	姓名	辅助列	排序
2	人事部	王媛	王媛	
3	人事部	周小菲	王媛、周小菲	
4	财务部	宁彩霞	宁彩霞	
5	财务部	王青	宁彩霞、王青	
6	财务部	蒋敏	宁彩霞、王青、蒋敏	
7	采购部	钟玉秀	钟玉秀	
8	采购部	肖军	钟玉秀、肖军	
9	采购部	高澄接	钟玉秀、肖军、高澄接	
10	采购部	郭明达	钟玉秀、肖军、高澄接、郭明达	

图 5-24 将姓名连接汇总

	A	B	C	D
	部门	姓名	辅助列	排序
1	人事部	王媛	王媛	2
3	人事部	周小菲	王媛、周小菲	3
4	财务部	宁彩霞	宁彩霞	4
5	财务部	王青	宁彩霞、王青	5
6	财务部	蒋敏	宁彩霞、王青、蒋敏	6
7	采购部	钟玉秀	钟玉秀	7
8	采购部	肖军	钟玉秀、肖军	8
9	采购部	高澄接	钟玉秀、肖军、高澄接	9
10	采购部	郭明达	钟玉秀、肖军、高澄接、郭明达	10

图 5-25 求当前行

STEP 03 执行操作后，插入一个数据透视表，然后将"部门""辅助列"字段选项分别拖动至"行"选项区域内，如图 5-26 所示。

STEP 04 设置"报表布局"为"以表格形式显示"，并调整列宽，然后在表格中选中 A 列中的任意一个单元格，右击，在弹出的快捷菜单中选择"分类汇总'部门'"选项，如图 5-27 所示。

图 5-26 拖动相应字段选项

图 5-27 选择相应选项

STEP 05 执行操作后，即可取消分类汇总，然后在右侧的选项卡中将"排序"字段选项拖动至"值"选项区中，在工作表中可查看效果，如图 5-28 所示。

STEP 06 单击"辅助列"单元格右侧的下拉按钮,在弹出的下拉列表中,选择"值筛选"|"前 10 项"选项,在弹出的对话框中,❶将第 2 个文本框中的数值改为 1;❷单击"确定"按钮,如图 5-29 所示。

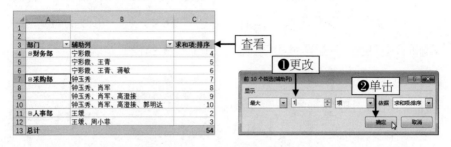

图 5-28　查看效果　　　　　　图 5-29　单击"确定"按钮

专家提醒

　　用户在操作时需要注意的是,这里单击的是"辅助列"单元格中的下拉按钮,不是"部门"单元格中的下拉按钮,两者之间所得出的筛选值是有很大的差距的,不要一概而论将其弄混了。

STEP 07 执行操作后,选中并复制 A4:B6 单元格中的数据,切换至源数据工作表,将其粘贴至 B13:C15 单元格中,即可完成一对多部门名单合并的操作,效果如图 5-30 所示。

图 5-30　查看最终效果

实例 119 Excel 透视表中如何让更改的数据源随时刷新

在 Excel 中，透视表做好后，会有需要更改数据源的情况发生，那么在源数据工作表中更改数据后，在透视表中如何让更改的数据源可以随时刷新呢？下面通过实例讲解，介绍具体的操作步骤。

STEP 01 打开一个工作簿，切换两个工作表，可以查看源数据表中的数据与透视表中的数据是否一致，如图 5-31 所示。

图 5-31　查看两个工作表数据是否一致

STEP 02 然后选中 C10 单元格，更改包装部全勤奖人数为 420，如图 5-32 所示。

STEP 03 切换至透视表，可以看到数据没有任何变动，右击，在弹出的快捷菜单中选择"刷新"选项，如图 5-33 所示，执行操作后，即可随时刷新更改的数据源。

图 5-32　更改包装部全勤奖人数为 420　　图 5-33　选择"刷新"选项

 实例 120

透视表 5 秒钟完成 1000 行数据制作，按部门分月汇总并美化

分类汇总，按行和列表头汇总数据，这是很常见的办公数据处理流程，只要掌握了透视表应用，很快可以完成任务，透视表很强大，透视表也很简单，可以说是 Excel 中学习性价比最高的武器，其他什么都不会，透视表一定要会用！

STEP 01 打开一个工作簿，插入一个数据透视表，在"数据透视表字段"选项卡中，❶将"部门"字段拖动至"行"选项区中；❷将"月份"字段拖动至"列"选项区中；❸将"报销费用"字段拖动至"值"选项区中，如图 5-34 所示。

STEP 02 执行操作后，可以在左侧的工作表中查看效果，如图 5-35 所示。

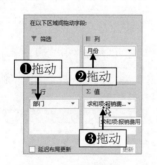

图 5-34 拖动各字段选项至相应选项区中

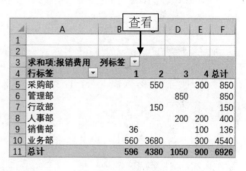

图 5-35 查看效果

STEP 03 选中 B3 单元格，❶在编辑栏中将"列标签"更改为"月份"；然后用同样的方法，选中 A4 单元格，❷在编辑栏中将"行标签"改为"部门"，执行操作后即可更改单元格表头名称，如图 5-36 所示。

STEP 04 选中工作表，在"开始"菜单功能区中，为其添加边框，

并设置"对齐方式"为"居中"，执行操作后，即可完成美化效果，如图 5-37 所示。

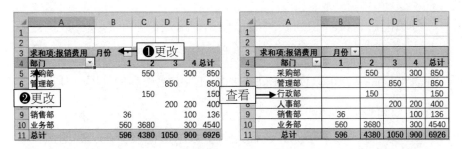

图 5-36　更改单元格表头名称　　　　图 5-37　查看美化效果

 **销售数据按月统计销售额、成本、利润透视表操作**

用 Excel 如何对销售数据按月分别统计成本、销售额以及利润？这个问题显然不应该用函数来完成，用透视表要轻松得多，透视表用于按列关键字快速汇总数据。如图 5-38 所示，为某公司的销售工作表，工作表中有很多数据，有十多行，六七列，含有每个月的销售额与成本总计，需要汇总各个区域，同时算出利润，这时就可以应用数据透视表，当然，如果你不嫌麻烦，使用 SUMIF 函数将数据一个一个地相加也是可以的，不过最明智的选择还是透视表。下面介绍具体的操作步骤。

	A	B	C	D	E	F
1	订购日期	销售区域	产品类型	数量	金额	成本
2	2018/6/8	华南	模型玩具	20	1600	400
3	2018/6/15	华北	模型玩具	35	2800	700
4	2018/7/10	西南	模型玩具	40	3200	800
5	2018/7/28	西北	模型玩具	45	3600	900
6	2018/8/15	东南	模型玩具	10	800	200
7	2018/8/25	东北	模型玩具	15	1200	300
8	2018/9/10	华南	模型玩具	50	4000	1000
9	2018/9/20	华北	模型玩具	55	4400	1100
10	2018/9/30	西南	模型玩具	60	4800	1200
11	2018/10/5	西南	模型玩具	65	5200	1300
12	2018/10/15	东北	模型玩具	70	5600	1400
13	2018/10/25	华中	模型玩具	80	6400	1600
14	2018/11/2	西北	模型玩具	90	7200	1800
15	2018/11/15	华中	模型玩具	50	4000	1000
16	2018/12/1	华北	模型玩具	60	4800	1200
17	2018/12/25	东南	模型玩具	20	1600	400

图 5-38　某公司销售工作表

STEP 01 打开工作簿，插入一个数据透视表，在"数据透视表字段"选项卡中，将"订购日期"字段选项拖动至"行"选项区中，在 Excel 默认状态下，工作表数据以"年""季度"为单位分组显示，如图 5-39 所示。

STEP 02 取消选中"年"字段和"季度"字段复选框，工作表数据将按"月"分组显示，如图 5-40 所示。

图 5-39　拖动"订购日期"字段选项　　　图 5-40　按月分组显示

STEP 03 ❶将"销售区域"字段选项拖动至"列"选项区中；❷将"金额"和"成本"字段拖动至"值"选项区中，如图 5-41 所示。

STEP 04 ❶单击"值"选项区域内的"求和项：金额"字段；❷在弹出的快捷菜单列表中选择"值字段设置"，如图 5-42 所示。

STEP 05 弹出"值字段设置"对话框，在"自定义名称"文本框内，更改值字段名称，如图 5-43 所示，单击"确定"按钮，用同样的方法更改"求和项：成本"字段的名称。

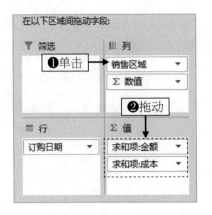

图 5-41　拖动各字段选项至相应选项区内　　图 5-42　选择"值字段设置"选项

STEP 06 执行操作后，在编辑栏中分别将"行标签"改为"订购日期"，"列标签"改为"区域"，并设置工作表对齐方式为"居中"，效果如图 5-44 所示。

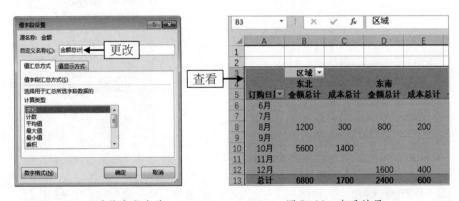

图 5-43　更改值字段名称　　　　　　图 5-44　查看效果

STEP 07 执行操作后，单击"分析"菜单，❶在其功能区中单击"字段、项目和集"下拉按钮；❷在弹出的下拉列表中选择"计算字段"选项，如图 5-45 所示。

STEP 08 弹出"插入计算字段"对话框，❶在"名称"文本框中输入"利润"；❷在"公式"文本框中输入公式：＝金额－成本，如图 5-46 所示。

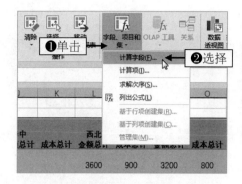

图 5-45 选择"计算字段"选项

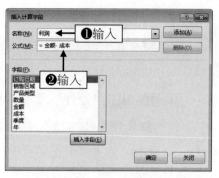

图 5-46 输入相应内容

STEP 09 执行操作后，单击"确定"按钮，即可查看分月统计的销售数据，如图 5-47 所示。

	A	B	C	D	E	F	G
1							
2							
3			区域				
4			东北			东南	
5	订购日期	金额总计	成本总计	求和项:利润	金额总计	成本总计	求和项:利润
6	6月			0			0
7	7月			0			0
8	8月	1200	300	900	800	200	600
9	9月			0			0
10	10月	5600	1400	4200			0
11	11月			0			0
12	12月			0	1600	400	1200
13	总计	6800	1700	5100	2400	600	1800

图 5-47 查看分月统计的销售数据

实例 122 Excel 透视表应用之快速列出多个产品的最新单价

某面包店有多个产品，不定时地会在某天更新单价，当最后查找单价时，我们希望快速得到所有产品对应的最新单价表，毫无疑问，手工操作很费事，别怕，有了透视表，只需要几秒钟就可以完成这个操作。下面介绍具体操作。

STEP 01 打开工作簿，插入一个数据透视表，❶在"数据透视表字段"选项卡中，将"品种"及"日期"字段选项依次拖动至"行"选项区中；❷将"单价（元／个）"字段选项拖动至"值"字段选项区中，如图 5-48 所示。

STEP 02 单击"设计"菜单，❶在其功能区中单击"报表布局"下拉按钮；❷在弹出的下拉列表框中选择"以表格形式显示"选项，如图 5-49 所示。

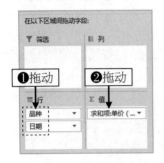

图 5-48　拖动各字段选项

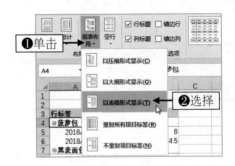

图 5-49　选择相应选项

STEP 03 将"日期"字段选项拖动至"值"选项区中，然后选择 D3 单元格并双击，弹出"值字段设置"对话框，❶在"计算类型"选项区中选择"求和"选项；❷单击"确定"按钮，如图 5-50 所示。

STEP 04 ❶单击"日期"单元格中的下拉按钮；❷在弹出的下拉列表中选择"值筛选"|"前 10 项"选项，如图 5-51 所示。

图 5-50　单击"确定"按钮

图 5-51　选择"前 10 项"选项

STEP 05 弹出"前 10 个筛选（日期）"对话框，更改第二个文本框中的数值为 1，❶单击"依据"文本框右侧的下拉按钮；❷在弹出的下拉列表中选择"求和项：日期"选项，如图 5-52 所示。

STEP 06 单击"确定"按钮，即可快速筛选出多个产品的最新单价，如图 5-53 所示。

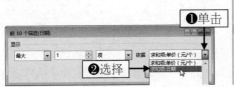

图 5-52 选择"求和项：日期"选项　图 5-53 快速筛选出多个产品的最新单价

实例 123　Excel 透视表汇总后行标签如何保持与数据源表顺序一致

在使用透视表进行汇总时，汇总结果很方便，但有一点不好就是汇总后的行标签顺序会被重新排序，这样就会和源数据不一致，很多时候我们希望能保持源数据行标签的顺序，这里教大家用辅助列和透视表中其他排序方法来实现保持源字段顺序不变。

STEP 01 打开一个工作簿，切换工作表，可以查看源数据表和数据透视表，数据透视表中的数据与源数据表中的数据顺序是不一致的，效果如图 5-54 所示。

STEP 02 在源数据表中，选中 E2：E11 单元格，❶在编辑栏中输入公式 =ROW()，按【Ctrl+Enter】组合键确认；❷求当前行数值，效果如图 5-55 所示。

图 5-54　查看源数据表和数据透视表

STEP 03 切换至透视表，将"辅助列"字段选项拖动至"值"选项区中，❶单击添加的字段选项；在弹出的快捷菜单中，❷选择"值字段设置"选项，如图 5-56 所示。

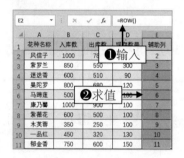

图 5-55　求当前行数值

图 5-56　选择"值字段设置"选项

STEP 04 弹出"值字段设置"对话框，❶在"计算类型"选项区中选择"最小值"；❷在"自定义名称"文本框中输入"原顺序"；❸单击"确定"按钮，如图 5-57 所示。

STEP 05 执行操作后，❶单击"行标签"单元格中的下拉按钮；在弹出的下拉列表中，❷选择"其他顺序选项"，如图 5-58 所示。

STEP 06 弹出相应对话框，❶在其中选中"升序排序（A 到 Z）依据（A）"单选按钮；❷单击下拉按钮；❸在弹出的下拉列表框中选择"原顺序"选项，如图 5-59 所示。

图 5-57　单击"确定"按钮

图 5-58　选择相应选项

STEP 07 单击"确定"按钮，透视表中的顺序即可与源数据表一致，效果如图 5-60 所示。

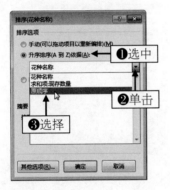

图 5-59　选择"原顺序"选项

	A	B	C
1			
2			
3	行标签	求和项:现存数量	原顺序
4	风信子	220	2
5	紫罗兰	300	3
6	迷迭香	90	4
7	曼陀罗	120	5
8	马蹄莲	180	6
9	康乃馨	100	7
10	紫薇花	100	8
11	木芙蓉	100	9
12	一品红	130	10
13	郁金香	150	11
14	总计	1490	2

图 5-60　查看最终效果

专家提醒

　　拖动字段至字段选项区中后，如果工作表显示为空，用户可以尝试刷新一下，即可快速找回原有数据。

实例 **124** | **Excel 透视表应用之三步完成成绩排名（不用函数！）**

提到成绩排名，很多人首先想到的就是函数，但是对函数不熟悉的人来说，记住那几个函数公式还是有点难。下面介绍一种最简洁的方法来实现排名。

STEP 01 建立一个数据透视表，在"数据透视表字段"列表中，❶选中"姓名"和"总成绩"字段选项复选框；❷在"数据透视表字段"列表中将"总成绩"字段再拖动到"值"区域，执行操作后，"值"选项区域内就有两个"总成绩"字段，效果如图 5-61 所示。

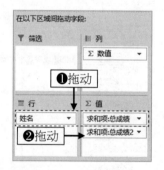

图 5-61　"值"选项区域内的两个"总成绩"字段效果

STEP 02 用第二个"总成绩"字段作为排名，双击透视表中的"求和项：总成绩 2"单元格，弹出"值字段设置"对话框，在"值字段设置"对话框中，❶切换"值显示方式"选项卡；❷单击"值显示方式"下方的下拉按钮；在弹出的下拉列表中，❸选择"降序排列"选项，如图 5-62 所示。

STEP 03 单击"确定"按钮，在透视表中将"求和项：总成绩 2"字段名称改为"排名"，并按降序排序排列该字段，效果如图 5-63 所示。

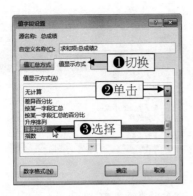

图 5-62 选择"降序排列"选项 　　　图 5-63 降序排序排列效果

　　单击"行标签"下拉按钮，在弹出的下拉列表中，选择"其他排序选项"，在弹出的"排序"对话框中可以设置排序方式。

实例 125

数据源增加和减少行后透视表如何做到自动更新计算内容

　　透视表是 Excel 分类汇总神器，有一个问题常常被问到，就是数据源可能一直在增加，而透视表建立的时候，其透视区域是固定的，那么在 Excel 数据源增加和减少行后透视表如何做到自动更新计算内容？下面教大家如何应对这种情况。

　　STEP 01 打开一个工作簿，切换工作表，可以查看源数据表和数据透视表，如图 5-64 所示。

　　STEP 02 在源数据表中，单击"插入"菜单，在其功能区中，单击"表格"选项按钮，如图 5-65 所示。

图 5-64　源数据表和数据透视表

STEP 03 弹出"创建表"对话框，系统会自动选择"表数据的来源"区域，单击"确定"按钮，如图 5-66 所示。

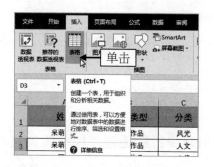

图 5-65　单击"表格"选项按钮

图 5-66　单击"确定"按钮

STEP 04 执行操作后，创建的表格会根据用户增加和减少的行列，拓展或收缩区域范围，在源数据表中添加一行数据，❶单击"名称框"下拉按钮；在弹出的下拉列表中，❷选择"表 1"选项，如图 5-67 所示。

STEP 05 切换至透视表，❶单击"分析"菜单；❷在其功能区中单击"更改数据源"选项按钮，如图 5-68 所示。

STEP 06 执行操作后，弹出"更改数据透视表数据源"对话框，在"表 / 区域"右侧的文本框中输入"表 1"，如图 5-69 所示。

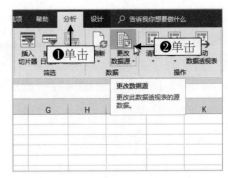

图 5-67 选择"表1"选项　　　　图 5-68 单击"更改数据源"选项按钮

STEP 07 单击"确定"按钮,透视表即可根据数据源自动更新计算内容,如图5-70所示。

图 5-69 输入"表1"　　　　图 5-70 根据数据源自动更新计算内容

专家提醒

　　当用户在源数据表中增加或减少行后,透视表中的数据仍旧没有变化,在透视表中右击,在弹出的快捷菜单中选择"刷新"选项即可。

实例 126 用函数和透视表按销量区间分段汇总数据报表

实际工作中，经常需要对数据按区段分组汇总出报表，领导或者老板喜欢看到某个关注的区间数据是多少，这样也有利于决策分析。下面就讲一个简单的分组公式和透视出报表的方法，希望大家能参考学习。

STEP 01 打开一个工作簿，切换工作表，可以查看"数据表"和"参考表"，如图 5-71 所示。

	A 公司地点	B 销售点	C 民用销量	D 工业销量	E 销量	F 分段
2	海南	三亚51站	1356	15523	16879	
3	广东	广州36站	1255	85.65	1340.65	
4	湖北	荆州11站	651	1235	1886	
5	湖南	长沙21站	565	274.8	839.8	
6	广西	桂林12站	415	114	529	
7	湖南	衡阳9站	155	358	513	
8	湖北	沈阳38站	546	226.26	772.26	
9	湖北	武汉22站	896	1514	2410	
10	吉林	长春24站	456	3251	3707	
11	贵州	贵阳5站	2231	1952	4183	
12	广东	深圳17站	1758	1560	3318	
13	湖北	宜昌27站	895	2554	3449	
14	山东	德州37站	1585.69	2154.38	3740.07	
15	山东	济南8站	2556	662	3218	
16	贵州	遵义7站	1258	3258	4516	
17	四川	成都23站	1425.44	6903.65	8329.09	
18	广西	南宁3站	139.067	7886.58	8025.65	
19	浙江	杭州31站	746.576	6944.78	7691.36	

	A	B
1	0	1000吨以下
2	1000	1000吨（含）至2000吨
3	2000	2000吨（含）至3000吨
4	3000	3000吨（含）至5000吨
5	5000	5000吨（含）至10000吨
6	10000	10000吨（含）以上
7		

图 5-71 "数据表"和"参考表"

STEP 02 在"数据表"中，选中 F2 单元格，在编辑栏中，❶输入公式 =LOOKUP(E2, 参考源 !$A$1:$B$6)；按回车键确认，选中 F2 单元格，移动鼠标至单元格右下角，当光标呈黑色十字标记时，双击；❷即可在数据区域内自动填充公式，如图 5-72 所示。

STEP 03 插入一个数据透视表，在"数据透视表字段"列表中，将"公司地点""分段"和"求和项：销量"字段选项分别拖动至"行"选项区域、"列"选项区域以及"值"选项区域中，如图 5-73 所示。

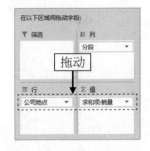

图 5-72 　自动填充公式　　　　　　　图 5-73 　拖动相应字段选项

(STEP 04) 在"值"选项区域内，单击"求和项：销量"字段选项，在弹出的快捷菜单中，选择"值字段设置"选项，弹出"值字段设置"对话框，在"计算类型"选项区中，选择"计数"选项，如图 5-74 所示。

(STEP 05) 单击"确定"按钮，即可按销量区间分段汇总数据，调整透视表行高、列宽并设置单元格格式，可以为透视表进行美化，最终效果如图 5-75 所示。

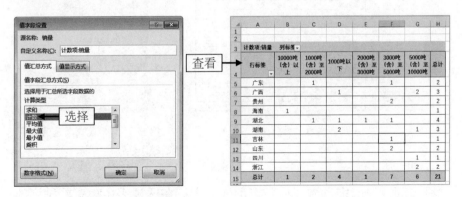

图 5-74 　选择"计数"选项　　　　　　图 5-75 　查看美化后效果

 **学生成绩按多年级多班级分科统计最高分和平均分**

Excel 中，很多人都在用函数，却忽略了透视表的存在，很多用函数做半天的事情，其实用透视表很快就可以完成。提高工作效率从学会透视表开始，使用透视表可以让统计数据变得轻松无比。希望大家能跟着教程实际操作几遍，遇到这类问题可以在最短时间内完成。

(STEP)01 打开一个工作簿，在其中可以查看"数据表"中，按年级和班级截取的前三名学生的成绩数据，如图 5-76 所示。

(STEP)02 插入一个数据透视表，在"数据透视表字段"列表中，将"年级"和"班级"字段选项拖动至"行"选项区域中，然后再选中"语文""数学""英语"以及"总分"字段选项复选框，选中的字段将显示在"值"选项区域中，效果如图 5-77 所示。

	A	B	C	D	E	F	G
1	年级	班级	姓名	语文	数学	英语	总分
2	一	一年2班	张张	90	95	89	274
3	一	一年1班	李彩	88	92	85	265
4	一	一年2班	齐子阳	85	90	90	265
5	二	二年3班	木易	85	100	90	275
6	二	二年5班	周琴	95	80	78	253
7	二	二年1班	高倩倩	92	78	75	245
8	三	三年2班	舒婉婷	95	99	96	290
9	三	三年2班	林木梓	93	99	96	288
10	三	三年1年	张飞	90	97	92	279
11	四	四年1班	周蒙蒙	87	100	95	282
12	四	四年4班	曾伟光	95	80	85	260
13	四	四年1班	齐子明	80	85	88	253
14	五	五年3班	木晚晚	90	95	89	274
15	五	五年5班	李泉儿	88	92	85	265
16	五	五年2班	张晓东	85	90	90	265
17	六	六年3班	高枫	95	99	96	290
18	六	六年1班	舒宓	93	99	96	288
19	六	六年4班	曾小明	90	97	92	279

图 5-76 查看"数据表"

图 5-77 字段选项区域效果

(STEP)03 执行操作后，再次将"语文""数学""英语"以及"总分"字段选项，依次拖动到"值"选项区域中，在透视表中可查看排列效果，如图 5-78 所示。

	A	B	C	D	E	F	G	H	I
3	行标签	求和项:语文	求和项:语文2	求和项:数学	求和项:数学2	求和项:英语	求和项:英语2	求和项:总分	求和项:总分2
4	一	263	263	277	277	264	264	804	804
5	一年1班	88	88	92	92	85	85	265	265
6	一年2班	175	175	185	185	179	179	539	539
7	二	272	272	258	258	243	243	773	773
8	二年1班	92	92	78	78	75	75	245	245
9	二年3班	85	85	100	100	90	90	275	275
10	二年5班	95	95	80	80	78	78	253	253
11	三	278	278	295	295	284	284	857	857
12	三年1年	90	90	97	97	92	92	279	279
13	三年2班	188	188	198	198	192	192	578	578
14	四	262	262	265	265	268	268	795	795
15	四年1班	167	167	185	185	183	183	535	535
16	四年4班	95	95	80	80	85	85	260	260
17	五	263	263	277	277	264	264	804	804
18	五年2班	85	85	90	90	90	90	265	265
19	五年3班	90	90	95	95	89	89	274	274
20	五年5班	88	88	92	92	85	85	265	265
21	六	278	278	295	295	284	284	857	857
22	六年1班	93	93	99	99	96	96	288	288
23	六年3班	95	95	99	99	96	96	290	290
24	六年4班	90	90	97	97	92	92	279	279
25	总计	1616	1616	1667	1667	1607	1607	4890	4890

图 5-78　查看排列效果

STEP 04 选择 B3 "求和项：语文"单元格并双击，弹出"值字段设置"对话框，❶设置"计算类型"为"最大值"选项；❷单击"确定"按钮，如图 5-79 所示。

STEP 05 执行操作后，选择 C3 "求和项：语文 2"单元格并双击，弹出"值字段设置"对话框，❶设置"计算类型"为"平均值"选项；❷单击"确定"按钮，如图 5-80 所示。

图 5-79　设置"计算类型"为"最大值"　　图 5-80　设置"计算类型"为"平均值"

STEP 06 用同样的方法，对 D3：I3 执行以上操作，效果如图 5-81 所示。

行标签	最大值项:语文	平均值项:语文2	最大值项:数学	平均值项:数学2	最大值项:英语	平均值项:英语2	最大值项:总分	平均值项:总分2
一	90	87.66666667	95	92.33333333	90	88	274	268
一年1班	88	88	92	92	85	85	265	265
一年2班	90	87.5	95	92.5	90	89.5	274	269.5
二	95	90.66666667	100	86	90	81	275	257.6666667
二年1班	92	92	78	78	75	75	245	245
二年3班	85	85	100	100	90	90	275	275
二年5班	95	95	80	80	78	78	253	253
三	95	92.66666667	99	98.33333333	96	94.66666667	290	285.6666667
三年1年	90	90	97	97	92	92	279	279
三年2班	95	94	99	99	96	96	290	289
四	95	87.33333333	100	88.33333333	95	89.33333333	282	265
四年1班	87	83.5	100	92.5	95	91.5	282	267.5
四年4班	95	95	80	80	85	85	260	260
五	90	87.66666667	95	92.33333333	90	88	274	268
五年2班	85	85	90	90	90	90	265	265
五年3班	90	90	95	95	89	89	274	274
五年5班	88	88	92	92	85	85	265	265
六	95	92.66666667	99	98.33333333	96	94.66666667	290	285.6666667
六年1班	93	93	99	99	96	96	288	288
六年3班	95	95	99	99	96	96	290	290
六年4班	90	90	97	97	92	92	279	279
总计	95	89.77777778	100	92.61111111	96	89.27777778	290	271.6666667

图 5-81　查看效果

STEP 07 执行操作后，选择汇总透视表，按【Ctrl+1】组合键，弹出"设置单元格格式"对话框，切换至"数值"分类选项卡，设置"小数位数"为 0，单击"确定"按钮，即可消除透视表中数值的小数位数，效果如图 5-82 所示。

行标签	最大值项:语文	平均值项:语文2	最大值项:数学	平均值项:数学2	最大值项:英语	平均值项:英语2	最大值项:总分	平均值项:总分2
一	90	88	95	92	90	88	274	268
一年1班	88	88	92	92	85	85	265	265
一年2班	90	88	95	93	90	90	274	270
二	95	91	100	86	90	81	275	258
二年1班	92	92	78	78	75	75	245	245
二年3班	85	85	100	100	90	90	275	275
二年5班	95	95	80	80	78	78	253	253
三	95	93	99	98	96	95	290	286
三年1年	90	90	97	97	92	92	279	279
三年2班	95	94	99	99	96	96	290	289
四	95	87	100	88	95	89	282	265
四年1班	87	84	100	93	95	92	282	268
四年4班	95	95	80	80	85	85	260	260
五	90	88	95	92	90	88	274	268
五年2班	85	85	90	90	90	90	265	265
五年3班	90	90	95	95	89	89	274	274
五年5班	88	88	92	92	85	85	265	265
六	95	93	99	98	96	95	290	286
六年1班	93	93	99	99	96	96	288	288
六年3班	95	95	99	99	96	96	290	290
六年4班	90	90	97	97	92	92	279	279
总计	95	90	100	93	96	89	290	272

图 5-82　消除透视表中数值的小数位数

STEP 08 执行操作后，单击"设计"菜单，在其功能区中，❶单击"报表布局"下拉按钮；在弹出的下拉列表中，❷选择"以表格形式显示"选项以及"重复所有项目标签"选项，如图 5-83 所示。

STEP 09 ❶单击"总计"下拉按钮；在弹出的下拉列表中，❷选择"对行和列禁用"选项，如图5-84所示。

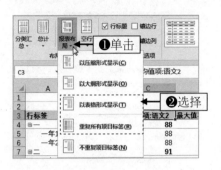

图5-83 选择相应选项

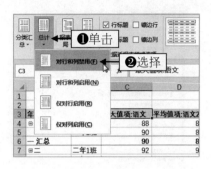

图5-84 选择相应选项

STEP 10 将鼠标移至汇总行，当鼠标呈黑色向右的箭头时，选中单元格，右击，在弹出的快捷菜单中，选择"分类汇总'年级'"选项，如图5-85所示，即可取消分类汇总。

STEP 11 执行操作后，右击，在弹出的快捷菜单中，选择"数据透视表选项"，如图5-86所示。

图5-85 取消分类汇总

图5-86 选择相应选项

STEP 12 弹出"数据透视表选项"对话框，在"布局和格式"选项卡中的"布局"选项区中，选中"合并且居中排列带标签的单元格"复选框，如图5-87所示。

STEP 13 切换至"显示"选项卡,在"显示"选项区中,取消选中所有选中的复选框,单击"确定"按钮,如图 5-87 所示。

图 5-87 选中相应复选框

图 5-88 取消选中所有选中的复选框

STEP 14 即可在透视表中,根据学生成绩按多年级多班级分科统计最高分和平均分,效果如图 5-89 所示。

			最大值项:语文	平均值项:语文2	最大值项:数学	平均值项:数学2	最大值项:英语	平均值项:英语2	最大值项:总分	平均值项:总分2
一	一年1班		88	88	92	92	85	85	265	265
	一年2班		90	88	95	93	90	90	274	270
二	二年1班		92	92	78	78	75	75	245	245
	二年3班		85	85	100	100	90	90	275	275
	二年5班		95	95	80	80	78	78	253	253
三	三年1年		90	90	97	97	92	92	279	279
	三年2班		95	94	99	99	96	96	290	289
四	四年1班		87	84	100	99	95	92	282	268
	四年4班		95	95	80	80	85	85	260	260
五	五年2班		85	85	90	90	90	90	265	265
	五年3班		90	90	95	95	89	89	274	274
	五年5班		88	88	92	92	85	85	265	265
六	六年1班		93	93	99	99	96	96	288	288
	六年3班		95	95	99	99	96	96	290	290
	六年4班		90	90	97	97	92	92	279	279

图 5-89 完成操作效果

专家提醒

完成操作后,用户可以选中透视表中的数据,将其复制粘贴至新建的工作表中,更改表头名称、调整对齐方式、设置字体大小及格式属性等美化操作。

销售流水数据按季度汇总统计，透视表＋图表实例

在"实例121"中，讲解了如何分月汇总统计销售数据，本实例要介绍的是在透视表中如何按季度汇总统计销售流水数据，以及如何在透视表中插入图表，方便在领导查看时可以一目了然。下面介绍具体的操作步骤。

STEP 01 打开一个工作簿，在其中可以查看"数据表"中的销售流水数据，如图5-90所示。

STEP 02 插入一个数据透视表，在"数据透视表字段"列表中，依次选中"订购日期"和"地区"字段选项复选框，在透视表中，右击，在弹出的快捷菜单中，选择"组合"选项，如图5-91所示。

	A	B	C	D
1	地区	销售人员	订购日期	订购数量
2	湖南	张默	2018/1/8	50
3	湖南	李青	2018/4/15	60
4	湖南	周家林	2018/6/20	80
5	湖南	赵水儿	2018/8/15	40
6	四川	凌傲	2018/9/14	30
7	四川	高于一	2018/12/20	90
8	广东	周末	2018/2/5	100
9	广东	李自力	2018/3/10	50
10	广东	曾维彬	2018/5/15	40
11	广东	程昱	2018/7/14	60
12	广东	张伟	2018/11/20	80
13	山东	高子乐	2018/2/8	50
14	山东	王艺霖	2018/4/28	40
15	山东	周美璐	2018/7/16	65
16	山东	康多多	2018/10/13	70
17	贵州	秦淑君	2018/5/2	100
18	贵州	杨菁	2018/6/8	95
19	贵州	李巧	2018/11/6	65

图5-90 查看"数据表"

图5-91 选择"组合"选项

STEP 03 弹出"组合"对话框，在"步长"选项区中，❶选择"季度"选项；❷单击"确定"按钮，如图5-92所示。

STEP 04 执行操作后，设置透视表以表格形式显示，然后将鼠标移至汇总行，当鼠标呈黑色向右的箭头时，右击，在弹出的快捷菜单中，选择"分类汇总'订购日期'"选项，取消分类汇总，如图 5-93 所示。

图 5-92 选择"季度"选项   图 5-93 取消分类汇总

STEP 05 执行操作后，在"数据透视表字段"列表中，将"订购数量"字段选项拖动至"值"选项区域内，选中 A3 单元格，在编辑栏中，❶更改表头为"季度"；选中 C3 单元格，在编辑栏中，❷更改表头为"数量合计"，如图 5-94 所示。

STEP 06 在透视表中右击，在弹出的快捷菜单中，选择"数据透视表选项"，弹出"数据透视表选项"对话框，在"布局和格式"选项卡中的"布局"选项区中，选中"合并且居中排列带标签的单元格"复选框，如图 5-95 所示。

STEP 07 按季度汇总统计后，单击"插入"菜单，在其功能区中的"图表"选项区中，❶单击"插入柱形图或条形图"下拉按钮；在弹出的下拉列表中，❷选择"三维簇状柱形图"，如图 5-96 所示。

STEP 08 执行操作后，即可在透视表中插入汇总图表，效果如图 5-97 所示。

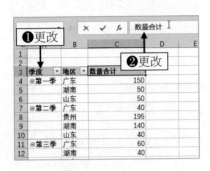

图 5-94　更改表头

图 5-95　选中相应复选框

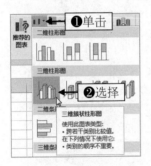

图 5-96　选择"三维簇
状柱形图"

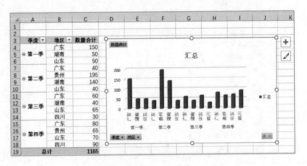

图 5-97　插入汇总图表

实例 129 在透视表中如何调整字段排列顺序

　　在数据透视表中，有时候会有操作失误，将字段顺序排列出错的
情况，如图 5-98 所示，需要将"金额"字段所在的 C 列与"数量"字
段所在的 D 列调换顺序。当用户发现字段排列错误，需要重新排列时，
可以通过以下 3 个方法调整字段排列顺序。

⚙ 方法一：删除字段，重新排列

在数据透视表中的"数据透视表字段"列表中，取消选中"金额"和"数量"字段选项复选框，删除"值"选项区域内的字段，然后依次重新选中"数量"和"金额"字段选项复选框或依次拖动"数量"和"金额"字段选项至"值"选项区域内。

⚙ 方法二：在"值"选项区域内调换先后顺序

在"值"选项区域内，拖动"求和项：金额"字段选项至"求和项：数量"字段选项的下方，调换两个字段的先后顺序，如图 5-99 所示。

图 5-98　字段排列顺序错误

图 5-99　拖动"求和项：金额"
字段选项

⚙ 方法三：在透视表内拖动字段列表

在透视表内，移动鼠标至 C3"求和项：金额"单元格表格线上，当鼠标呈黑色向下的箭头时，单击，选中透视表内的整列数据，如图 5-100 所示，执行操作后，移动光标至表格右侧，当光标变成鼠标在上、黑色十字箭头在下时，单击向右拖动至透视表的右端，即"求和项：数量"的右端，释放鼠标后，即可调整字段排列顺序，如图 5-101 所示。

	A	B	C	D
1				
2				
3	分店地区	品名	求和项:金额	求和项:数量
4	⊟ 北京分店	满天星	18500	1500
5	⊟ 成都分店	康乃馨	6000	580
6		郁金香	6000	580
7	⊟ 上海分店	玫瑰	8000	680
8		蔷薇	5000	800
9		月季	3500	500
10	⊟ 天津分店	蔷薇	5000	800
11	⊟ 武汉分店	康乃馨	6000	580
12		满天星	18500	1500
13	⊟ 长沙分店	百合	8000	680
14		玫瑰	10000	999
15		郁金香	7500	666
16	总计		102000	9865

图 5-100　选中透视表内的整列数据

	A	B	C	D
1				
2				
3	分店地区	品名	求和项:数量	求和项:金额
4	⊟ 北京分店	满天星	1500	18500
5	⊟ 成都分店	康乃馨	580	6000
6		郁金香	580	6000
7	⊟ 上海分店	玫瑰	680	8000
8		蔷薇	800	5000
9		月季	500	3500
10	⊟ 天津分店	蔷薇	800	5000
11	⊟ 武汉分店	康乃馨	580	6000
12		满天星	1500	18500
13	⊟ 长沙分店	百合	680	8000
14		玫瑰	999	10000
15		郁金香	666	7500
16	总计		9865	102000

图 5-101　调整字段排列顺序

实例 130　提取不重复数据的两种快捷操作，删除重复值+数据透视表

对于只有一次性提取重复数据的需求来说，用操作方式无疑比用一个一个去核查要更快，这里介绍两种基本操作，都可以非常快捷地从已知数据中提取出不重复数据，这两个操作很简单，相信你一学就会。

STEP 01 打开一个工作簿，选中B列，复制粘贴至E列，如图5-102所示。

STEP 02 单击“数据”菜单，在其功能区中，单击“删除重复值”选项图标，如图5-103所示，弹出“删除重复值”对话框，单击“确定”按钮，弹出信息提示框，再次单击“确定”按钮，即可提取不重复的数据。

STEP 03 插入一个数据透视表，在弹出的“创建数据透视表”对话框中，❶选中“现有工作表”单选按钮；❷设置“位置”；❸单击“确定”按钮，如图5-104所示。

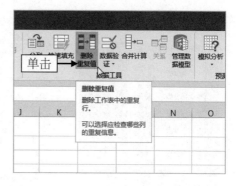

	A	B	C	D	E
1	日期	购买物品	购买数量		购买物品
2	2018/10/5	透明胶	5		透明胶
3	2018/10/8	签字笔	10		签字笔
4	2018/10/8	铅笔	15		铅笔
5	2018/10/12	订书针	5		订书针
6	2018/10/15	透明胶		粘贴	透明胶
7	2018/10/15	橡皮擦			橡皮擦
8	2018/10/15	签字笔	8		签字笔
9	2018/10/20	美工刀	1		美工刀
10	2018/10/20	白板笔	10		白板笔
11	2018/10/25	橡皮擦	2		橡皮擦
12	2018/10/28	铅笔	5		铅笔

图 5-102　复制粘贴　　　　　图 5-103　单击"删除重复值"选项图标

STEP 04 在"数据透视表字段"列表中，选中"购买物品"字段选项复选框，在工作表内，即可自动提取不重复的数据，如图 5-105 所示。

图 5-104　单击"确定"按钮

图 5-105　自动提取不重复的数据

专家提醒

　　除了这两种方法可以提取不重复数据外，用户还可以通过"高级筛选"功能，筛选重复数据，只是相对以上两种方法而言，"高级筛选"功能的操作步骤要烦琐一些，想要快速有效地完成工作任务，还是以上两种方法更为实用。

实例 131 HR 必学的 Excel 技巧之快速生成标准考勤表

很多 HR 在处理考勤数据时，都是用复杂的函数来进行处理，其实可以不用那么复杂，利用透视表就可以非常方便地把考勤数据标准化，一次性处理掉多打、漏打的数据，唯一需要注意的就是有些非标准日期数据需要辅助列函数来处理。下面以某公司导出的部分打卡记录为例，介绍通过函数辅助，在数据透视表中快速生成标准考勤表的操作步骤，帮助用户提高工作完成率。

STEP 01 打开一个工作簿，在"数据表"中，选中 D2 单元格，在编辑栏中，❶输入公式 =TIMEVALUE(TRIM(CLEAN(C2)))，按回车键确认；选中 D2 单元格，移动鼠标至单元格右下角，当光标呈黑色十字标记时，双击，即可在数据区域内自动填充公式，❷计算标准的时间格式，如图 5-106 所示。

STEP 02 用同样的方法，选中 E2 单元格，在编辑栏中，❶输入公式 =IF(D2<=TIMEVALUE ("12:00:00")," 上午 "," 下午 ")，按回车键确认；选中 E2 单元格，双击单元格右下角，❷自动填充公式，返回判断值，如图 5-107 所示。

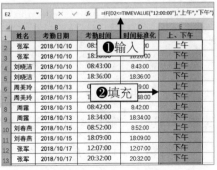

图 5-106　计算标准的时间格式　　　　图 5-107　返回判断值

(STEP)03 插入一个数据透视表，在"数据透视表字段"列表中，❶依次将"姓名"和"考勤日期"字段选项拖动至"行"区域内；❷将"上、下午"字段选项拖动至"列"区域内；❸"时间标准化"字段选项拖动至"值"区域内，如图5-108所示。

(STEP)04 单击"值"区域内的"计数项：时间标准化"字段，在弹出的快捷菜单列表中，选择"值字段设置"选项，弹出相应对话框，❶设置"计算类型"为"最小值"；❷单击"确定"按钮，如图5-109所示。

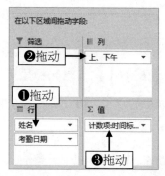
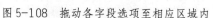

图5-108　拖动各字段选项至相应区域内　　　图5-109　单击"确定"按钮

(STEP)05 执行操作后，将鼠标移至B4单元格边框线上，当鼠标呈黑色向下的箭头时，单击向右拖动，选中透视表B、C两列中的数据，右击，在弹出的快捷菜单中，选择"设置单元格格式"选项，如图5-110所示。

(STEP)06 弹出"设置单元格格式"对话框，在其中选择"时间"分类选项，单击"确定"按钮，选中"总计"列，右击，在弹出的快捷菜单中，选择"删除总计"选项，如图5-111所示。

(STEP)07 执行操作后，设置透视表布局以表格形式显示，并重复所有项目标签，效果如图5-112所示。

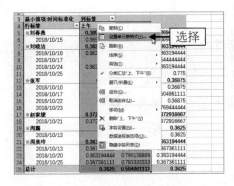

图 5-110 选择"设置单元格格式"选项

图 5-111 选择"删除总计"选项

STEP 08 在功能区单击"分类汇总"下拉按钮,在弹出的下拉列表中,选择"不显示分类汇总"选项,在"数据透视表样式"选项区中,选择第 4 个样式,执行操作后,即可完成表格美化操作,生成标准考勤表,最终效果如图 5-113 所示。

图 5-112 设置透视表布局 图 5-113 生成标准考勤表

实例 132 日期按周分组汇总,电商关键词数据分析

大数据时代,各行各业都需要通过数据分析,从而对自己的运营方向做出决策,一般的小店铺,用 Excel 作为数据分析工具就足够了,

下面介绍透视表分析数据的常规方法，重点讲解透视表按汇总结果只显示前 10 位的行以及结果数据按周进行分组汇总显示的技巧，学好透视表，不会函数和 VBA 也能做好数据分析表。

STEP 01 打开一个工作簿，切换至数据透视表，❶单击"关键字"单元格中的下拉按钮；在弹出的下拉列表中，❷选择"值筛选"|"前 10 项"选项，如图 5-114 所示，弹出相应对话框，单击"确定"按钮，即可筛选出浏览量最高的前 10 项产品。

STEP 02 执行上述操作后，选中 B4 单元格，右击，在弹出的快捷菜单中，选择"组合"选项，弹出"组合"对话框，❶设置"步长"为"日"；❷"天数"为 7；❸单击"确定"按钮，如图 5-115 所示。

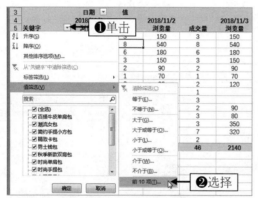

图 5-114　选择相应选项

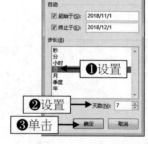

图 5-115　设置相应选项

STEP 03 执行操作后，即可按周汇总电商数据，选中第 4 行，按【Ctrl+F】组合键，弹出"查找和替换"对话框，切换至"替换"选项卡，❶在"查找内容"文本框中输入 2018/；❷单击"全部替换"按钮，如图 5-116 所示。

STEP 04 弹出信息提示框，单击"确定"按钮，关闭"查找和替换"对话框，调整列宽及对齐方式后，即可压缩空间，完成表格美化操作，最终效果如图 5-117 所示。

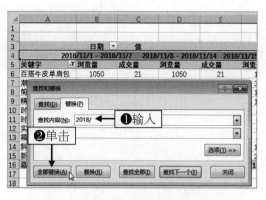

图 5-116　单击"全部替换"按钮

	日期	值									浏览量汇总	成交量汇总
	11/1 - 11/7		11/8 - 11/14		11/15 - 11/21		11/22 - 11/28		11/29 - 12/1			
关键字	浏览量	成交量	浏览量	成交量	浏览量	成交量	浏览量	成交量	浏览量	成交量		
百搭牛皮单肩包	1050	21	1050	21	1050	21	450	9	450	9	4050	81
潮流女包	2700	40	3240	48	3780	56	1080	16	540	8	11340	168
简约手提小方包	900	30	1080	36	1260	42	180	6	360	12	3780	126
精致卡包	1200	24	1050	21	1050	21	600	12	450	9	4350	87
时尚单肩包	750	14	780	14	450	8	420	8	240	2	2640	48
时尚手提包	750	4	1760	5	610	2	140	2	540	1	3800	14
实用子母包	680	11	990	12	610	7	300	6	230	2	2810	38
箱包	770	17	700	11	470	11	460	10	240	6	2640	60
斜挎小方包	1850	13	2050	11	1200	6	1000	8	700	2	6800	40
新款单肩包	1600	35	1920	42	2240	49	320	7	640	14	6720	147
总计	12250	209	14620	226	12720	223	4950	84	4390	67	48930	809

图 5-117　查看最终效果

 实例 **133**

快速统计电话客服每天的接待数量（分列＋数据透视表）

其实 Excel 的单项操作都很简单，很多人学会了所谓的诸多技巧，但是当一个真实的数据表摆在面前的时候，还是一筹莫展，因为其所面对的数据和在学习的时候面对的数据完全不一样，真实的数据都会有一些或多或少的差错，你需要很敏感地想到问题出在哪里，整理数据比任何高级技巧都要重要。下面介绍应用分列后的数据，在数据透视表中快速统计电话客服每天的接待数量。

STEP 01 打开一个工作簿，在其中可以查看单元格数据，如图 5-118 所示。

STEP 02 在 C 列插入一列空白单元格，选中 B 列，单击"数据"菜单，在其功能区中，单击"分列"选项图标，弹出"文本分列向导"对话框，单击"下一步"按钮，在"分隔符号"选项区中，❶选中"空格"复选框；❷单击"完成"按钮，如图 5-119 所示。

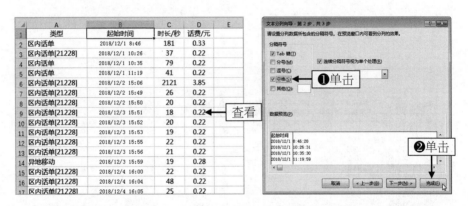

图 5-118　查看单元格数据　　　　图 5-119　单击"完成"按钮

STEP 03 选中 B 列，设置单元格格式为"日期"，选中 B1 单元格，输入"日期"；选中 C 列，设置单元格格式为"时间"，选中 C1 单元格，输入"时间"，如图 5-120 所示。

STEP 04 插入一个数据透视表，在"数据透视表字段"列表中，将"日期"字段选项，分别拖动至"行"和"值"选项区域内，执行操作后，即可在透视表内得到统计的电话客服每天的接待数量，如图 5-121 所示。

图 5-120　输入"时间" 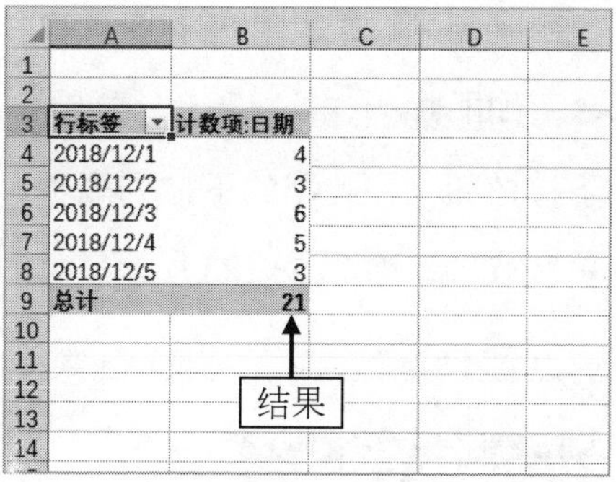　　　　　图 5-121　得到统计的电话客服每
　　　　　　　　　　　　　　　　　　　　　　天的接待数量

专家提醒

如果用户还需要汇总统计其他的数据，也可以直接将需要的字段选项拖动至"值"选项区域内，不过需要注意的是，求和时仅对文本格式起作用，用户在汇总数据前需在源数据表中提前设置好表格格式。

实例 134　按分类汇总求和货品数量及百分比

透视表求和、计数，相信通过前文的学习后，用户基本都会了，除此之外，透视表还可以求百分比。下面就以某公司聚餐，各部门二次点餐时新增的食材用量为例，来讲一下透视表按分类，求子项在分类中的占比，不用函数也不用 VBA，透视表很快就可以完成。一定要学会透视表的操作，记住一定要操作，不要只看不练！

STEP 01 打开一个工作簿，在数据透视表中，可以查看某样食材，各部门的用量统计，如图 5-122 所示。

STEP 02 单击"设计"菜单，在其功能区中，❶单击"分类汇总"下拉按钮；在弹出的下拉列表中，❷选择"在组的底部显示所有分类汇总"选项，如图 5-123 所示。

图 5-122 查看透视表数据

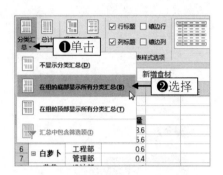

图 5-123 选择相应选项

STEP 03 分类汇总后，在"数据透视表字段"列表中，选择并拖动"重量"字段选项至"值"选项区域内，在透视表中选中 D3 单元格，在编辑栏中，更改表头为"所占百分比"，如图 5-124 所示。

STEP 04 双击 D3 单元格，弹出"值字段设置"对话框，切换至"值显示方式"选项卡，展开"值显示方式"下方的下拉列表，在其中选择"父行汇总的百分比"选项，如图 5-125 所示。

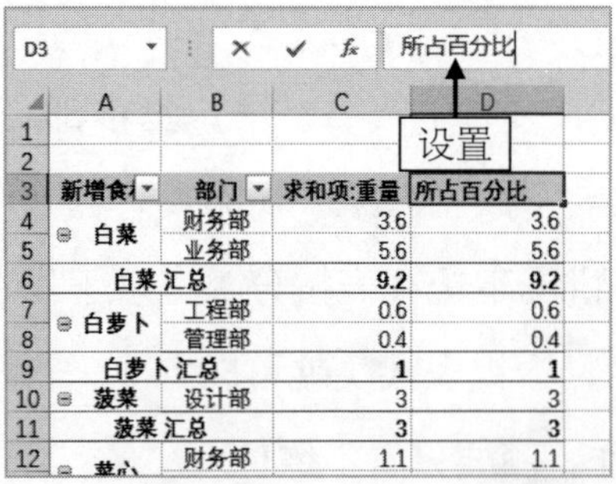

图 5-124 更改表头为"所占百分比"

图 5-125 选择相应选项

STEP 05 单击"确定"按钮，即可查看按分类汇总求和的食材用量及百分比，效果如图 5-126 所示。

⯅	A	B	C	D
1				
2				
3	新增食材▾	部门 ▾	求和项:重量	所占百分比
4	⊟白菜	财务部	3.6	39.13%
5		业务部	5.6	60.87%
6	白菜 汇总		9.2	10.67%
7	⊟白萝卜	工程部	0.6	60.00%
8		管理部	0.4	40.00%
9	白萝卜 汇总		1	1.16%
10	⊟菠菜	设计部	3	100.00%
11	菠菜 汇总		3	3.48%
12	⊟菜心	财务部	1.1	50.00%
13		行政部	1.1	50.00%
14	菜心 汇总		2.2	2.55%
15	⊟春芽	工程部	1	25.64%
16		管理部	1.1	28.21%
17		设计部	1.8	46.15%
18	春芽 汇总		3.9	4.52%
19	⊟刀鱼	财务部	3	18.75%
20		管理部	11.3	70.63%
21		行政部	1.7	10.63%
22	刀鱼 汇总		16	18.56%

⯅	A	B	C	D
30	豆腐 汇总		21	24.36%
31	⊟腐竹	管理部	0.6	21.43%
32		行政部	0.9	32.14%
33		设计部	0.5	17.86%
34		业务部	0.8	28.57%
35	腐竹 汇总		2.8	3.25%
36	⊟黄瓜	财务部	5.9	51.75%
37		管理部	2.8	24.56%
38		行政部	1.2	10.53%
39		设计部	1	8.77%
40		业务部	0.5	4.39%
41	黄瓜 汇总		11.4	13.23%
42	⊟黄花鱼	管理部	2.9	49.15%
43		行政部	1.5	25.42%
44		设计部	1.5	25.42%
45	黄花鱼 汇总		5.9	6.84%
46	⊟腊肉	财务部	0.4	13.33%
47		管理部	0.4	13.33%
48		设计部	1	33.33%
49		业务部	1.2	40.00%
50	腊肉 汇总		3	3.48%
51	总计		86.2	100.00%

图 5-126　查看按分类汇总求和的食材用量及百分比效果

实例 135　利用透视表切片器制作交互数据报表

我们都知道 Excel 有筛选功能，有透视表功能，但很多人并不知道 Excel 还有一个非常实用的切片器功能，这个功能可以瞬间让透视表格调更高，可以制作出直接交互点击的选择面板，在几个切片器上可以完成联动选择，这是以前只能写代码用窗体和控件才能完成的效果，现在只需要轻点几下鼠标就可以完成。下面介绍利用透视表切片器制作交互数据报表的操作步骤。

STEP 01 打开一个工作簿，在数据透视表中，可以查看已经制作好的常规汇总求和数据，如图 5-127 所示。

STEP 02 单击"插入"菜单，在其功能区中，单击"切片器"图标按钮，如图 5-128 所示。

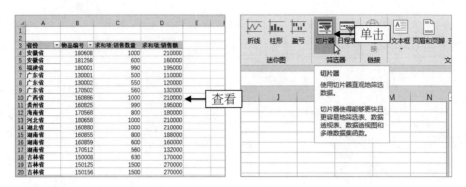

图 5-127　查看常规汇总求和数据　　　图 5-128　单击"切片器"图标按钮

STEP 03 弹出"插入切片器"对话框，选中"年份"和"省份"复选框，如图 5-129 所示。

STEP 04 单击"确定"按钮，弹出"年份"和"省份"切片器面板，如图 5-130 所示。

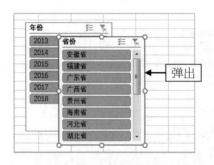

图 5-129　选中相应复选框　　　　图 5-130　弹出切片器面板

STEP 05 选择"省份"面板，在"选项"功能区中的"按钮"选项区中，设置"列"为 5、"高度"为"0.58 厘米"、"宽度"为"2.09 厘米"，在"大小"选项区中，设置"高度"为"3.63 厘米"、"宽度"为"11.22厘米"，如图 5-131 所示。

STEP 06 选择"年份"面板，用与上同样的方法，在"按钮"选项区中，设置"列"为 6、"高度"为"0.58 厘米"、"宽度"为"1.72 厘米"，在"大小"选项区中，设置"高度"为"1.59 厘米"、"宽度"为"11.22 厘米"，如图 5-132 所示。

图 5-131 设置"省份"面板属性　　　图 5-132 设置"年份"面板属性

STEP 07 在透视表中，设置第一行行高为 156 厘米，依次拖动"年份"和"省份"面板至透视表第一行空白位置处，调整位置，即可完成交互数据报表的制作，在"年份"或"省份"面板中，单击任意一个选项按钮，透视表中即可筛选出联动数据，如图 5-133 所示。

图 5-133 筛选联动数据

实例 136　快速列出不同部门最近 2 天的销售业绩

在实际工作中，大家经常会遇到需要提取列出销售业绩的情况，如果是列出综合业绩或是列出销售业绩最高的部门，通过求和、求平均值、排序等方式即可轻松完成操作，但是要列出最近几天的销售业绩，在数据表中操作就会比较麻烦，因为各部门的销售日期不一定完全一致，往往日期都是打乱的，下面要介绍的是，在这种情况下利用透视表，快速列出不同部门最近 2 天的销售业绩的操作方法。

STEP 01 打开一个工作簿，在透视表中，可以查看已汇总求和后的效果，如图 5-134 所示。

STEP 02 在"数据透视表字段"列表中，拖动"日期"字段至"值"选项区域内，并设置值字段"计算类型"为"求和"，然后在透视表中选中 B4 单元格，在"开始"菜单下方的功能区中，单击"格式刷"选项按钮，选中 E 列，刷新 E 列的格式，如图 5-135 所示。

图 5-134 汇总求和后的效果　　　　图 5-135 刷新 E 列的格式

STEP 03 单击 B3 单元格中的下拉按钮，在弹出的下拉列表中，选择"值筛选"|"前 10 项"选项，弹出"前 10 个筛选"对话框，❶设置第二个文本框中的数值为 2；❷单击"依据"右侧的下拉按钮；❸在下拉列表中选择"求合项：日期"选项，如图 5-136 所示。

STEP 04 执行操作后，即可快速提取各组最近 2 天的销售业绩，如图 5-137 所示。

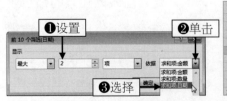

图 5-136 选择相应选项　　　　图 5-137 快速提取各组最近 2 天的销售业绩

实例 137 按分公司分别筛选出销售额前 3 名的销售员

在计算绩效考核，为员工表彰的时候，经常需要从多个部门或者分公司找出各自部门排名前 N 名的员工，利用透视表就可以非常轻松地完成这个任务。

STEP 01 打开一个工作簿，在透视表中，可以查看已汇总统计后的效果，如图 5-138 所示。

STEP 02 单击"行标签"下拉按钮，在弹出的下拉列表中，选择"其他排序选项"，弹出"排序（销售部门）"对话框，❶选中"降序排序依据"单选按钮；❷单击下方的下拉按钮；❸在其中选择"求和项：销售额"选项，如图 5-139 所示。

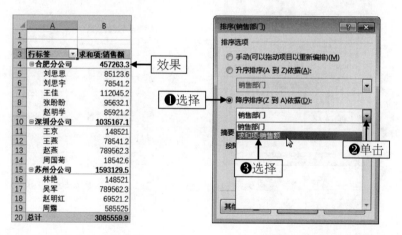

图 5-138 汇总统计后的效果   图 5-139 选择相应选项

STEP 03 单击"确定"按钮，即可使透视表按分公司的销售额数据排序，再次单击"行标签"下拉按钮，在弹出的下拉列表中，选择"值筛选" |"前 10 项"选项，弹出"前 10 个筛选"对话框，设置第二个文本框中的数值为 3，如图 5-140 所示。

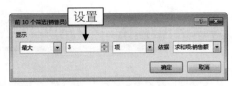

STEP 04 单击"确定"按钮，即可按分公司分别筛选出销售额前 3 名的销售员，在透视表中选中任意一个员工的名字，再次单

图 5-140 设置第二个文本框中的数值为 3

击"行标签"下拉按钮，在弹出的下拉列表中，选择"其他排序选项"，弹出"排序（销售员）"对话框，在其中选中"降序排序依据"单选按钮，单击下方的下拉按钮，选择"求和项：销售额"选项，如图 5-141 所示。

STEP 05 单击"确定"按钮，即可为筛选出的销售员，按销售额从高到低排序，最终效果如图 5-142 所示。

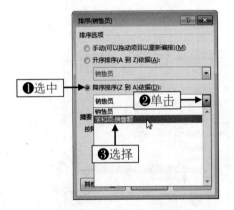

图 5-141 选择相应选项

图 5-142 查看最终效果

第6章　图表分析实战应用

学前提示

　　本章主要讲解的是图表的制作与实战应用，包括柱形图、条形图、折线图、散点图、圆环图、堆积图、组合图、百分比图、积木方格图、圆环水箱图、滑珠进度图以及图表美化、图表填充和水箱动画按钮等制作技巧，希望大家学会以后可以融会贯通、举一反三，制作出更多美观的图表。

本章知识重点

- 图表高级应用：Excel 点击切换 4 种不同类型图表
- 散点图高级应用：Excel 制作动态数轴区间图表
- 利用切片器快速制作高大上的精美动态图表
- Excel 组合图表之柱形图 + 圆环折线图
- 在 Excel 中制作多边形水箱动画按钮

学完本章后你会做什么

- 使用 Excel 制作精美的动态图
- 使用 Excel 制作滑珠进度图
- 使用 Excel 制作年度计划文字卡片完成百分比图表

 视频演示

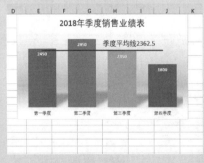

图表美化及组合图的制作

多彩半圆环文字描述图

图表高级应用：Excel 点击切换 4 种不同类型图表

普通动态图表不过是同一种类型图表自身元素的选取，下面讲解一个能直接整图切换的动图做法，利用自定义名称和图片链接，以及控件和函数 Index、Indirect 来进行制作。

STEP 01 打开一个工作表，在"数据图表"中可以查看已有的数据表和插入绘制的 4 种图表，如图 6-1 所示。

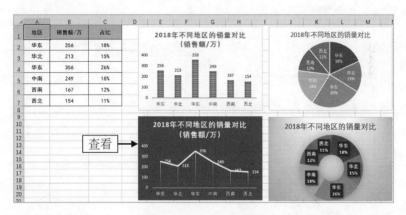

图 6-1 查看"数据图表"

STEP 02 切换至"点击切换图表类型"工作表，❶单击"自定义快速访问工具栏"下拉按钮；❷在弹出的下拉列表中选择"其他命令"选项，如图 6-2 所示。

STEP 03 弹出"Excel 选项"对话框，❶单击"从下列位置选择命令"下方的下拉按钮，在弹出的下拉列表中选择"不在功能区中的命令"选项；❷在下方的命令选项区中滑动滑块；❸选择"选项按钮（窗体控件）"选项；❹单击"添加"按钮；❺将该命令选项添加至"自定义快速访问工具栏"选项区中，如图 6-3 所示。

图 6-2　选择"其他命令"选项

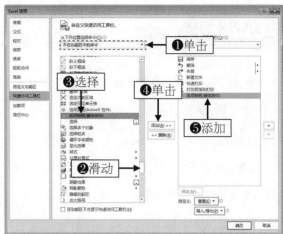

图 6-3　添加命令选项

STEP 04 单击"确定"按钮，在"快速访问工具栏"中，单击"选项按钮（窗体控件）"按钮，移动光标至 D3 单元格中并绘制一个选项按钮，复制 D3 单元格中的选项按钮，在 D4、D5、D6 单元格中依次粘贴，再次添加 3 个选项按钮，并依次更改选项按钮名称为"柱形图""折线图""饼状图"及"圆环图"，如图 6-4 所示。

STEP 05 选中 H3 单元格，在其中输入 =，切换至"数据图表"工作表，选中柱形图表下方的单元格区域，按回车键确认后，将 H3 单元格中的"="符号删除，得到图表源位置路径，如图 6-5 所示，然后用同样的方法，得到其他 3 个图表的源位置路径。

STEP 06 选中 D3 单元格中的选项按钮，右击，在弹出的快捷菜单中选择"设置控件格式"选项，弹出"设置控件格式"对话框，在"控制"选项卡中，单击"单元格链接"后方的文本框，在工作表中选中 F8 单元格，单击"确定"按钮，如图 6-6 所示。

F	G	H	I
	图表位置链接		
序号	类型	源位置	
1	柱形图	数据图表!D1:I8	
2	折线图		
3	饼状图		
4	圆环图		
	图表单元格对应区域		

图 6-4 添加选项按钮   图 6-5 得到图表源位置路径

STEP 07 选中 H8 单元格，输入公式 =INDEX(H3:H6,F8)，按回车键确认，单击"公式"菜单，在其功能区中，单击"名称管理器"选项按钮，弹出"名称管理器"对话框，在其中单击"新建"按钮，弹出"新建名称"对话框，❶更改名称为"切换图表"；❷在"引用位置"文本框中输入公式 =INDIRECT()，然后将光标移至括号内，在工作表中选中 H8 单元格，对话框中括号内会自动添加 H8 单元格链接；❸单击"确定"按钮，如图 6-7 所示。

图 6-6 单击"确定"按钮

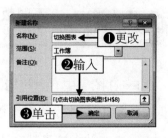

图 6-7 单击"确定"按钮

STEP 08 执行操作后，自动跳转回"名称管理器"对话框，单击"关闭"按钮，切换至"数据图表"工作表，选中柱形图下方的单元格区域并复制，切换至"点击切换图表类型"工作表，选中 E2 单元格，右击，在弹出的快捷菜单中，选择"选择性粘贴"选项，在其右侧的子选项中选择"其他粘贴选项"下方的第 4 个图标，如图 6-8 所示，执行操作后，可调整链接的图片大小和位置。

STEP 09 选中链接的图片，在编辑栏中输入 = 切换图表，按回车键确认，❶在 D 列点击选项按钮；❷即可切换不同的图表，如图 6-9 所示。

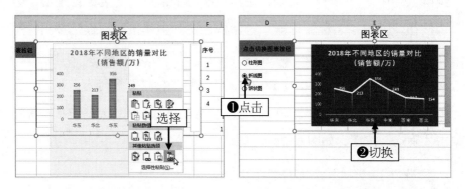

图 6-8　选择第 4 个图标　　　　图 6-9　切换不同的图表

 **实例 139** 不同数量级数据在一个图表中显示比例不对称的解决方案

Excel 图表中有一种情况是我们经常遇到的，就是在几个系列的数据中，每个系列的数量级相差很大，这时如果直接制作柱形图，那么数量级小的数据柱子就会压成一个薄饼，不能显示出实际的数据关系，这时我们就需要自己处理一下数据，利用一个辅助表来计算每个系列

中各自的百分比,然后再绘制。下面讲解如何操作。

STEP 01 打开一个工作表,选中 A1:D4 单元格区域并复制粘贴到 A7:D10 单元格中,选中 B8:D10 单元格中的数据并删除,在编辑栏中,输入公式 =B2/B$5,按【Ctrl+Enter】组合键确认,并设置格式为"百分比样式",如图 6-10 所示。

STEP 02 选中 A7:D10 单元格区域,插入一个柱形图,如图 6-11 所示。

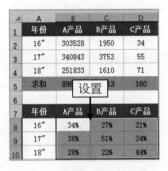

图 6-10　设置格式为"百分比样式"

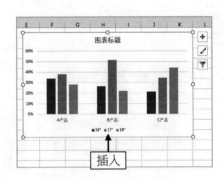

图 6-11　插入一个柱形图

STEP 03 选中并删除柱形图中的"垂直轴",单击"设计"菜单,❶在其功能区中单击"添加图表元素"下拉按钮;在弹出的下拉列表中,❷选择"网格线"选项;在其子选项面板中,❸选择"主轴主要水平网格线"选项和"主轴主要垂直网格线"选项,如图 6-12 所示。

STEP 04 ❶在柱形图中插入一个横排文本框;❷在编辑栏中输入 =,然后选中 B2 单元格,按回车键确认,调整文本框位置、大小及字体大小,如图 6-13 所示。

STEP 05 复制文本框至第二根柱形的位置,更改文本框中的公式路径为 B3,然后用相同的方法在其他柱形位置添加相应的文本框,执行操作后,即可在一个图表中,显示不同数量级的数据,如图 6-14 所示。

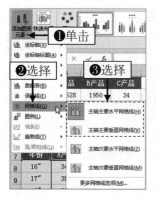

图 6-12　选择相应选项

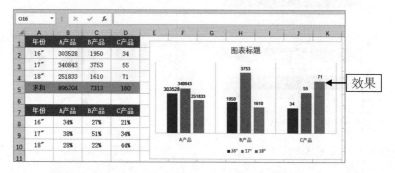

图 6-13　插入横排文本框并调整其位置

图 6-14　在一个图表中显示不同数量级的数据

专家提醒

　　用户在制作图表时，双击"图表标题"文本框，在其中可以将自己需要的报表标题输入，还可以进行调整字体大小、颜色等美化操作。

实例 140　图表美化基础，季度销售额柱形图中加入平均线组合图表

　　图表是 Excel 工作中绕不过去的坎，系统自带的图总是那么丑，

不过给了足够的自定义选项，我们合理利用就可以做得美美的。下面介绍图表美化的基础操作步骤，并在图表中添加平均线组合图的操作方法。

STEP 01 打开一个工作表，选中柱形图表，在"设计"功能区中的"图表样式"选项区中，选择第 4 个样式，如图 6-15 所示。

STEP 02 在图表中选中"第一季度"的柱形，右击，在弹出的快捷菜单中，❶单击"填充"下拉按钮；在颜色填充面板中，❷设置填充颜色为"橙色"，如图 6-16 所示。

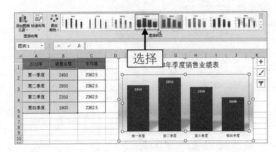

图 6-15　选择第 4 个样式

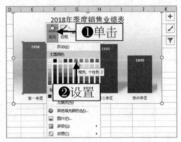

图 6-16　设置填充颜色为"橙色"

专家提醒

　　在图表中选中柱形时，第一次单击柱形可以选中该系列的所有柱形，第二次单击时，才能单选该系列中的某一个柱形，双击柱形，即可在工作表右侧弹出"设置数据系列格式"面板，在其中可设置柱形的格式属性。

STEP 03 用同样的方法，分别设置其他季度的柱形填充颜色为"灰色""金色"及"绿色"，如图 6-17 所示。

STEP 04 在图表中右击，在弹出的快捷菜单中，选择"选择数据"选项，弹出"选择数据源"对话框，在其中单击"添加"按钮，弹出"编辑数据系列"对话框，❶在"系列值"下方的文本框中输入"="；❷并在工作表中选中 C2：C5 单元格；❸单击"确定"按钮，如图 6-18 所示。

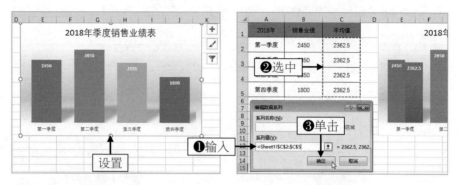

图 6-17　设置其他季度的柱形填充颜色　　　　图 6-18　单击"确定"按钮

STEP 05 执行操作后，跳转至"选择数据源"对话框，单击"确定"按钮，❶在图表中选中新增的柱形系列，右击；在弹出的快捷菜单中，❷选择"更改系列图表类型"选项，如图 6-19 所示。

STEP 06 弹出"更改图表类型"对话框，❶在"组合"面板中选择"簇状柱形图 – 折线图"图标选项；❷单击"确定"按钮，如图 6-20 所示。

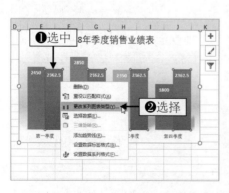
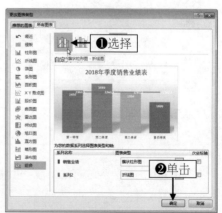

图 6-19　选择"更改系列图表类型"选项　　　图 6-20　单击"确定"按钮

STEP 07 在图表中选中折线，右击，❶在弹出的快捷菜单中单击"边框"下拉按钮；在弹出的下拉列表中，❷设置"标准色"为"红色"，如图 6-21 所示。

STEP 08 在图表中删除折线标签，插入一个横排文本框，在其中输入"季度平均线2362.5"，设置"字号"为 14、"字体颜色"为"红色"，然后调整文本框的位置及大小，执行操作后，即可完成图表美化及组合图的制作，效果如图 6-22 所示。

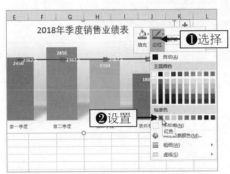

图 6-21　设置"标准色"为"红色"　　图 6-22　完成图表美化及组合图的制作

实例 141　图表美化详解：销售目标完成对比三维条形图

在日常工作中，为了使领导在查看报表时可以更加清晰了然地知道数据对比状况，也为了避免我们自己花时间、精力去解释，通常会在 Excel 中，将汇总的各项数据，制作成图表呈现给领导查看。下面要介绍的是制作三维横向条形图及图表美化的操作技巧。

STEP 01 打开一个工作表，选中 A2：C8 单元格，单击"插入"菜单，在其功能区中单击"插入柱形图或条形图"下拉按钮，在弹出的下拉列表中选择"三维条形图"选项区下方的第一个选项图标，即可插入一个三维条形图，将鼠标移至图表上方，长按鼠标左键并拖动，可以调整图表摆放位置，如图 6-23 所示。

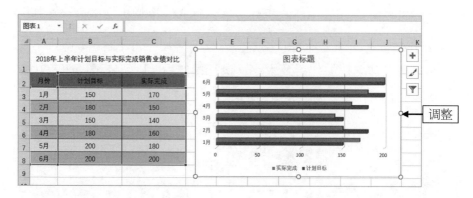

图 6-23　调整图表摆放位置

STEP 02 选中"图表标题"文本框，在编辑栏中输入"="，然后再选中 A1 单元格，按回车键确认，即可自动替换图表标题内容，在"样式"功能区中的"图表样式"选项区中选择"样式 3"，效果如图 6-24 所示。

STEP 03 在图表中右击，在弹出的快捷菜单中，选择"三维旋转"选项，弹出"设置图表区格式"选项卡，在"三维旋转"选项区中，设置"X 旋转"值为 20°，"透视"值为 0.1°，"Y 旋转"值为 5°，"深度（原始深度百分比）"为 300，如图 6-25 所示。

STEP 04 在"设计"功能区中的"图表布局"选项区中，单击"快速布局"下拉按钮，在弹出的下拉列表中选择"布局 5"选项图标，然后在工作表中通过拖动图表四周的控制柄，调整图表大小，执行操作后，即可完成三维图表的制作，效果如图 6-26 所示。

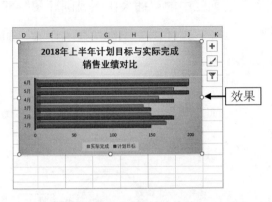

图 6-24　选择"样式 3"效果　　　　　图 6-25　设置各参数值

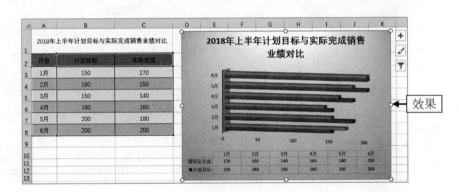

图 6-26　三维图表的制作效果

 **让人眼前一亮的 Excel 多彩半圆环文字描述图表**

很多时候简单的数据直接放出来不够吸引人，不过变成图表就不一样了，如图 6-27 所示的多彩半圆环文字描述图，漂亮新颖，数据更具表现力。

下面介绍这种多彩半圆环文字描述图的操作方法。

STEP 01 打开一个工作表，选中 B2：C5 单元格，单击"插入"菜单，在其功能区中，单击"图表"选项区中的"插入饼图或圆环图"下拉按钮，在弹出的下拉列表中，选择"圆环图"图标，在工作表中插入一个圆环图，如图 6-28 所示。

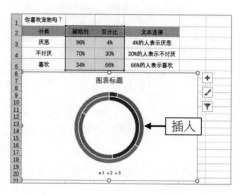

图 6-27　多彩半圆环文字描述图　　　图 6-28　插入一个圆环图

STEP 02 在圆环图上右击，在弹出的快捷菜单中，选择"选择数据"选项，弹出"选择数据源"对话框，单击"切换行/列"按钮，如图 6-29 所示。

STEP 03 单击"确定"按钮，在圆环图中，设置辅助列系列填充颜色为"无填充"，并由内向外依次填充百分比系列颜色为"红色""橙色"和"浅蓝色"，右击，在弹出的快捷菜单中，选择"设置数据系列格式"选项，弹出"设置数据系列格式"选项卡，在其中，设置"圆环图内径大小"为 50%，效果如图 6-30 所示。

STEP 04 在圆环图中，删除"图表标题"和"图例"文本框，然后插入一个横排文本框，选中文本框，在编辑栏中输入"="，然后选中 D5 单元格，按回车键确认，设置文本框中的字体颜色为"浅蓝色"，"字

号"为 18 并加粗字体，拖动文本框四周的控制柄，可以调整文本框的
位置及大小，如图 6-31 所示。

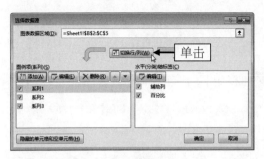
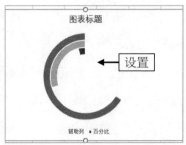

图 6-29 单击"切换行／列"按钮　　　图 6-30 设置图表填充颜色及内径大小的效果

STEP 05 复制制作好的文本框，在图表中粘贴三个文本框，用与上
同样的方法，在编辑栏中输入公式，其中单元格分别为 D4、D3 及 A1
单元格，依次设置三个文本框中的字体颜色为"橙色""红色"及"黑
色"，并设置字体加粗，"字号"分别为 18、18、24，执行操作后，即
可完成多彩半圆环文字描述图表的制作，最终效果如图 6-32 所示。

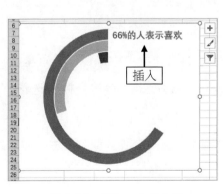
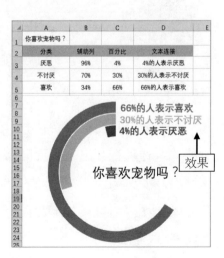

图 6-31 插入一个文本框　　　　　　　图 6-32 最终效果

散点图高级应用：Excel 制作动态数轴区间图表

我们在初中就学习了元素、集合等数学知识，经常需要用数轴来辅助完成习题，甚至在办公时，我们也会用到这样的数轴报表，其实在 Excel 中，也可以绘制实数数轴区间图，用散点图可以制作一个改变数据后，图表依旧可以实时刷新的数轴动态图。下面介绍制作动态数轴区间表的操作步骤。

STEP 01 打开一个工作表，选中 A3：B5 单元格，在工作表中插入一个带直线和数据标记的散点图，如图 6-33 所示。

STEP 02 在散点图中删除"图表标题"文本框、垂直轴以及主要网格线，拖动图表四周的控制柄，调整散点图的大小和位置，如图 6-34 所示。

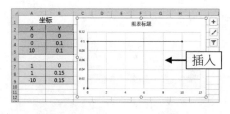
图 6-33　插入一个散点图

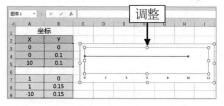
图 6-34　调整散点图的大小和位置

STEP 03 选中坐标轴，右击，在弹出的快捷菜单中选择"设置坐标轴格式"选项，弹出"设置坐标轴格式"选项卡，在"坐标轴选项"区域内，❶设置边界"最小值"为 −10.0、"最大值"为 10.0、"大"单位为 1.0；在"刻度线"选项区内，❷设置"主刻度线类型"为"内部"，如图 6-35 所示。

STEP 04 切换至"填充与线条"选项卡，展开"线条"选项区，在其中设置"颜色"为黑色、"宽度"为 2 磅，然后插入一个线条宽度为 2 磅、黑色向右的箭头，并将其叠放在坐标轴的最右端，效果如图 6-36 所示。

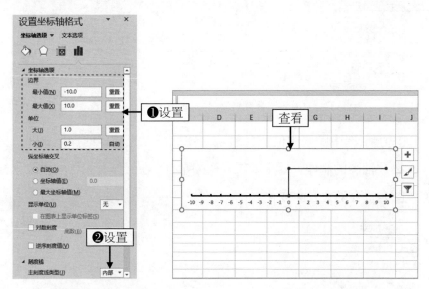

图 6-35　设置坐标轴格式参数　　　　图 6-36　查看坐标轴效果

STEP 05 执行操作后，打开"选择数据源"对话框，在其中单击"添加"按钮，在弹出的"编辑数据系列"对话框中，设置"X 轴系列值"的选择区域范围为 A7：A9、设置"Y 轴系列值"的选择区域范围为 B7：B9，单击"确定"按钮，即可查看添加的数据源，如图 6-37 所示。

STEP 06 选中图表中的橙色线条，在"设置数据系列格式"选项面板中，切换至"标记"面板，在"数据标记选项"区域内，选中"无"单选按钮，如图 6-38 所示。

STEP 07 在图表中的橙色线条上，单击两次，选中连接坐标轴的标记，❶在选项面板内选中"内置"单选按钮；❷设置"类型"为圆形、"大小"为 8；❸设置"填充"为"纯色填充"、"颜色"为白色，如图 6-39 所示。

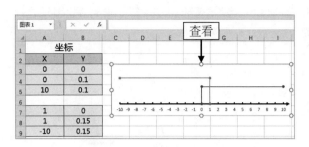

图 6-37 查看添加的数据源　　　　图 6-38 选中"无"单选按钮

STEP 08 选中图表中的蓝色线条，并执行以上同样的操作，即可完成动态数轴图的制作，效果如图 6-40 所示，在工作表表格内更改坐标值，图表也会随之发生变化。

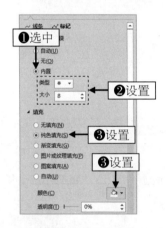

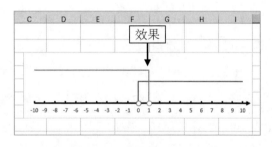

图 6-39 设置相应参数　　　　图 6-40 动态数轴图的制作效果

专家提醒

　　除了将标记制作为空心圆形外，用户也可以根据自己的需要将标记制作为实心的圆形，并且可以根据需要填充颜色，单击"类型"右侧的下拉按钮，在弹出的下拉列表中，还可以随心选择标记样式。

销售目标与实际销售额对比，高低点连接线折线图

折线图相信大家都会，但是做出漂亮直观的折线图也是需要一些小技巧的。下面就以一个销售目标与每月实际销售额的对比折线图来讲解一下高低连接线和坐标范围设置的一些基本技巧。

STEP 01 打开一个工作表，选中折线图中的垂直轴，展开"设置坐标轴格式"选项卡，设置边界"最小值"为30.0、"大"单位为20.0，效果如图6-41所示。

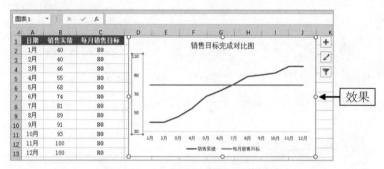

图6-41　设置坐标轴效果

STEP 02 在"设计"功能区中，❶单击"添加图表元素"下拉按钮；在弹出的下拉列表中，❷选择"线条"|"高低点连线"选项；❸执行操作后，即可完成高低点连线折线图的制作，如图6-42所示。

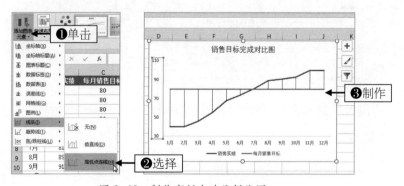

图6-42　制作高低点连线折线图

利用切片器快速制作高大上的精美动态图表

　　动态图表，看起来很高大上，传统的教程，多半都是用控件或者数据有效性再加自定义名称或者辅助列来实现一些动态图表效果，其实 Excel 2010 以上版本的切片器功能，可以直接用来制作动态图表，而且效果出奇的好，只需要点点鼠标就可以完成。希望学完本节后，大家都能利用切片器来制作动态图表。

　　STEP 01 打开一个工作表，在透视表中，插入一个柱形图，效果如图 6-43 所示。

　　STEP 02 在"分析"功能区中，单击"插入切片器"图标按钮，在弹出的"插入切片器"对话框中，选中"公司""年份"及"月份"复选框，单击"确定"按钮，即可插入切片器，如图 6-44 所示。

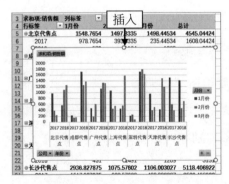

图 6-43　插入一个柱形图

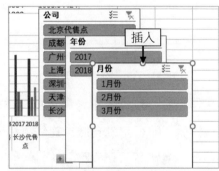

图 6-44　插入切片器

　　STEP 03 将切片器及图表挪动至工作表空白位置处，选中 A：E 列，将透视表隐藏起来，选中"公司"切片器，在"选项"功能区中，在"按钮"选项区，设置"列"为 7。在"大小"选项区，设置"高度"为"1.6厘米"、"宽度"为 20 厘米，如图 6-45 所示。

STEP 04 用同样的方法，设置"年份"切片器"列"为 2、"高度"为"1.6 厘米"，拖动切片器及图表四周的控制柄，调整图表大小和位置以及切片器的位置，单击切片器中的按钮，图表随即产生相应的变化，效果如图 6-46 所示。

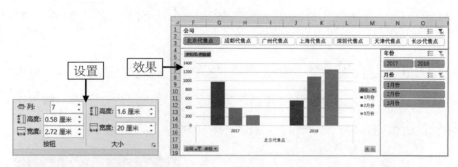

图 6-45　切片器属性参数设置　　　　图 6-46　切片器动态图表效果

专家提醒

按【Ctrl】键的同时单击切片器中的按钮，可以同时选中多个按钮，用户可以根据需要查看的数据来进行选择。

 实例 146 **Excel 折线图上的最高点和最低点自动标记出来**

我们在做 Excel 折线图的时候，常常需要标记出最高点和最低点，这样便于查看和讲解，如果只做一次手工标记倒也无所谓，但是如果需要做的图很多，或者数据频繁变化，那么就需要有办法让它和数据联动，自动标记出来。下面就教大家这个高级技巧来做到自动标记折线图中最高点和最低点。

STEP 01 打开一个工作表，选中 C3：C14 单元格，在编辑栏中输入公式 =IF(B3=MAX($B$3:$B$14),B3,NA())，按【Ctrl+Enter】组合键确认，选中 D3：D14 单元格，在编辑栏中输入公式 =IF(B3=MIN($B$3:$B$14),B3,NA())，按【Ctrl+Enter】组合键确认，求得最大值和最小值。选中 A2：D14 单元格，插入一个折线图，效果如图 6-47 所示。

STEP 02 在"格式"功能区中的"当前所选内容"选项区内，❶设置"图表元素"显示为"系列'最大值'"选项；然后在下方，❷单击"设置所选内容格式"按钮，如图 6-48 所示。

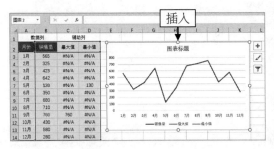

图 6-47　插入一个折线图

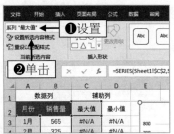

图 6-48　单击"设置所选内容格式"按钮

专家提醒

公式详解：当本行的最大值（或最小值）为固定区域内的最大值（或最小值）时，则结果返回为本行最大值（或最小值），否则结果返回为 NA。

STEP 03 弹出"设置数据系列格式"选项面板，在"填充与线条"选项卡中，切换至"标记"面板，在"数据标记选项"区域内，❶选中

"内置"单选按钮；❷设置"大小"为 8；❸设置填充颜色为绿色，效果如图 6-49 所示。

STEP 04 用与上同样的方法，设置最小值为红色标记，然后删除"图表标题"文本框，执行操作后，即可使图表中的最高点和最低点高亮显示，效果如图 6-50 所示。

图 6-49 设置各参数

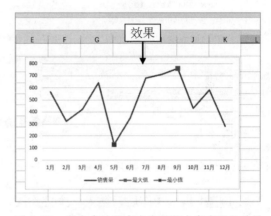

图 6-50 图表中的最高点和最低点高亮显示效果

 **实例 147 动态图表入门之下拉列表选择不同员工业绩数据柱状图**

所谓动态图表，就是根据用户动作，选择或者点击，以及输入数据后，对应的图表随之做出相应改变，以达到更好的展示和表达效果。下面介绍一个最简单的动态图制作方法，很多基本图表都可以采用这种方式实现，只要图表数据区构造得当，也可以构造出更复杂的动态图效果，可以采用输入方式以及单选及多选模式来构造。

STEP 01 打开一个工作表，选中 A11 单元格，通过"数据验证"，设置一个姓名序列下拉按钮，效果如图 6-51 所示。

STEP 02 在下拉列表中，选择第一个姓名，然后选中 B11：E11 单元格，❶在编辑栏中输入公式 =VLOOKUP($A$11,$A$3:$E$8,COLUMN(),0)，按【Ctrl+Enter】组合键确认；❷即可返回原始数据表中的数据，如图 6-52 所示。

图 6-51　设置一个姓名序列下拉按钮　　图 6-52　返回原始数据表中的数据

STEP 03 执行操作后，插入一个柱形图，在姓名下拉列表中选择任意一个员工的名字，柱形图中的数据会随之做出相应改变，效果如图 6-53 所示。

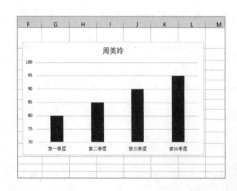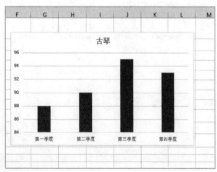

图 6-53　插入柱形图效果

Excel 动态图表其实就这么简单，4 个季度切换产品销售额

在数据比较多的情况下，可以利用控件和函数制作动态图表，根据选择项目来显示重点数据区。下面介绍在 Excel 中通过 2018 年 4 个季度切换多种产品销售额，制作动态饼图的操作方法。

STEP 01 打开一个工作表，单击"开发工具"菜单，❶在功能区单击"插入"下拉按钮；在弹出的下拉列表中，❷选择"组合框（窗体控件）"图标，如图 6-54 所示，在工作表中绘制一个控件按钮。

STEP 02 打开"设置对象格式"对话框，在"控制"选项卡中，❶设置"数据源区域"为 E2：E5、"单元格链接"为 F7，❷单击"确定"按钮，如图 6-55 所示，单击控件按钮，在弹出的下拉列表中选择"一季度"选项，F7 单元格中会显示为 1，代表 E 列中的"一季度"。

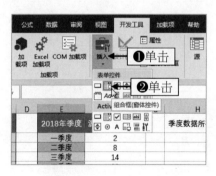

图 6-54 设置一个姓名序列下拉按钮

图 6-55 单击"确定"按钮

STEP 03 选中 H2 单元格，输入公式 =INDEX(F2:F5,$F$7)，按回车键确认，选中 H3：H7 单元格，❶在编辑栏中输入公式 =H2+1；按

【Ctrl+Enter】组合键确认，❷即可获取一季度数据在源表中所在的行号，如图 6-56 所示。

STEP 04 选中 I2：K7 单元格，❶在编辑栏中输入公式 =INDEX(A:A,$H2)；按【Ctrl+Enter】组合键确认，❷即可获取一季度在源表中的数据，如图 6-57 所示。

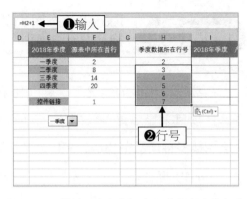

图 6-56 获取一季度数据在源表中所在的行号

图 6-57 获取一季度在源表中的数据

STEP 05 选中 I1：K7 单元格，插入一个饼图，设置"图表样式"为"样式 3"，如图 6-58 所示。

STEP 06 在图表中删除"费用"文本框，在控件按钮上右击，设置"叠放次序"为"置于顶层"，并将其拖动至图表图例上方，单击下拉按钮，在下拉列表中更换季度，饼图也随之发生变化，动态饼图效果如图 6-59 所示。

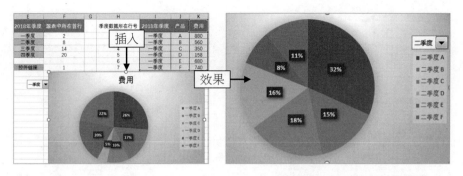

图 6-58 插入一个饼图　　　　　图 6-59 动态饼图效果

 **Excel 中根据捐款额度点亮灯泡的动态图表实例应用**

某基金会希望做一个根据捐款数量点亮灯泡的图表展示，其实这也属于动态图表的一种，基本就是散点图＋自定义名称或辅助列来完成，这主要介绍图表填充图片的基本操作和利用图表做自定义显示的基本技巧，最基础的做法就是利用辅助列构造有效数据来达到数据与图表同步，然后多个位置的系列实现类似动画效果。下面介绍具体操作。

STEP 01 打开一个工作表，切换至"明亮工程捐款名单"表，选中 B3 单元格，输入公式 =SUM(C24,G24,K24,)，按回车键确认，计算捐款总额，选中 C1 单元格，输入公式 =INT(B3/2000)，按回车键确认，计算捐款总额平均 2000 元能点亮几盏灯，如图 6-60 所示。

STEP 02 切换至"辅助表"，选中 B1 单元格，在其中输入"="，然后切换至"明亮工程捐款名单"表，选中 C1 单元格，按回车键确认，选中 G1：G21 单元格，在编辑栏中输入 =IF(E2<=$B$1,F2,NA())，按【Ctrl+Enter】组合键确认，获取亮灯数量，如图 6-61 所示。

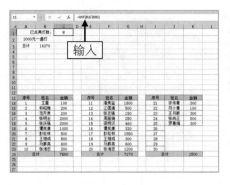

图 6-60 输入公式

图 6-61 获取亮灯数量

STEP 03 插入一个散点图，在工作表中，选中灰色灯泡并复制，在散点图中选中表示"灯泡"系列的蓝色标记，如图 6-62 所示，按【Ctrl+V】组合键粘贴，并替换标记样式。

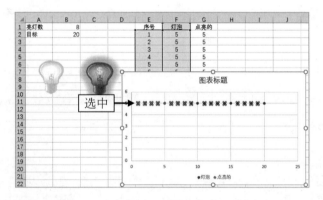

图 6-62 选中表示"灯泡"系列的蓝色标记

STEP 04 用同样的方法，复制绿色灯泡，在散点图中粘贴替换"点亮的"系列标记，并设置"垂直轴"的边界"最大值"为 10.0、"水平轴"的边界"最大值"为 20.0，然后删除"图表标题"文本框、坐标轴、图例、网格线等，拖动图表四周的控制柄，调整图表大小，选中并复制图表，将其粘贴至"明亮工程捐款名单"表中的合适位置处，最终效果如图 6-63 所示。

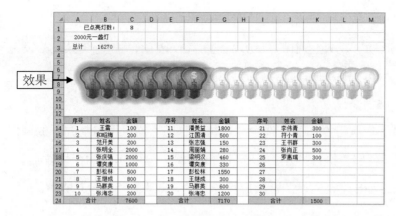

图 6-63 最终效果

实例 150 动态图表的美化操作，Excel 透视表 + 切片器 + 图表三合一

在前面的章节中讲解过透视表 + 切片器 + 图表三合一的操作，以达到动态图表的效果。本案例将在前面的基础上进行美化操作，使图表不仅实用，还更加美观。

STEP 01 打开一个工作表，在透视表内可以查看透视表、切片器及图表三合一的动态图表效果，如图 6-64 所示。

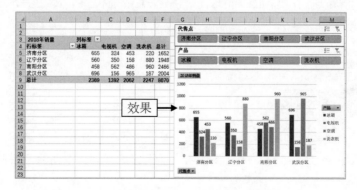

图 6-64 查看三合一动态图表效果

STEP 02 选中"产品"切片器，设置"切片器样式"为"浅橙色"，单击"选项"功能区中的"切片器设置"按钮，弹出"切片器设置"对话框，❶在其中取消选中"显示页眉"复选框；❷单击"确定"按钮，如图 6-65 所示。

STEP 03 执行操作后，选中"代售点"切片器，用与上同样的操作，取消显示页眉，执行操作后，按【Ctrl】键，同时选中两个切片器，通过拖动四周的控制柄，调整其位置和大小，效果如图 6-66 所示。

图 6-65 单击"确定"按钮

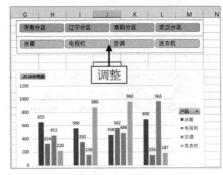

图 6-66 调整切片器位置和大小

STEP 04 在柱形图中选中值字段按钮，右击，在弹出的快捷菜单中，选择"隐藏图表上的所有字段按钮"选项，如图 6-67 所示。

STEP 05 执行操作后，将柱形图调整至合适位置，即可完成进一步的动态图表美化操作，效果如图 6-68 所示。

专家提醒

用户还可以根据自己的需要，填充颜色，如果觉得太麻烦可以直接在功能区选择系统自带的图表样式，这样可以节省自己去填充颜色的时间。

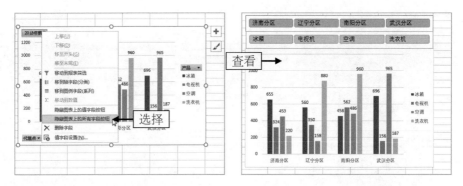

图 6-67　选择相应选项　　　　　图 6-68　查看动态图表美化效果

实例 151　切片器动态图表，收入分析表跨年度多月份动态对比

通过学习前面的章节，大家都知道，在 Excel 中，有一个切片器功能，配合透视图，会使普通的动态图效果特别好，多个按钮可以直接点击切换图表项目，比控件做得又漂亮又实用。在前面的章节中，都是在数据透视表内先制作数据透视表，再插入图表，最后再插入切片器。下面再讲解一个切片器制作动态图表的典型案例，可以跳过制作数据透视表、插入图表这一步骤，直接制作一个数据透视图，希望大家都能学会。

STEP 01 打开一个工作表，单击"插入"菜单，在功能区中，单击"数据透视图"按钮，如图 6-69 所示。

STEP 02 执行操作后，即可同时插入一个数据透视表和一个数据透视图，如图 6-70 所示。

STEP 03 在"数据透视图字段"列表中，拖动"店名"字段选项至"轴（类别）"选项区、拖动"年份"至"筛选"选项区、拖动"月份"至"图例（系列）"选项区、拖动"金额（万元）"至"值"选项区，如图 6-71 所示。

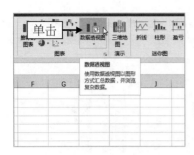

图 6-69 单击"数据透视图"按钮

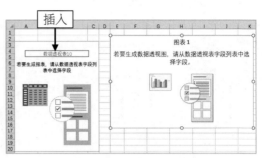

图 6-70 数据透视表和数据透视图

STEP 04 执行操作后，插入店名、年份、月份切片器，并为其进行美化操作，最终效果如图 6-72 所示。

图 6-71 拖动字段选项

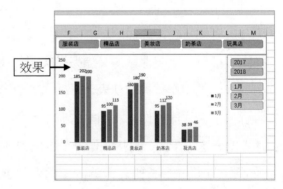

图 6-72 查看最终效果

实例 152 Excel 组合图表之柱形图 + 圆环折线图

在 Excel 中展示四个季度的销售额度和环比增长率，通过柱形图和折线图这两种不同类型的组合数据在一个图标上展示，这是比较好的方式之一。下面介绍这两种组合图表的制作与美化操作。

STEP 01 打开一个工作表，插入一个柱形图，选中"销售额度"系列，右击，在弹出的快捷菜单中，选择"更改系列图表类型"选项，如图6-73所示。

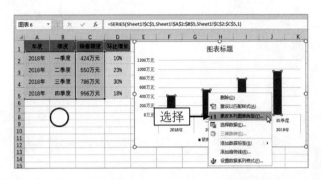

图6-73　选择"更改系列图表类型"选项

STEP 02 弹出"更改图表类型"对话框，❶在其中设置"销售额度"的"图表类型"为"带数据标记的折线图"；❷选中"环比增长"最右侧的"次坐标轴"复选框；❸单击"确定"按钮，如图6-74所示。

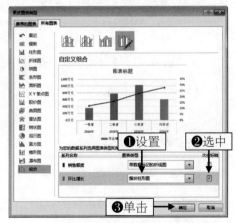

图6-74　单击"确定"按钮

STEP 03 设置次坐标轴的边界"最大值"为0.8，在工作表中，复制已绘制好的圆环，在组合图中选择折线标记，按【Ctrl+V】组合键粘贴替换标记样式，效果如图6-75所示。

STEP 04 选中图表，单击图表右上角的"图表元素"按钮➕，在弹出的快捷菜单中，选择"数据标签"|"居中"选项，删除"图表标题"

文本框，拖动图表四周的控制柄，调整图表大小和位置，最终效果如图 6-76 所示。

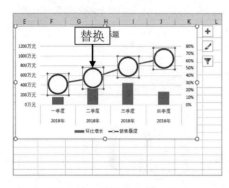

图 6-75　粘贴替换标记样式

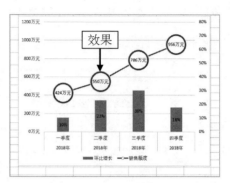

图 6-76　查看最终效果

实例 153　使用 Excel 快速制作 WIFI 条形图

在 Excel 中，制作 WIFI 条形图的图表技巧，简单来说就是利用堆积条形图，在左侧加辅助列形成条形图居中对齐后形成 WIFI 效果。下面介绍具体操作。

STEP 01 打开一个工作表，选中 B2：B6 单元格，在编辑栏中输入公式 =(MAXA ($C$2:$C$6)−C2)/2，按【Ctrl+Enter】组合键确认，如图 6-77 所示。

STEP 02 ❶插入一个堆积条形图；❷选中"辅助列"系列，如图 6-78 所示。

产品名称	辅助列	销量
VIVO手机	0	150
华为手机	25	100
苹果手机	35	80
魅族手机	45	60
小米手机	60	30

=(MAXA($C$2:$C$6)-C2)/2

图 6-77　输入公式

STEP 03 设置填充颜色为"白色",删除图表中的网格线、水平轴、图例、标题文本框等,并设置"垂直轴"边框为"无轮廓",执行操作后,WIFI 条形图即可制作完成,效果如图 6-79 所示。

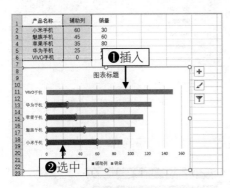

图 6-78　选中"辅助列"系列

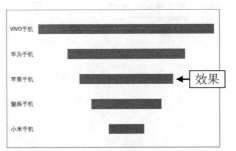

图 6-79　WIFI 条形图制作效果

 实例 154　使用 Excel 制作简易漂亮的滑珠进度图

本案例将介绍一个图表型的进度图制作,叫做滑珠图,制作简单,美观大方。下面介绍具体的操作步骤。

STEP 01 打开一个工作表,插入一个堆积条形图,如图 6-80 所示。

STEP 02 在图表中,选中"辅助列"系列,并更改其图表类型为散点图,如图 6-81 所示。

STEP 03 选中散点标记,编辑"辅助列"数据源,在"编辑数据系列"对话框中,❶设置"X 轴系列值"为 B2:B6;❷单击"确定"按钮,如图 6-82 所示。

STEP 04 设置图表系列"间隙宽度"为 50%、散点标记"大小"为 25,拖动图表四周的控制柄,调整图表大小和位置,如图 6-83 所示。

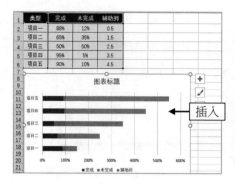

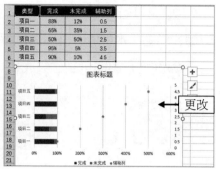

图 6-80 插入一个堆积条形图   图 6-81 更改"辅助列"系列图表类型

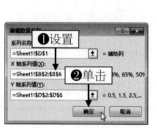

图 6-82 单击"确定"按钮

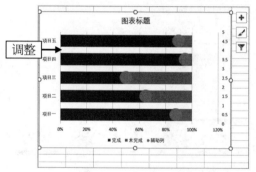

图 6-83 调整图表大小和位置

STEP 05 执行操作后，为"完成"系列添加数据标签，并设置为"轴内侧"，在"设置数据标签格式"选项卡中，❶取消选中"值"复选框；❷选中"类别名称"复选框，如图 6-84 所示，并设置标签字体加粗、颜色为"白色"。

STEP 06 用与上同样的方法，为"辅助列"系列添加一个居中且显示为"X 值"的数据标签，并设置标签字体加粗、颜色为"白色"，在图表中删除标题文本框、坐标轴、图例等，即可完成滑珠进度图的制作，效果如图 6-85 所示。

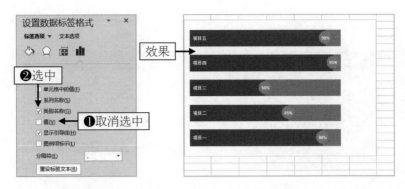

图 6-84　选中"类别名称"复选框　　图 6-85　滑珠进度图的制作效果

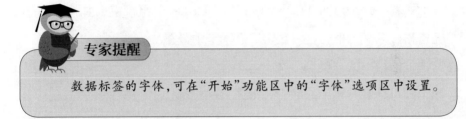

专家提醒

数据标签的字体,可在"开始"功能区中的"字体"选项区中设置。

 **Excel 积木方格百分比图表,可用于重点突出显示**

Excel 积木方格百分比图表,是 100 个积木方格填充的一个效果,可用于突出显示数据。下面介绍具体的操作步骤。

STEP 01 打开一个工作表,在"方格"表中已绘制好了 100 个黄色小方格,选中 M2 单元格,使其显示的值等于"数据"表中的 G2 单元格中的值,如图 6-86 所示。

STEP 02 选中 B2:K11 单元格,新建一个条件格式规则,在"新建格式规则"对话框中,❶设置规则类型为"使用公式确定要设置格式的单元格"选项;❷在下方的文本框中输入公式 =B2<=$M$2*100;❸设置格式填充颜色为"浅蓝色";❹单击"确定"按钮,如图 6-87 所示。

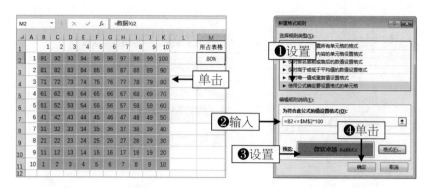

图 6-86 "方格"表　　　　　图 6-87 单击"确定"按钮

STEP 03 选中 B2：K11 单元格，按【Ctrl+1】组合键，弹出"设置单元格格式"对话框，在"数字"选项卡中设置"分类"为"自定义"，在其选项面板中的"类型"文本框中输入三个分号"；"，单击"确定"按钮，即可隐藏方块中的数字，如图 6-88 所示。

STEP 04 复制 B2：K11 单元格，切换至"数据"表中，在 F3 单元格，选择粘贴为"链接的图片"，拖动图片四周的控制柄，调整图片大小和位置，然后插入一个文本框，设置文本框显示值为 G2 单元格中的值，并设置文本框无边框、无填充、"字号"为 44，单击 G1 单元格中的联动下拉按钮，选择任意一个项目选项，方格图都会随着数据的切换而变化，积木方格百分比图表即可制作完成，效果如图 6-89 所示。

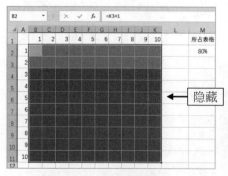

图 6-88 隐藏方块中的数字

图 6-89 积木方格百分比图表制作效果

⊚ 联动下拉按钮：可以通过"数据验证"功能设置，用户可查看第 4 章实例 107。

　　⊚ 联动公式：G2=VLOOKUP(G1,A:D,4,0)。

实例 **156** 制作高档次圆形水箱百分比效果图形

　　在报表中显示百分比，如果只有一个简单、直白的数字，肯定毫无美观可言，而用一个漂亮、看上去档次很高的百分比进度图展示就会显得高级很多。下面介绍一种圆形水箱效果的百分比图形，利用了柱形图和填充缩放功能，相信你一定能 get 新技能！

　　STEP 01 打开一个工作表，在工作表中已通过形状和文本框功能绘制好了一个值显示为 B2 单元格数据的无轮廓文本框和一个空心圆形、一个实心圆形，如图 6-90 所示。

　　STEP 02 选中 A2：B2 单元格，插入一个柱形图，并切换行 / 列数据源，双击图表中的系列，弹出"设置数据系列格式"选项卡，设置"系列重叠"为 100%，"间隙宽度"为 0.00%，图表效果如图 6-91 所示。

　　STEP 03 复制空心圆形，在图表中选择蓝色系列，在"设置数据点格式"选项卡中的"填充"面板中，❶选中"图片或纹理填充"单选按钮；❷在"插入图片来自"下方选择"剪贴板"按钮；❸设置"层叠并缩放"值为 1.05，如图 6-92 所示。

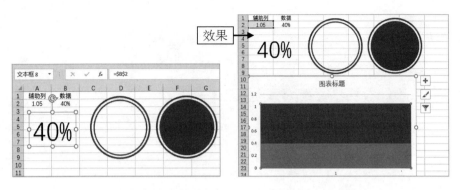

图 6-90　打开一个工作表　　　　图 6-91　图表效果

STEP 04 用与上同样的方法，复制实心圆形，替换图表中的橙色系列，删除图表中的标题文本框、图例、坐标轴、网格线等，拖动图表四周的控制柄，调整图表大小和位置，最后将工作表中的文本框拖动至图表中的合适位置处，圆形水箱百分比效果图形如图 6-93 所示。

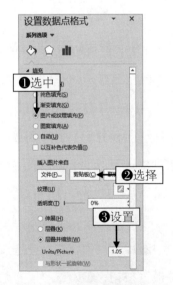

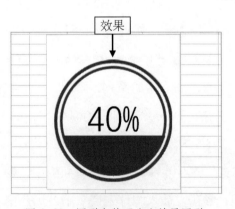

图 6-92　设置数据点格式　　　　图 6-93　圆形水箱百分比效果图形

制作漂亮的圆环缺角百分比效果图形

在很多电子设备上，页面缓冲加载的时候，会以圆形百分比加载图形展现，本实例将要讲解的就是如何制作这样的圆环缺角百分比图形。下面介绍具体操作步骤。

STEP 01 打开一个工作表，选中 A2：B2 单元格，插入一个圆环图，如图 6-94 所示。

STEP 02 在图表上再添加一组相同的数据源，在图表中，选择系列 2，右击，在弹出的快捷菜单中，选择"更改图表类型"选项，弹出相应对话框，在下方选中"系列 2"最右侧的"次坐标轴"复选框，如图 6-95 所示。

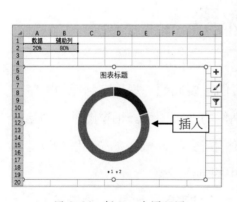

图 6-94　插入一个圆环图

图 6-95　选中"次坐标轴"复选框

STEP 03 在图表中选中系列 1，设置系列 1 的"圆环内径大小"为 60%、填充颜色为"浅绿"，用同样的方法设置系列 2 的"圆环内径大小"为 75%、扇形 2（橙色扇形）的填充颜色为"白色"、扇形 1 的填充颜色为"绿色"，效果如图 6-96 所示。

STEP 04 在圆环中心空白位置，绘制一个无轮廓的文本框，设置文本框显示的内容为 A2 单元格中的数值，并设置"字号"为 28，删除图表中的标题文本框和图例，更改 A2 单元格数据为 50%，查看制作的圆环缺角百分比效果图形，如图 6-97 所示。

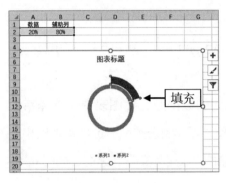

图 6-96　填充颜色

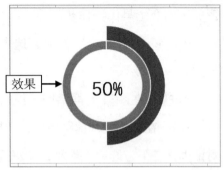

图 6-97　查看圆环缺角百分比效果图形

实例 158　手把手教你做柏拉图（帕累托曲线）

柏拉图是为寻找影响产品质量的主要问题，用从高到低的顺序排列成矩形，表示各原因出现频率高低的一种图表。柏拉图是美国品管大师朱兰博士运用意大利经济学家柏拉图（Pareto）的统计图加以延伸所创造出来的。下面讲解在 Excel 中的制作步骤。

STEP 01 打开一个工作表，插入一个柱形图，如图 6-98 所示。

STEP 02 在图表中，删除"事件概率"系列数据源，更改"累积值"系列图表类型为"带数据标记的折线图"，并显示次坐标轴，如图 6-99 所示。

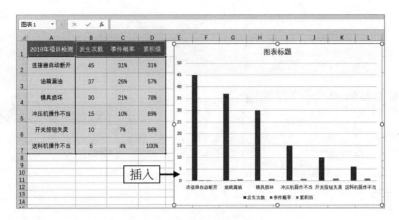

图 6-98　插入一个柱形图

STEP 03 设置柱形系列"间隙宽度"为 0.00%，在"格式"功能区中，展开"主题样式"面板，在其中选择第 3 排第 2 个样式，如图 6-100 所示。

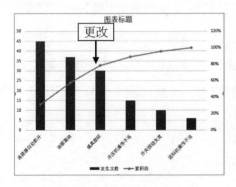

图 6-99　更改图表类型

图 6-100　选择第 3 排第 2 个样式

STEP 04 编辑"累积值"系列数据源，在"编辑数据系列"对话框中，更改"系列值"首行为 D1，如图 6-101 所示。

STEP 05 单击"确定"按钮，在"设计"功能区中，❶单击"添加图表元素"下拉按钮；❷在弹出的下拉列表中选择"坐标轴"|"次要横坐标轴"选项，如图 6-102 所示。

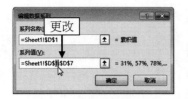

图 6-101　更改"系列值"

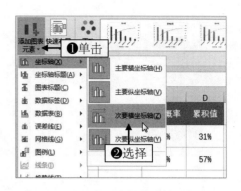

图 6-102　选择相应选项

STEP 06 在图表中选中添加的"次要横坐标轴"，在"设置坐标轴格式"面板中，展开"坐标轴选项"面板，设置"坐标轴位置"为"在刻度线上"，展开"标签"选项面板，❶单击"标签位置"右侧的下拉按钮；❷在弹出的快捷菜单中选择"无"选项，如图 6-103 所示。

STEP 07 执行操作后，即可使"累积值"系列的折线起始点在刻度线上，设置图表左侧的"垂直轴"边界"最大值"为 80.0，然后在图表中添加数据标签，并为"发生次数"系列填充颜色，删除标题文本框、图例和网格线，即可完成图表的制作，效果如图 6-104 所示。

图 6-103　选择"无"选项

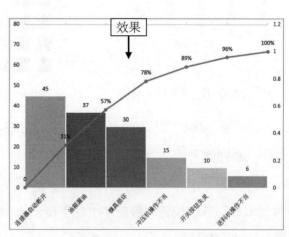

图 6-104　图表效果

 **手把手教你制作瀑布图表（麦肯锡细分瀑布图）**

在 Excel 中制作瀑布图比较复杂，接下来将一步一步从头到尾从无到有制作一份瀑布图，瀑布图是由麦肯锡顾问公司所独创的图表类型，因为形似瀑布流水而称之为瀑布图 (Waterfall Plot)。

STEP 01 打开一个工作表，选中 A7：H11 单元格，如图 6-105 所示。

STEP 02 插入一个堆积柱形图，如图 6-106 所示。

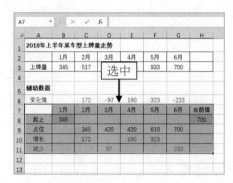

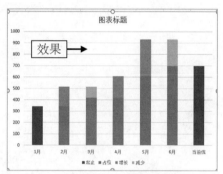

图 6-105　选中 A7：H11 单元格　　　图 6-106　插入一个堆积柱形图

STEP 03 在图表中，将"上牌量"数据源加入图表，并设置"上牌量"系列图表类型为散点图，设置数据标记为"无"，效果如图 6-107 所示。

STEP 04 在"设计"功能区中的"添加图表元素"下拉列表中，选择"误差线"|"标准误差"选项，即可在图表中添加"误差线"，效果如图 6-108 所示。

STEP 05 在图表中删除"Y 误差线"，然后设置"X 误差线"格式，❶设置"方向"为"正偏差"；❷"末端样式"为"无线端"；❸"固定值"为 1，如图 6-109 所示。

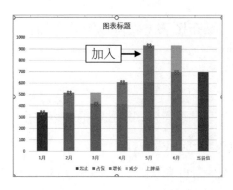

图 6-107　加入"上牌量"数据源

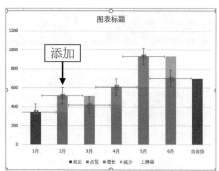

图 6-108　在图表中添加"误差线"

STEP 06 通过插入形状，插入一个红色向上和一个绿色向下的实心箭头，如图 6-110 所示。

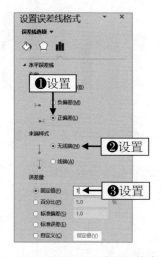

图 6-109　设置"X 误差线"格式

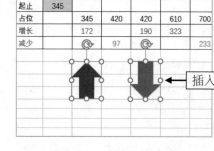

图 6-110　插入两个箭头

STEP 07 复制红色箭头，在图表中，选中"增长"系列，按【Ctrl+V】组合键，粘贴替换系列形状，然后用同样的方法，用绿色箭头替换"减少"系列形状，效果如图 6-111 所示。

STEP 08 选中"占位"系列，并设置其无轮廓、无填充颜色，将"占位"系列隐藏，如图 6-112 所示。

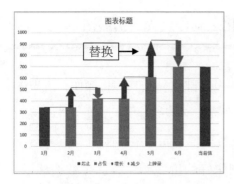

图 6-111 替换系列形状

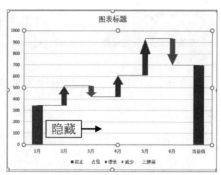

图 6-112 将"占位"系列隐藏

STEP 09 删除标题文本框、图例、网格线等，为各系列添加数据标签，并调整"间隙宽度"为50%，执行操作后，即可完成瀑布图表的制作，效果如图 6-113 所示。

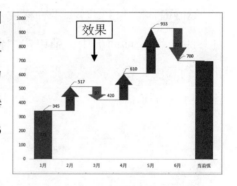

图 6-113 瀑布图表的制作效果

专家提醒

工作表中辅助数据区域中的计算公式如下：

☺ 变化值：C6=C3-B3，计算前后两个月之间的差值。

☺ 占位：C9=IF(C6<0,C3,B3)，如果 C6<0，则 C9 单元格返回结果为 C3，否则返回为 B3。

☺ 增加：C10=IF(C6>0,C6,"")，如果 C6>0，则 C10 单元格返回结果为 C6，否则返回为空。

☺ 减少：C11=IF(C6<0,-C6,"")，如果 C6<0，则 C11 单元格返回结果为 C6 的绝对值，否则返回为空。

实例 160 Excel 图表美化之制作发光的折线图

在 Excel 中，可以在制作好的图表基础上，为其美化操作，设置图表系列阴影、发光、柔化等效果。例如，在折线图中，通过"设置数据系列格式"，可以为标记添加光晕效果。下面介绍具体操作。

STEP 01 打开一个工作表，在制作好的折线图中，选中数据标记，如图 6-114 所示。

STEP 02 在"设置数据系列格式"面板中，切换至"效果"选项卡，在"发光"选项面板中，❶单击"预设"右侧的下拉按钮；在弹出的下拉列表中，❷选择"发光变体"选项区下方的第 1 个预设样式，如图 6-115 所示。

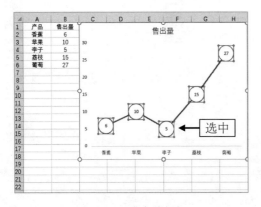

图 6-114　选中数据标记

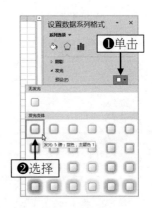

图 6-115　选择预设样式

STEP 03 设置"大小"为"6 磅"，"透明度"为 60%，如图 6-116 所示。

STEP 04 执行操作后，即可制作发光的折线图，效果如图 6-117 所示。

图 6-116　设置各参数

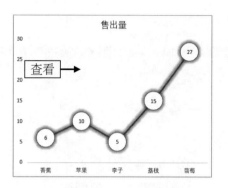

图 6-117　查看制作效果

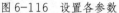

实例 161　利用填充图片制作漂亮的水果销售数据柱形图

在 Excel 中，可以利用下载的图片或绘制的图片，在图表中通过填充功能，替换系列的展示形状，制作比较形象、有趣的工作报表。下面介绍具体的操作步骤。

STEP 01　打开一个工作表，选中 A1：B6 单元格，插入一个柱形图，如图 6-118 所示。

STEP 02　在工作表中复制对应的水果图片，在图表中，选中相应系列图柱，按【Ctrl+V】组合键，粘贴替换系列形状，如图 6-119 所示。

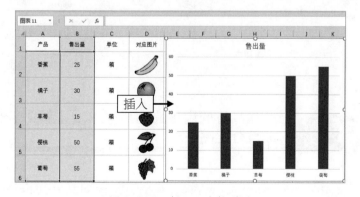

图 6-118　插入一个柱形图

STEP 03 双击系列，弹出
"设置数据点格式"面板，切
换至"填充"选项卡，选中
"层叠"单选按钮，如图6-120
所示。

STEP 04 对所有系列执行
以上同样的操作，设置图表
系列"间隙宽度"为50%，
效果如图6-121所示。

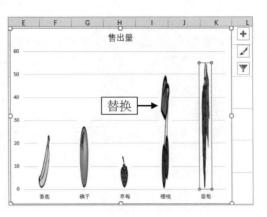

图6-119 替换系列形状

图6-120 选中"层叠"单选按钮

图6-121 查看制作效果

实例 162 凸显品位的扁平简约风格年度计划文字卡片完成百分比图表

Excel 无所不能，这话有点大，但是利用 Excel 确实可以做很多大家以为做不到的事情，如图 6-122 所示为某公司鼓励员工的年度计划卡片，你能相信它是用 Excel 做出来的吗？而且填充变色部分还能根据百分比自动调整。下面就带大家来完成这个简约而不简单的 Excel 的设计和施工。

图 6-122　某公司年度计划卡片

STEP 01 打开一个工作表，选中 L2 单元格输入公式 "=M2/100"，按回车键确认，制作联动效果，如图 6-123 所示。

STEP 02 选中 A1：A10 单元格，❶单击"填充颜色"下拉按钮；在弹出的下拉列表中，❷选择"其他颜色"选项，如图 6-124 所示。

图 6-123　制作联动效果

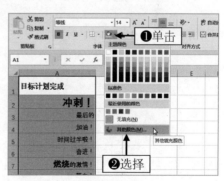

图 6-124　选择"其他颜色"选项

STEP 03 弹出"颜色"对话框，切换至"自定义"选项卡，❶设置

RGB参数值为207、181、211；❷单击"确定"按钮，如图6-125所示。

STEP 04 设置"字体颜色"为"白色"，效果如图6-126所示。

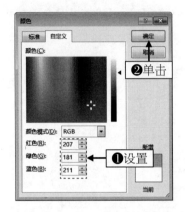

图6-125 单击"确定"按钮

图6-126 设置"字体颜色"效果

STEP 05 通过插入文本框，在B1：H10范围内绘制多个文本，通过"格式"功能区设置字体样式，并设置文本框无填充、无轮廓，如图6-127所示。

STEP 06 选中所有文本框，右击，在弹出的快捷菜单中，选择"组合"|"组合"选项，如图6-128所示。

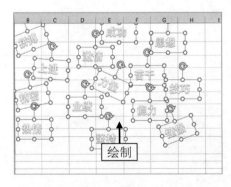

图6-127 绘制多个文本

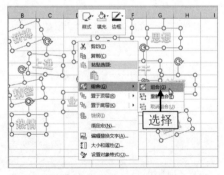

图6-128 选择"组合"选项

STEP 07 将组合的文本框移至其他空白位置处并复制，选中B1单元格，右击，在弹出的快捷菜单中，选择粘贴为"图片"选项，如图 6-129 所示。

STEP 08 拖动图片四周的控制柄调整图片大小和位置，删除组合的文本框，选中图片，右击，在弹出的快捷菜单中选择"设置图片格式"选项，弹出"设置图片格式"面板，在"填充"选项卡中，设置图片"颜色"为"浅灰色"，如图 6-130 所示。

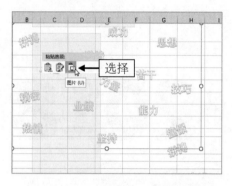

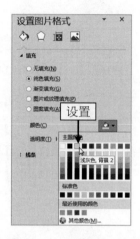

图 6-129　选择粘贴为"图片"选项　　　图 6-130　设置图片"颜色"

STEP 09 在单元格下方的空白位置处，再次插入一个无填充、无轮廓，文本内容为 2018 的文本框，设置"字号"为 180，在"格式"功能区，选择一个艺术字预设样式，如图 6-131 所示。

STEP 10 单击"文本填充"下拉按钮，在弹出的下拉列表中，选择"无填充"选项，选择文本框，在"设置形状格式"面板中，❶设置文本框"垂直对齐方式"为"中部居中"；❷上、下、左、右边距为 0 厘米，如图 6-132 所示。

STEP 11 复制文本框并粘贴在空白位置处，设置文本"字体颜色"为"浅蓝色"，文本框效果如图 6-133 所示。

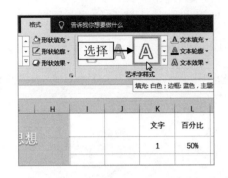

图 6-131　选择一个艺术字预设样式

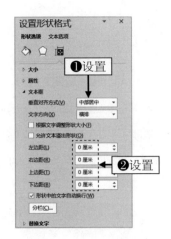

图 6-132　设置各参数

图 6-133　文本框效果

STEP 12 选中 K1：L2 单元格，插入一个柱形图，在图表中右击，在弹出的快捷菜单中选择"选择数据"选项，弹出"选择数据源"对话框，在其中单击"切换行 / 列"按钮，然后单击"确定"按钮，拖动图表至B2：H10 单元格区域内，并调整其大小，效果如图 6-134 所示。

STEP 13 设置"垂直轴"边界"最大值"为 1，删除网格线、标题文本框、坐标轴、图例等，设置"系列重叠"为 100%、"间隙宽度"为0.00%，效果如图 6-135 所示。

STEP 14 复制空心的 2018 文本框，在图表中选择蓝色系列，粘贴替换系列形状，然后用同样的方法，复制实心的 2018 文本框，替换图表中橙色系列形状，并设置填充为"层叠并缩放"，效果如图 6-136 所示。

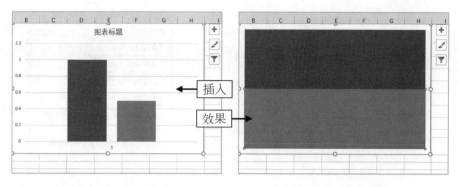

图 6-134　插入柱形图　　　　　　图 6-135　图表效果

STEP 15 选中图表，设置图表为无填充、无轮廓，效果如图 6-137 所示。

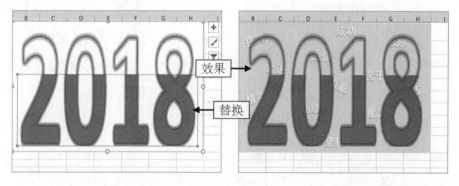

图 6-136　替换系列形状效果　　　　图 6-137　图表为无填充、无轮廓效果

STEP 16 选中 I1：I10 单元格，在编辑栏输入公式 =(10-ROW(A1)+1)/10，按【Ctrl+Enter】组合键确认，如图 6-138 所示。

STEP 17 选中 A1：A10 单元格，新建一个条件格式规则，在"新建格式规则"对话框中，❶设置规则类型为"使用公式确定要设置格式的单元格"选项；❷在下方的文本框中输入公式 =I1<=$L$2；❸单击"格式"按钮，如图 6-139 所示。

图 6-138 输入公式　　　　　　　图 6-139 单击"格式"按钮

STEP 18 弹出"设置单元格格式"对话框，在"字体"选项卡中，❶单击"颜色"下拉按钮；在弹出的下拉面板中，❷选择"浅蓝色"色块，如图 6-140 所示。

STEP 19 单击"确定"按钮，即可制作相应的联动效果，更改联动数据为 60，A1：A10 单元格中的数据与 B1：H10 范围内的图表会随着一起发生变化，年度计划文字卡片完成百分比图表即可制作完成，最终效果如图 6-141 所示。

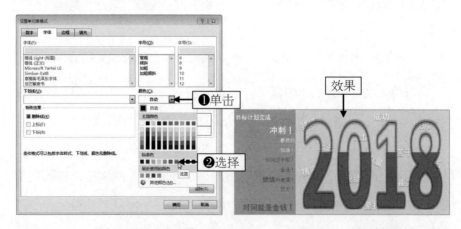

图 6-140 选择"浅蓝色"色块　　　　　图 6-141 最终效果

 在 Excel 中制作多边形水箱动画按钮

在前面的实例中已经讲解了多个水箱操作技巧，下面将要介绍的是通过窗口控件按钮，结合水箱图表的制作方法，点击控件按钮即可升降水位，既方便又实用。下面介绍操作步骤。

STEP 01 打开一个工作表，在其中已制作好了一个多边形水箱，如图 6-142 所示。

STEP 02 单击"开发工具"菜单，❶在功能区中单击"插入"下拉按钮；在弹出的下拉列表中；❷选择"数值调节钮"图标选项，如图 6-143 所示。

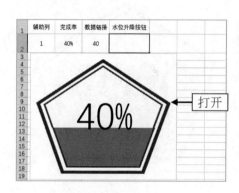

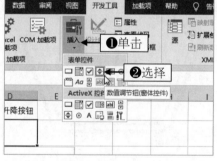

图 6-142　打开一个工作表　　　　图 6-143　选择"数值调节钮"图标选项

STEP 03 在 D2 单元格中绘制一个窗口控件按钮，如图 6-144 所示。

STEP 04 右击，在弹出的快捷菜单中，选择"设置控件格式"选项，弹出"设置控件格式"对话框，在"控制"选项卡中，设置"当前值"为 10、"最小值"为 0、"最大值"为 100、"步长"为 10、"单元格链接"为 C2，效果如图 6-145 所示。

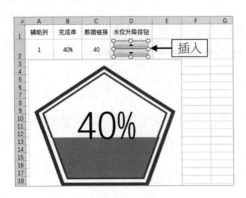

图 6-144　绘制一个窗口控件按钮

图 6-145　设置各参数

STEP 05 单击"确定"按钮，点击控件按钮，即可调整水位，效果如图 6-146 所示。

图 6-146　调整水位效果

第7章　VBA 高级实战应用

学前提示

　　本章主要讲解的是 VBA 的实战应用，VBA 是微软公司开发出来的一种针对应用程序软件（特别是 Microsoft Office 软件）执行通用的编程语言，VBA 的功能非常强大，效率高且简单易学，利用 VBA，用户可以在 Excel 内轻松开发出功能强大的自动化程序。

本章知识重点

- 一行代码实现 Excel 表中实时模糊筛选（VBA+ 文本框控件）
- Excel 表关闭保存时弹出验证码 VBA 高级技术，怎么破
- 随意批量添加任意多个可点击切换的多选框的方法
- 用 VBA 代码实现可展开和折叠的纯工作表树形菜单
- Excel 制作高仿 APP 圆形进度条动画

学完本章后你会做什么

○ 通过 VBA 将 Excel 文件中的多个工作表拆分为单独的文件

○ 通过 VBA 代码实现文字复制方便粘贴到 QQ 等其他窗口

○ 通过 VBA 制作炫酷又实用的多级弹出式关联菜单

视频演示

点击缩放图片　　　　　　　　　　展开和折叠树形菜单

 实例 164 **Excel 文件中的工作表太多，简单 VBA 代码快速添加目录表**

在 Excel 工作簿中，我们常常为了图方便，会把多个工作表集合在一个工作簿中，这样可以节省在文件夹中一个一个去打开的时间，但是当工作表太多，又没有目录的时候，切换工作表就有点烦琐了。通过 VBA 代码，可以自制生成一个工作目录表，在目录表中点击相应的工作表名称，即可快速切换至相应的工作表中。下面介绍具体操作。

STEP 01 打开一个工作簿，可以看到里面有多个工作表，且有几个工作表还处于隐藏状态，未完全显示在工作簿中，如图 7-1 所示。

STEP 02 新建一个名为"目录"的工作表，在工作表中按【Alt+F11】组合键，打开 VBA 编辑器，如图 7-2 所示。

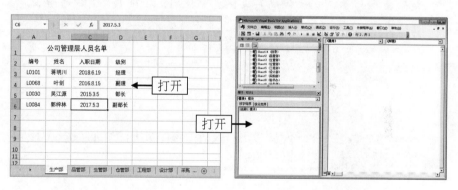

图 7-1　打开一个工作簿　　　　图 7-2　打开 VBA 编辑器

STEP 03 在模块中输入代码，按【F5】或单击"运行子过程／用户窗体"按钮即可运行，如图 7-3 所示。

STEP 04 保存代码后，返回工作簿，在"目录"工作表中，单击工作表名称链接，如图 7-4 所示，即可快速切换至对应的工作表中，按【Ctrl+Shift+J】组合键即可返回。

图 7-3　单击运行按钮　　　　　　图 7-4　单击工作表名称链接

专家提醒

　　本章所有实例中所提到的代码，用户都可以在本书提供的"下载＜素材＜第 7 章＜代码"文件夹中找到，在应用实例中讲解操作技法时，可以直接找到相应章节中的代码文件记事本，打开后直接复制粘贴至 VBA 编辑器模板中运行即可。

 实例 165　一行代码实现 Excel 表中实时模糊筛选（VBA+文本框控件）

　　在某列多行数据中，常常需要快速筛选出需要的数据，每次点击自动筛选的筛选框极其麻烦，通过 VBA 代码和文本框控件，可以做到实时模糊筛选。下面介绍具体的操作步骤。

STEP 01 打开一个工作表，单击"开发工具"菜单，❶在功能区中单击"插入"下拉按钮；❷在其中选择"文本框"图标选项，如图 7-5 所示。

STEP 02 在 A1 单元格中的文字后面，绘制一个文本框控件，如图 7-6 所示。

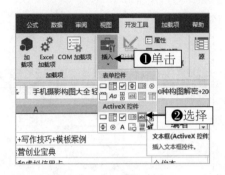

图 7-5　选择相应选项

图 7-6　绘制一个文本框控件

STEP 03 建立一个副本工作表，然后在功能区单击"录制宏"按钮，如图 7-7 所示，弹出相应对话框，单击"确定"按钮即可开始录制执行的命令。

STEP 04 ❶单击 A1 单元格中的下拉按钮；在弹出的下拉列表框的搜索文本框中，❷输入"手机摄影"，如图 7-8 所示，按回车键确认。

图 7-7　单击"录制宏"按钮

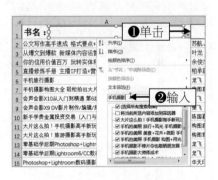

图 7-8　输入"手机摄影"

STEP 05 在功能区单击"停止录制"按钮，停止录制，按【Alt+F11】组合键，打开 VBA 编辑器，在"工程"资源管理器中，双击最后一个模块选项，如图 7-9 所示。

STEP 06 在代码窗口中选中宏代码，右击，在弹出的快捷菜单中选择"复制"选项，如图 7-10 所示。

图 7-9 双击最后一个模块选项

图 7-10 选择"复制"选项

STEP 07 在"工程"资源管理器中，双击 Sheet1 选项，如图 7-11 所示。

STEP 08 ❶在代码窗口中单击"通用"下拉按钮，在弹出的下拉列表中，❷选择 TextBox1 选项，如图 7-12 所示。

图 7-11 双击 Sheet1 选项

图 7-12 选择 TextBox1 选项

STEP 09 在自动生成的代码中间的空白行，粘贴复制的宏代码，并修改代码内容，如图 7-13 所示。

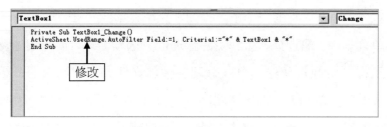

图 7-13　修改代码内容

STEP 10 运行退出编辑器，删除副本工作表，在 A1 单元格中的文本框控件中输入"手机摄影"，即可快速找出相应的书名，如图 7-14 所示。

	A		B	C	D
		直播修炼手册 主播IP打造+营销运营+商业变现			
1	书名：手机摄影 ← 输入		编者	出版社	价格
7	手机摄影构图大全 轻松拍出大片味儿 200种构图解密+200张作品剖析		构图君	清华大学出版社	45
11	大片这么拍！手机摄影高手新玩法		构图君	清华大学出版社	49.8
16	手机摄影不修片你也敢晒朋友圈？！		龙飞	人民邮电出版社	59
17	手机摄影大师练成术		龙飞、石磊	人民邮电出版社	49.8
20	手机拍美照 美食+花卉+微距 手机摄影技巧大全		构图君	人民邮电出版社	59
21	手机拍美照 手机摄影 构图+用光+色彩 技巧大全		构图君	人民邮电出版社	59
22	手机拍美照 旅行+风光 手机摄影技巧大全		构图君	人民邮电出版社	59
40					

图 7-14　快速找出相应的书名

　Excel 工作表中 VBA 编辑器窗口设置

　　在 Excel 工作表中，打开 VBA 编辑器窗口，可以通过单击"开发工具"功能区中的 Visual Basic 图标按钮，或按【Alt+F11】组合键打开编辑器窗口。在打开编辑器后，可能既没有显示窗口，也没有显示可以编辑代码的模块，不了解 VBA 或没用过 VBA 的新手这时就会很无助，不知道该从哪里下手操作才好，别急，下面告诉你怎样将这些窗口、面板一一展开。

首先，❶在编辑器中单击"视图"菜单；如图 7-15 所示，在弹出的菜单列表中，❷选择"工程资源管理器"选项，即可展开相应窗口，在"工程"资源管理器中可以管理文件、文件夹、数据库等；然后，在"视图"菜单列表中选择"属性窗口"，即可展开"属性"窗口，执行对象的所有属性都可以通过"属性"窗口获得。

其次，单击"插入"菜单，如图 7-16 所示，在弹出的菜单列表中，选择"模块"选项，就可以打开代码窗口，在其中编辑输入代码后运行即可。

图 7-15　单击"视图"菜单

图 7-16　单击"插入"菜单

实例 167　用 VBA 将 Excel 文件中多个工作表一键拆分为多个单独的文件

很多人听到 VBA 都会一脸茫然，不知道 VBA 有什么作用，甚至觉得 VBA 特别复杂，实际上它只是一个代码编程，只要有代码，其实也没那么难。如果你自己不会编写，可以在一些网站上去找找（例如：EXCEL880 工作室），或通过宏录制代码，然后在已有的基础上进行修改。下面要介绍的是当 Excel 文件中有多个工作表时，用 VBA 将其拆分为多个单独文件的方法。

STEP 01 打开一个工作簿，可以看到里面有多个工作表，在"工作表 1"中，复制 A2 单元格中的代码，如图 7-17 所示。

STEP 02 按【Alt+F11】组合键，打开 VBA 编辑器，❶单击"插入"菜单，在弹出的菜单列表中，❷选择"模块"选项，如图 7-18 所示。

图 7-17 复制 A2 单元格中的代码

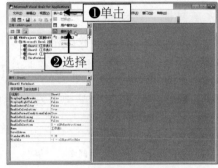

图 7-18 选择"模块"选项

STEP 03 在代码窗口中粘贴在工作表中复制的代码，按【F5】或单击"运行子过程 / 用户窗体"按钮即可运行，如图 7-19 所示。

STEP 04 执行操作后，退出编辑器，返回工作簿，在工作簿所在的文件夹中，可以查看拆分后独立的工作表，如图 7-20 所示。

图 7-19 单击运行按钮

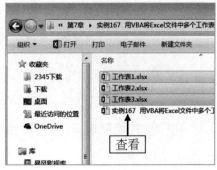

图 7-20 查看拆分后独立的工作表

实例 168 **Excel 表关闭保存时弹出验证码 VBA 高级技术，怎么破**

现在的网络充斥着各种各样的验证码，下面将介绍如何在 Excel 表中加入验证码窗口，这样可以在一些重要操作中进行反复验证后才准许进入下一步操作，比如经常有人会误操作保存文件导致数据修改后无法复原。这里就讲在保存时弹出验证码，必须输入正确结果后才可以继续保存，否则保存取消。

STEP 01 打开一个工作簿，按【Alt+F11】组合键，打开 VBA 编辑器，❶单击"插入"菜单；在弹出的菜单列表中，❷选择"用户窗体"选项，如图 7-21 所示。

STEP 02 弹出"工具箱"窗口，选择"标签"控件，如图 7-22 所示。

图 7-21 选择"用户窗体"选项　　图 7-22 选择"标签"控件

STEP 03 在右侧的绘制窗口中，❶绘制两个标签；❷在"工具箱"窗口中选择"文本框"控件，如图 7-23 所示。

STEP 04 在绘制窗口中，❶绘制一个文本框；❷选择"命令"控件，如图 7-24 所示。

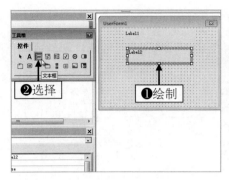 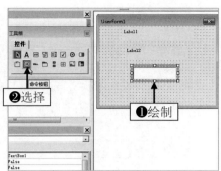

图 7-23 选择"文本框"控件　　　　图 7-24 选择"命令"控件

STEP 05 在绘制窗口中，绘制两个命令按钮，按【Ctrl+A】组合键全选，如图 7-25 所示。

STEP 06 在属性窗口中，单击 Font 栏右侧的链接按钮，如图 7-26 所示。

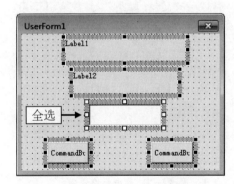

图 7-25 按【Ctrl+A】组合键全选　　　图 7-26 单击链接按钮

STEP 07 弹出"字体"对话框，❶在其中设置字号"大小"为"小四"；❷单击"确定"按钮，如图 7-27 所示。

STEP 08 在绘制窗口中修改标签、命令中的文本内容，并调整文本大小和位置，如图 7-28 所示。

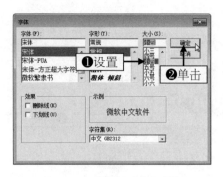

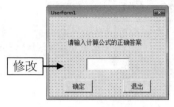

图 7-27　单击"确定"按钮　　　　图 7-28　修改文本内容

STEP 09 双击绘制窗口中的空白位置，切换至代码窗口中，在其中输入窗体代码，如图 7-29 所示。

STEP 10 在"工程"资料管理器中，双击 ThisWorkbook 选项，如图 7-30 所示。

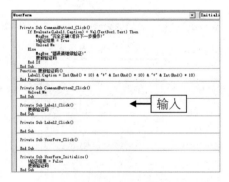

图 7-29　输入窗体代码　　　　图 7-30　双击相应选项

STEP 11 在代码窗口中输入需要的代码，如图 7-31 所示。

STEP 12 在"插入"菜单列表中，选择"模块"选项，❶插入一个新的模块；❷在代码窗口中输入最后的代码，如图 7-32 所示。

STEP 13 运行代码后，在工作表中会出现一个验证对话框，❶在文本框中输入正确答案；❷单击"确定"按钮；❸弹出信息提示框，提示用户答案正确，可进行下一步操作，如图 7-33 所示。

图 7-31 输入需要的代码

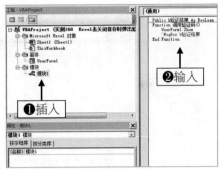

图 7-32 插入模块并输入代码

STEP 14 ❶输入错误的答案；❷提示用户答案错误，请继续验证，如图 7-34 所示。

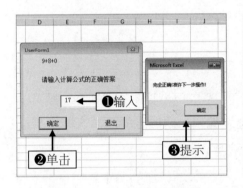

图 7-33 输入正确答案效果

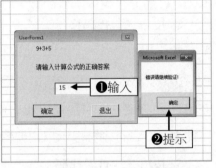

图 7-34 输入错误答案效果

专家提醒

　　当用户在工作表中编辑完成后，需要关闭或保存时，在验证对话框中输入正确答案后，在信息提示框中单击"确定"按钮，还会弹出一个"保存成功"的信息提示框；如果用户不想验证，单击"退出"按钮，则会弹出"阻止保存"提示框。

实例 169 VBA 编辑器之不可不知的 5 个操作技巧

很多新手在打开 VBA 编辑器后，不知道该怎么操作，在不小心把一些窗口、面板关闭后，很是手足无措，不知道该怎么复原，因此在 VBA 编辑器中，有几个操作技巧是用户必须要知道的。

◎ 技巧一：复原"工具箱"窗口

在插入"用户窗体"后，会弹出"工具箱"窗口，单击"关闭"按钮后，单击"视图"菜单，在弹出的菜单列表中，选择"工具箱"选项，即可复原，要注意的是，如果"工具箱"选项为灰色，需要选中绘制窗口，才能有效选择"工具箱"选项。

◎ 技巧二：代码换行

在模块中输入代码时，如果代码过长，为了使面板看上去比较协调、版式比较整齐，用户可以在需要另起一行的代码后方输入下画线 + 空格 + 回车键，即可另起一行，继续编辑，要注意的是，这样的断层不能隔空行，否则会提示用户编辑错误。

◎ 技巧三：查看代码

在工作表底部的工作表名称上右击，在弹出的快捷菜单中选择"查看代码"选项，如图 7-35 所示，即可快速打开 VBA 编辑器中的代码窗口，在"工程"资料管理器中双击"模块"选项，或在选项上右击，在弹出的快捷菜单中选择"查看代码"选项，展开代码窗口，查看模块中的代码。

◎ 技巧四：控件文本的对齐方式

在插入"用户窗体"后，通过工具箱中的控件，在绘制窗口中绘制好需要的文本控件后，选择文本，右击，在弹出的快捷菜单中，选择"对齐"选项，如图 7-36 所示，在弹出的子列表中，选择相应选项，即可调整控件文本的对齐方式。

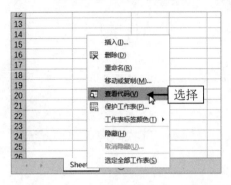

图 7-35　选择"查看代码"选项

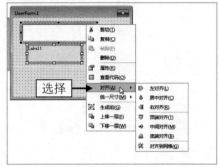

图 7-36　选择"对齐"选项

◎ 技巧五：不退出编辑器返回工作表

打开 VBA 编辑器后，在不退出编辑器的前提下返回工作表，可以通过单击"工具栏"中的"视图"按钮，或按【Alt+F11】组合键返回工作表。此外，用户还可以通过计算机桌面的任务栏，选择工作表即可返回。

　根据开始日期和连续天数，补齐日期到每一天

已知一个日期，比如 2018-12-1，然后知道 10 天后结束，这时候需要生成 2018-12-1 到 2018-12-10 十条数据，如果手工做，会很烦琐，特别是当有多行这样的数据需要去批量生成时，这时候 VBA 的优势就发挥出来了，这是典型的数组和循环应用，希望对大家有所启发。

STEP 01 打开一个工作表，在其中可以查看需要编辑的数据，如图 7-37 所示。

图 7-37　打开一个工作表

(STEP)02 打开 VBA 编辑器，插入一个模块，在代码窗口中输入需要的代码，如图 7-38 所示。

(STEP)03 运行后退出编辑器，在工作表中可以查看制作效果，如图 7-39 所示。

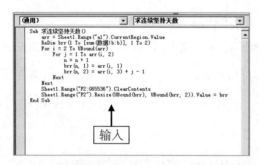

图 7-38　输入代码

图 7-39　查看制作效果

 随意批量添加任意多个可点击切换的多选框的方法

Excel 工作表中一般添加多选框都是用控件，但有一个问题就是控件的多选框，实在是丑爆了，而且无法加颜色，也不能更改大小，再就是要批量添加的时候特别麻烦。下面介绍一个方法来批量添加多选框，操作方便，希望大家能学以致用。

STEP 01 打开一个工作表，选中 C 列，如图 7-40 所示。

STEP 02 ❶设置"字体"为 Wingdings2；C 列单元格中的大写字母，
❷随即换成了特殊符号，如图 7-41 所示。

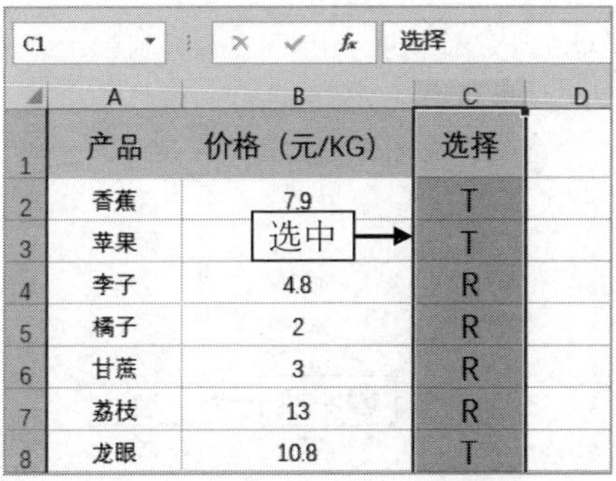

图 7-40　选中 C 列 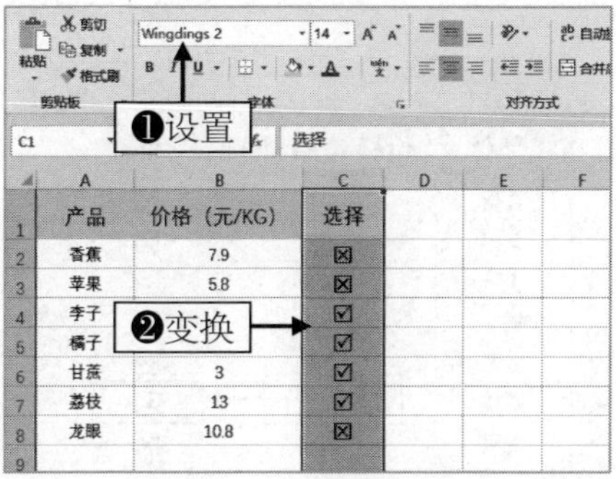　　　　　　　　图 7-41　设置"字体"

STEP 03 新建一个条件格式规则，在"编辑格式规则"对话框中，
❶设置规则类型为"使用公式确定要设置格式的单元格"选项；❷在
下方的文本框中输入公式 =C1="R"；❸设置格式字体颜色为"红色"；
❹单击"确定"按钮，如图 7-42 所示。

STEP 04 打开 VBA 编辑器，在"工程"资料管理器中，双击 Sheet1
（Sheet1）选项，然后在代码窗口中输入需要的代码，如图 7-43 所示。

图 7-42　新建一个条件格式规则

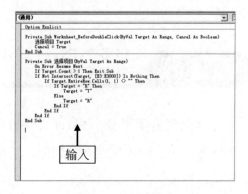

图 7-43　输入代码

STEP 05 运行代码后，退出编辑器，返回工作表，❶双击 C 列单元格中的特殊符号；❷即可在两个符号之间进行切换，制作效果如图 7-44 所示。

图 7-44 查看制作效果

专家提醒

用户如果需要增加行数据，可以单击功能区中的"条件格式"下拉按钮，在下拉列表中选择"管理规则"选项，弹出"条件格式规则管理器"对话框，在"应用于"文本框中进行修改。

实例 172 将多个 Excel 文件中的指定 Sheet 合并到一个文件中

经常遇到需要把多个 Excel 文件放到一个文件中的情况，笔者称之为多表合一，并不需要合并数据，就是结构上的合并，代码很简单，大家可以根据自己需要随意修改，用代码筛选出自己需要的表。

STEP 01 在需要多表合并的文件夹中，选择一个工作表，如图 7-45 所示。

STEP 02 打开相应工作表，在工作表中有一个制作好的合并工具和操作该工具的说明，如图 7-46 所示。

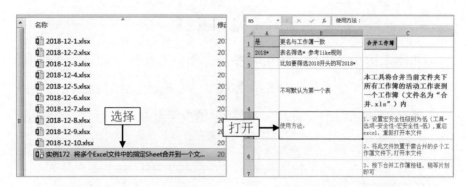

图 7-45 选择一个工作表   图 7-46 打开相应工作表

STEP 03 打开 VBA 编辑器，在"工程"资料管理器中，❶双击 Sheet5（x）选项；打开代码窗口，❷在其中输入相应代码，如图 7-47 所示。

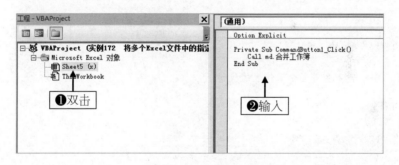

图 7-47 输入相应代码

STEP 04 ❶双击 ThisWorkbook 选项；打开代码窗口，❷输入相应代码，如图 7-48 所示。

STEP 05 插入一个模块，然后在代码窗口中输入合并多个工作表的代码，如图 7-49 所示。

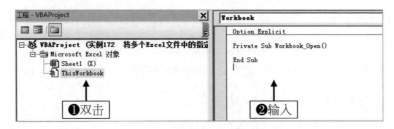

图 7-48　输入相应代码

STEP 06 运行代码后，即可将多个工作表合并到"合并"文件中，在文件夹中可以查看制作效果，如图 7-50 所示，制作后的工作表是可以重复利用的，用户可以在工作表中单击"合并工作簿"工具按钮，即可完成操作。

图 7-49　输入合并多个工作表的代码　　　　图 7-50　查看制作效果

专家提醒

　　用户可以直接在本书提供的下载文件夹中运用实例中的效果文件，这样就不用再去制作或下载合并工具了，如有需要，可前往 Excel 880 工作室网站下载免费的合并工具文件。

实例 **173** 用 VBA 代码实现文字复制方便粘贴到 QQ 等其他窗口

有许多办公室白领人员，在工作时，常常需要在 Excel 工作表中复制表格内容，然后粘贴到 QQ、微信或其他窗口页面中变成文字，但是如果直接复制粘贴，有可能会变成图片的格式，这样就会耗费大量的时间，影响工作效率。下面介绍一个 VBA 代码，实现复制单元格粘贴成文字的操作。

STEP 01 打开一个工作表，打开 VBA 编辑器，插入模块，在代码窗口中，粘贴记事本中已编好的代码，如图 7-51 所示。

STEP 02 运行后退出编辑器，返回工作表，按【Alt+F8】组合键，打开"宏"对话框，❶单击"选项"按钮；弹出"宏选项"对话框，❷在其中设置快捷键为【Ctrl+Shfit+E】组合键；❸单击"确定"按钮；❹在"宏"对话框中单击"执行"按钮，如图 7-52 所示。

图 7-51　粘贴记事本中的代码

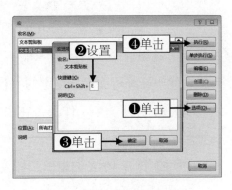

图 7-52　单击相应按钮

STEP 03 执行上述操作后，选中需要复制的单元格区域，按【Ctrl+Shfit+E】组合键，❶即可复制内容；❷在 QQ 对话窗口中粘贴，将会显示为文字，如图 7-53 所示。

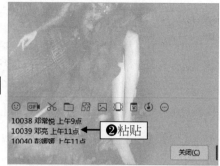

图 7-53 复制内容并粘贴在 QQ 对话窗口中

实例 174 录入利器炫酷又实用的三级弹出式关联菜单 VBA 开源

当所有的数据都在 Excel 表格之中时，那么录入数据的一致性和便利性就很重要，最重要的一种情况就是数据有多级属性，就是说下级数据填写的范围由上级数据限定，比如某个工厂有几个车间，车间又有几个流水线，流水线又有几个型号，反复录入这种数据又烦琐又容易出错。这里介绍一种比较炫酷实用的三级关联数据的弹出菜单录入方式，代码开源可在本书提供的下载文件中自行移植。

STEP 01 打开一个工作表，在"数据"表中，可以查看预设的等级数据源，如图 7-54 所示。

STEP 02 打开 VBA 编辑器，插入模块，在代码窗口中，粘贴记事本中已编好的代码，如图 7-55 所示。

STEP 03 在"工程"资料管理器中，❶双击 Sheet2（生成）选项；打开代码窗口，❷在其中输入相应代码，如图 7-56 所示。

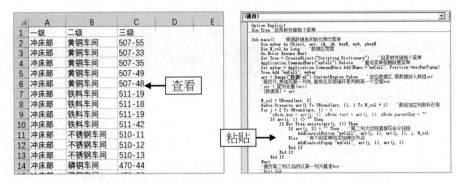

图 7-54　查看预设的等级数据源　　　　　图 7-55　粘贴已编好的代码

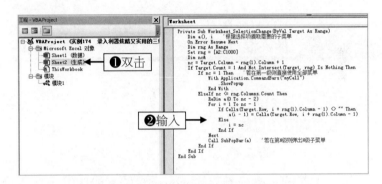

图 7-56　输入相应代码

STEP 04 ❶双击 ThisWorkbook 选项；打开代码窗口，❷在其中输入相应代码，如图 7-57 所示。

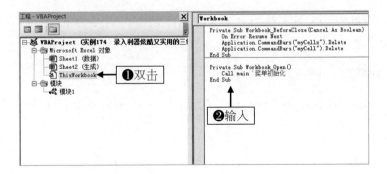

图 7-57　输入相应代码

 运行后退出编辑器，返回工作表，在"生成"工作表中，❶单击 A：C 列中的单元格；❷即可弹出等级关联列表，如图 7-58 所示。

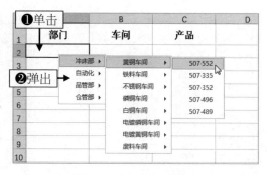

图 7-58　等级关联列表

实例 175　VBA 参数化自动压缩文件，可多文件及多文件夹混合压缩

工作中有时需要频繁压缩文件，但是一个一个地去压缩实在是太麻烦了，而且很容易使电脑运行发生卡顿的情况。下面介绍一个 VBA 参数代码，可以自动压缩多个文件和多个文件夹。

代码过程实现调用系统安装的 winrar 软件完成压缩多文件及文件夹功能，其实际效果等同于在文件夹中选择多个文件及文件夹后右键压缩功能，本代码最大的好处是压缩文件夹时不会带根目录，非常适用于文件及文件夹混合压缩，可指定压缩后目录。

 在需要压缩多个文件的文件夹中，新建一个宏文件，如图 7-59 所示。

 打开文件后，按【Alt+F11】组合键，打开 VBA 编辑器，插入模块，在代码窗口中，粘贴记事本中已编好的代码，如图 7-60 所示。

 运行后退出编辑器，关闭宏文件，在文件夹中可以查看压缩效果，如图 7-61 所示。

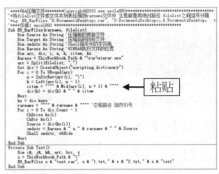

图 7-59　新建一个宏文件　　　　　　　　　　图 7-60　粘贴已编好的代码

图 7-61　查看压缩效果

专家提醒

　　实例文件夹中的 Rar 文件夹是 winrar 软件的安装包，如果用户的计算机系统中没有该软件，可通过本书提供的下载素材文件获取。

 实例 176 A 表直接跨表查看单号对应的 B 表一对多付款明细数据

　　经常有人问到如何对比数据，很多数据 A 表中记录了单号和关键信息，然后 B 表中会记录这个单号的详细多条信息，这时候我们看某个单号的全部信息就很费力，大家知道 ACCESS 有一个字母表功能，就是通过这种有关联的表，可以直接看到对应关键字的子表信息，那么 Excel 中是不是就没办法呢？显然不是，用户可事先在记事本中编辑好代码，然后通过 Excel 2007 以后的版本所提供的图片链接功能，结合工作表事件，几十行 VBA 代码就可以实现类似的功能，子母表联动查看、核对数据，再也不用两个表切换了，一个表中就可以看全所有信息！

STEP 01 打开一个宏文件工作表，在"明细单"工作表中 D5 单元格中，有一张从"付款方式"工作表 B：E 列单元格中复制粘贴过来的链接图片，如图 7-62 所示。

C4		× ✓ fx	201809180003				
▲	A	B	C	D	E	F	G
1	收款日期时间	收款日期	收银单据号	合同编码	品牌名称	实收金额	应缴金额
2	16:00:59	2018/9/18	201809180001	A5005	艾达人	10000	10000
3	16:07:42	2018/9/18	201809180002	A3025	金大宝	18000	18000
4	16:17:42	2018/9/18	201809180003	A3258	潮流快线	15000	15000
5			粘贴 →	201809180003	微信	2	4000
6				201809180003	支付宝	3	5000
7				201809180003	刷卡-信用卡	4	6000
8							
9							
10							
11							

图 7-62　复制粘贴的链接图片

STEP 02 切换工作表，可以查看"付款方式"和"参数"两个工作表中的数据，如图 7-63 所示。

STEP 03 切换至"明细单"工作表中，在"明细单"名称上右击，在弹出的快捷菜单中，选择"查看代码"选项，如图 7-64 所示。

STEP 04 打开 VBA 编辑器，在代码窗口中粘贴记事本中的代码，如图 7-65 所示。

图 7-63　"付款方式"和"参数"工作表

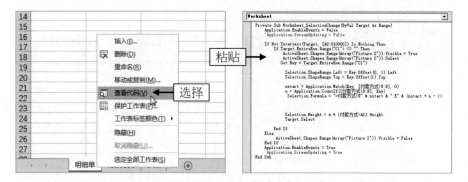

图 7-64　选择"查看代码"选项　　　　图 7-65　粘贴记事本中的代码

STEP 05 保存后退出编辑器，返回工作表，在工作表中可以查看跨表链接效果，如图 7-66 所示。

图 7-66　查看跨表链接效果

图 7-66　查看跨表链接效果（续）

 批量智能合并，适用于产品数据等智能合并情景

用户在整理单词表时，有些单词有多个含义，因此希望多个含义的单词能合并到一个格子里，同时换行显示，而单词本身就只显示一个，这样在查看时比较方便。在做产品列表时，也会有这种情况，某个产品有很多型号，用户希望产品名称能合并到一起，型号换行显示，这都可以用 VBA 轻松搞定。下面介绍具体步骤。

STEP 01 打开一个宏文件工作表，在工作表中可以查看整理出来的单词列表，效果如图 7-67 所示。

STEP 02 选中并复制 A1：C1 单元格中的数据，在 E1：G1 单元格中粘贴数据，如图 7-68 所示。

STEP 03 打开 VBA 编辑器，插入一个模块，在代码窗口中粘贴记事本中的代码，如图 7-69 所示。

STEP 04 执行操作后，运行保存后退出编辑器，即可批量智能合并单元格数据，在工作表中，调整生成的单元格格式、字体等，效果如图 7-70 所示。

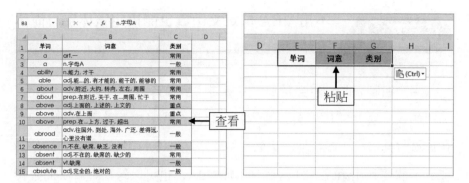

| 图 7-67 查看单词列表 | 图 7-68 粘贴单元格数据 |

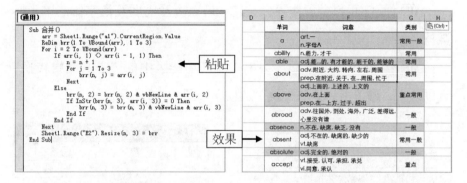

| 图 7-69 粘贴记事本中的代码 | 图 7-70 批量智能合并单元格数据效果 |

专家提醒

　　当用户制作的工作表行列较多时，可以直接复制数据源，然后整列选中代码生成的单元格，右击，在弹出的快捷菜单中，设置粘贴类型为"格式"选项，即可批量设置单元格表格格式，就不用一个一个单元格地去调整了。

不用 VBA 自定义函数也能搞定繁体字与简体字互转

　　用户在制表时，也会碰到需要将简体字和繁体字两者切换的情况，书写的人一会儿简体一会儿繁体就很容易造成表格简繁不一，后期查找计算时会造成诸多不便。下面介绍一个在 Excel 中批量简繁转换的功能，不需要利用系统 API 函数，不懂 VBA，也可以轻松地解决简繁转换，只需要按下面介绍的步骤来操作就可以解决当前的窘境。

STEP 01 打开一个工作表，在其中可以查看需要互换字体的单元格数据，如图 7-71 所示。

STEP 02 ❶单击"审阅"菜单；在其功能区中的"中文简繁转换"选项区中，❷单击"简繁转换"选项，如图 7-72 所示。

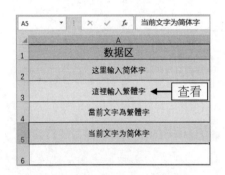

图 7-71　查看单元格数据

图 7-72　单击相应选项

STEP 03 弹出"中文简繁转换"对话框，在"转换方向"选项区中，用户可以根据自己的需要选中相应选项的单选按钮，如图 7-73 所示。

STEP 04 单击"确定"按钮后，弹出信息提示框，提示用户是否继续转换操作，单击"是"按钮，即可完成简繁转换，效果如图 7-74 所示。

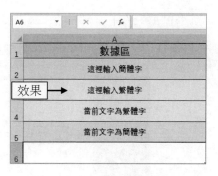

图 7-73 "中文简繁转换"对话框　　　　图 7-74 简繁转换效果

专家提醒

　　如果用户不想全部转换，可以在工作表中选择需要转换字体的单元格，然后再单击功能区中的简繁互换的相应选项。

 使用 VBA 代码也能实现在 Excel 中点击缩放图片

　　在 Excel 工作表中，VBA 代码可以实现点击图片缩放，再次点击还原的操作，可用于多图使用，电商时代，人们都有在表格中查看图片的需求。下面通过一个 VBA 实例，教大家如何在表格中通过点击图片缩放查看图片，在工作效率方面能有小小的提高，另外，如果需要做某些演示类 Excel 报表，这个功能也能让人眼前一亮，提高报表美观度和互动能力。

　　STEP 01 打开一个工作表，在工作表中可以查看插入的美食图片，如图 7-75 所示。

STEP 02 选中全部的图片，右击，在弹出的快捷菜单中，选择"大小和属性"选项，如图 7-76 所示。

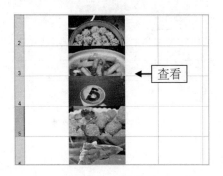

图 7-75 查看美食图片

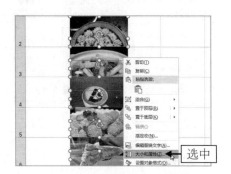

图 7-76 选择相应选项

STEP 03 在图片"大小"选项区中，❶取消选中"锁定纵横比"复选框；❷设置图片"属性"为"随单元格改变位置和大小"选项，如图7-77所示。

STEP 04 在"格式"功能区中，❶单击"对齐"下拉按钮；在弹出的下拉列表中，❷选择"对齐网格"选项，如图 7-78 所示。

图 7-77 设置图片格式

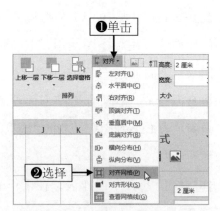

图 7-78 选择"对齐网格"选项

STEP 05 在单元格中，拖动图片四周的控制柄，调整图片大小与单元格一致，效果如图 7-79 所示。

STEP 06 打开 VBA 编辑器，插入一个模块，在代码窗口中，粘贴记事本中的代码，如图 7-80 所示。

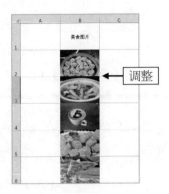

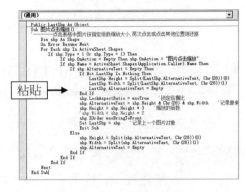

图 7-79　调整图片大小与单元格一致　　　　图 7-80　粘贴记事本中的代码

STEP 07 在"工程"资料管理器中，双击 Sheet1（Sheet1）选项，在代码窗口中粘贴记事本中的代码，效果如图 7-81 所示。

STEP 08 代码运行后，退出编辑器，在工作表中，点击图片即可进行缩放处理，缩放效果如图 7-82 所示。

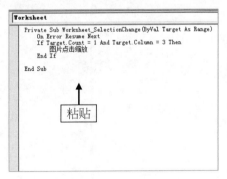

图 7-81　粘贴记事本中的代码　　　　　　　图 7-82　缩放效果

专家提醒

　　用户在嵌入或插入图片时，切记图片尺寸、像素不宜过大，否则可能会导致代码运行不成功。

 实例 180　　在 Excel 工作簿中，如何设置开发工具

　　在安装 Excel 2016 软件后，新建一个 Excel 工作簿，在工作簿中的菜单栏中，"开发工具"菜单是处于隐藏状态的，用户如果需要使用"宏"，插入控件按钮，或通过 Visual Basic 图标按钮打开 VBA 编辑器，就需要在"开发工具"功能区执行。下面介绍如何使"开发工具"显示在菜单栏中，帮助用户提高工作效率。

　　STEP 01 打开一个工作表，单击"文件"|"选项"命令，弹出"Excel 选项"对话框，如图 7-83 所示。

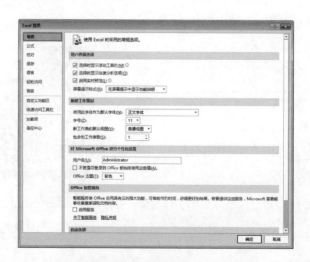

图 7-83　弹出"Excel 选项"对话框

STEP 02 ❶选择"自定义功能区"选项；展开"自定义功能区"面板，在"主选项卡"选项区中，❷选中"开发工具"复选框后，❸单击"确定"按钮即可，如图 7-84 所示。

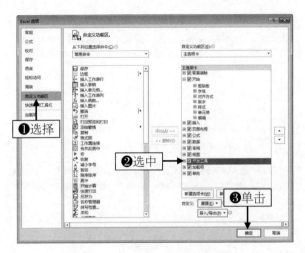

图 7-84 单击"确定"按钮

实例 181 Excel 工作簿中，VBA 代码编辑后是否需要保存

VBA 代码编辑运行后是否需要保存？当然需要。有的新手在 Excel 工作簿的 VBA 编辑器中编辑或粘贴代码运行后，就不记得或不知道要保存代码，等下次再次打开制作好的工作簿后，才发现之前制作的效果没了。保存代码不仅可以保留制作的效果，更方便以后修改代码，因此 VBA 代码编辑完成后是一定要保存的。

用户在代码窗口编辑完成后，单击菜单栏中的"保存"按钮，会弹出一个"另存为"对话框，在"文件名"文本框中可修改文件的保存名称，❶单击"保存类型"下拉按钮；❷在弹出的下拉列表中选择第

. 311

二项"Excel 启用宏的工作簿（*.xlsm）"选项，如图 7-85 所示，单击"确定"按钮后，即可将工作簿保存为宏文件，再次打开工作簿时，即可查看之前编辑好的 VBA 代码。

图 7-85　弹出"另存为"对话框

实例 182　Excel 批量删除手机号列表中的座机号

在记录客户资料时，经常需要登记客户的联系电话，这些号码中可能有座机号，也可能有手机号，当需要在混乱的电话号码中分出手机号和座机号，把座机号去掉，仅保留手机号时，可以通过 VBA 自定义函数来进行判断、执行操作。下面介绍如何在 Excel 中批量删除手机号列表中的座机号。

STEP 01 打开一个工作表，在工作表中可以查看数据信息，在表格中，标记为深色字体的数据为手机号，没有标记的则是座机号，如图 7-86 所示。

STEP 02 打开 VBA 编辑器，插入一个模块，在代码窗口中，输入相应可以批量删除座机号的代码，如图 7-87 所示。

STEP 03 运行后退出编辑器，在工作表中选中 C2：C7 单元格，❶在编辑栏中输入 = 不要座机号 (A2)；按【Ctrl+Enter】组合键确认，❷即可批量删除座机号，且仅保留手机号，效果如图 7-88 所示。

图 7-86　查看工作表数据信息

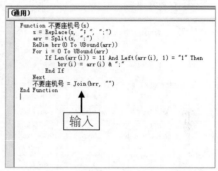

图 7-87　输入代码

图 7-88　批量删除座机号

 **淘宝多店铺按尺码表多列存放的销售数据转 4 列统计**

制作 Excel 工作表时，总是从这样的格式转换成那样的格式，为了

方便统计，或者为了方便直观观看，下面就讲解通过 VBA 代码怎样变换格式，从多行多列变多行 4 列，在此抛砖引玉，希望可以给大家的工作带来方便。

STEP 01 打开一个工作簿，在 Sheet1 工作表中可以查看数据信息，如图 7-89 所示。

STEP 02 打开 VBA 编辑器，插入一个模块，在代码窗口中，输入执行代码，如图 7-90 所示。

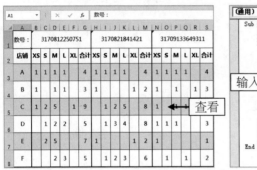

图 7-89 查看工作表数据信息　　　　图 7-90 输入代码

STEP 03 运行后退出编辑器，在 Sheet1 工作表中通过"开发工具"功能区中的"插入"功能，在工作表中插入一个窗体控件按钮，弹出"指定宏"对话框，设置"宏名"为"多行多列变 4 列"，如图 7-91 所示。

STEP 04 单击"确定"按钮，在工作表中，修改按钮名称为"转换"，并设置"字号"为 14，如图 7-92 所示。

STEP 05 单击按钮，会弹出一个信息提示框，提示用户已完成，如图 7-93 所示。

STEP 06 单击"确定"按钮后，在 Sheet2 工作表中，即可查看格式转换后的效果，如图 7-94 所示。

图 7-91 "指定宏"对话框

图 7-92 修改按钮名称

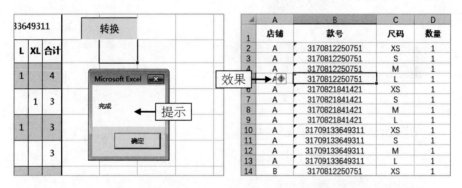

图 7-93 信息提示框 　　　　　　　　　 图 7-94 查看格式转换后的效果

 **用 VBA 代码实现可展开和折叠的纯工作表树形菜单**

　　说起 Excel 树形菜单，大家都会说用 treeview 控件，但是这个控件由于各种原因经常会造成兼容性问题，其实简单的树形菜单效果用工作表可以直接实现。这个案例主要可用于学习字典及数组的高级应用。

　　STEP 01 打开一个工作簿，在工作表中可以查看数据信息，如图 7-95所示。

　　STEP 02 打开 VBA 编辑器，在"工程"资料管理器中，双击

ThisWorkbook 选项，打开代码窗口，在其中输入相应代码，如图 7-96 所示。

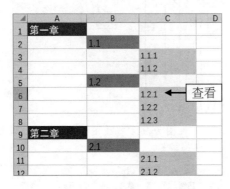

图 7-95　查看工作表数据信息

图 7-96　输入相应代码

STEP 03 插入一个模块，打开代码窗口，在其中输入相应代码，如图 7-97 所示。

STEP 04 在 "工程" 资料管理器中，双击 Sheet1（Sheet1）选项，打开代码窗口，在其中输入相应代码，如图 7-98 所示。

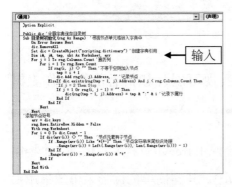

图 7-97　输入相应代码

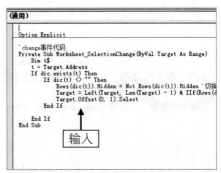

图 7-98　输入相应代码

STEP 05 保存后退出编辑器，重新打开工作表，点击工作表中的目录单元格，即可展开或折叠树形菜单，如图 7-99 所示。

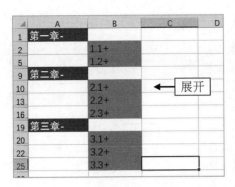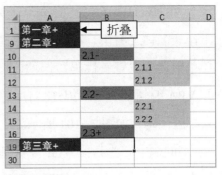

图 7-99　展开或折叠树形菜单

实例 185　**Excel 制作进销存出入库表自动生成实时库存表**

　　进销存是 Excel 离不开的话题，哪怕是个小公司、小店铺都有进销存的需求，那么如果用 Excel 来快速计算可用库存呢？当然，有人会说，用函数来计算，但是对于频繁出入库的操作，用函数显得不太实用。下面就讲解一个 VBA 自动计算进销存出入库的实例。

STEP 01 打开一个工作簿，切换工作表可以查看"入库表"和"出库表"的数据信息，如图 7-100 所示。

序号	材料名称	规格型号	单位	数量	单价	金额	入库次数
1	水表	DN50	只	1	107.69	107.69	1
2	绳卡	Φ18	个	16	15	240	1
3	开孔器	Φ35	个	2	11.11	22.22	2
6	绳卡	18	个	16	15	240	2
7	普通螺栓	16*40	个	30	0.4	12	1
8	普通螺母	16	个	30	0.13	3.9	1
9	8.8螺栓	16*70	个	12	0.94	11.28	1
11	暖气片垫圈	DN40	个	3	0.01	0.03	2
12	三通	DN20	件	1	5	5	2
13	螺栓	16*60	个	300	0.53	159	2
15	顶风阀	1150-1250	套	1	34188.03	34188.03	1
16	卡套油管接头	12	个	1	5	5	2
17	槽钢	800mm	kg	900	4.96	4464	2
18	卡套油管接头	12	个	30	5	5	2
19	普通螺栓	16*40	个	1	0.4	12	2
20	槽钢	800mm	kg	4	4.96	4464	2
21	开孔器	Φ35	个	12	11.11	22.22	2

序号	材料名称	规格型号	单位	数量	单价	金额	出库次数
1	绳卡	Φ18	个	4	15	60	2
2	开孔器	Φ35	个	2	11.11	22.22	2
3	普通螺栓	16*40	个	10	0.4	4	2
4	普通螺母	16	个	12	0.13	1.56	2
5	8.8螺栓	16*70	个	12	0.94	11.28	1
6	螺栓	16*60	个	300	0.53	159	1
7	顶风阀	1150-1250	套	1	34188	34188	2
8	槽钢	800mm	kg	900	4.96	4464	2
9	绳卡	Φ18	个	3	15	45	2
10	开孔器	Φ35	个	3	11.11	33.33	2
11	普通螺栓	16*40	个	4	0.4	1.6	2
12	普通螺母	16	个	5	0.13	0.65	2
13	槽钢	800mm	kg	2	4.96	9.92	2

图 7-100　"入库表"和"出库表"的数据信息

STEP 02 切换至"库存表"，在工作表名称上右击，在弹出的快捷菜单中选择"查看代码"选项，打开 VBA 编辑器，在代码窗口中输入相应代码，如图 7-101 所示。

STEP 03 在"工程"资料管理器中，插入一个模块，打开代码窗口，在其中输入相应代码，如图 7-102 所示。

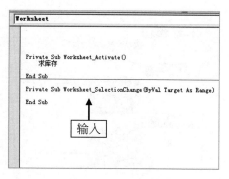

图 7-101 输入相应代码

STEP 04 运行保存后退出编辑器，即可自动生成实时库存表，在"库存表"中可以查看制作的效果，如图 7-103 所示。

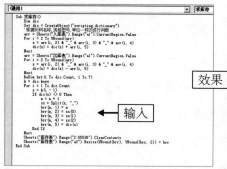

图 7-102 输入相应代码

	A	B	C	D	E
1	序号	材料名称	规格型号	单位	数量
2	1	水表	DN50	只	1
3	2	绳卡	Φ18	个	11
4	3	开孔器	Φ35	个	9
5	4	绳卡	18	个	17
6	5	普通螺栓	16*40	个	17
7	6	普通螺母	16	个	13
8	7	暖气片垫圈	DN40	个	19
9	8	三通	DN20	件	4
10	9	螺栓	16*60	个	12
11	10	卡套油管接头	12	个	31
12	11	槽钢	800mm	kg	2
13					

图 7-103 自动生成实时库存表效果

实例 186 VBA 批量实现在表格已有数据行下方插入两行空白行

用户有时需要对某个表格结果做出调整，比如这个案例中需要对每个有数据的行下面插入两行空白行，有人说辅助列 + 操作可以完成，但是当数据很大，或者需要频繁操作时，就很麻烦，显然用 VBA 解决问题就变得很简单。下面介绍具体操作。

STEP 01 打开一个工作簿，在工作表中可以查看数据信息，如图 7-104 所示。

STEP 02 打开 VBA 编辑器，插入一个模块，打开代码窗口，在其中输入相应代码，如图 7-105 所示。

	A	B	C
1	申报	申请时间	项目状态
2	P	2018/6/23	项目申请
3	L	2018/5/29	项目实施
4	D	2018/5/14	立项审批
5	B	2018/3/30	立项审批
6	K	2018/3/14	立项审批
7	K	2018/1/17	立项审批
8	E	2018/7/23	项目申请
9	P	2018/3/1	项目实施
10	A	2018/1/22	立项审批

图 7-104　查看工作表数据信息

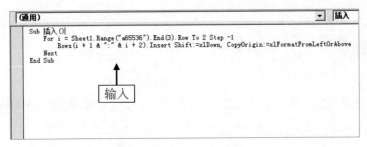

```
Sub 插入0()
    For i = Sheet1.Range ("a65536").End(3).Row To 2 Step -1
        Rows(i + 1 & ":" & i + 2).Insert Shift:=xlDown, CopyOrigin:=xlFormatFromLeftOrAbove
    Next
End Sub
```

图 7-105　输入相应代码

STEP 03 运行保存后退出编辑器，即可实现批量插入空白行的操作，返回工作表即可查看效果，如图 7-106 所示。

	A	B	C	D
1	申报	申请时间	项目状态	
2	P	2018/6/23	项目申请	
3				
4				
5	L	2018/5/29	项目实施	
6				
7				
8	D	2018/5/14	立项审批	
9				
10				
11	B	2018/3/30	立项审批	
12				
13				
14	K	2018/3/14	立项审批	
15				
16				
17	K	2018/1/17		

	A	B	C	D
13				
14	K	2018/3/14	立项审批	
15				
16				
17	K	2018/1/17	立项审批	
18				
19				
20	E	2018/7/23	项目申请	
21				
22				
23	P	2018/3/1	项目实施	
24				
25				
26	A	2018/1/22	立项审批	
27				
28				
29				

图 7-106　查看批量插入空白行效果

在 Excel 窗体中快速绘制 100 个按钮

众所周知，Excel 窗体中按钮是最基础的控件，现在遇到一个需求，客户要求窗体中有 100 个按钮，100 个按钮上有数字 +50 到 −50，点击某个单元格后，弹出窗体在单元格旁边，这样点击某个按钮就输入对应的数字。需求其实不难，麻烦的是 100 个控件，如果用手工画得需要很长时间，关键字事件代码还得写 100 份。这显然不是程序员的解决方案，下面教大家一个用代码批量生成按钮并指定事件的方法，相信很多人都能用得到，代码文件可以到本书提供的下载中进行下载。

STEP 01 打开一个工作簿，在工作表中可以查看数据信息，如图 7-107 所示。

STEP 02 在工作表名称上右击，查看代码，在 VBA 编辑器的代码窗口中粘贴下载记事本中的代码，如图 7-108 所示。

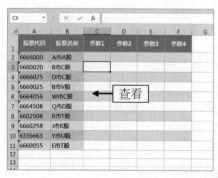

图 7-107　查看工作表数据信息

图 7-108　粘贴代码

STEP 03 在"工程"资料管理器中，插入一个用户窗体，拖动绘制窗口四周的控制柄调整其大小，然后在"工具箱"中，单击"框架"按钮，如图 7-109 所示。

STEP 04 执行操作后，在绘制窗口中绘制上、下两个框架，并调整框架大小和位置，如图 7-110 所示。

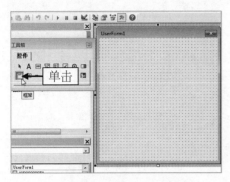
图 7-109　单击"框架"按钮

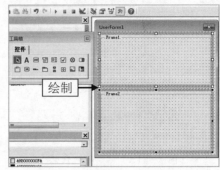
图 7-110　绘制上、下两个框架

STEP 05 选择绘制窗口，在"属性"面板中，修改"窗体"名称为"填写面板"，如图 7-111 所示。

STEP 06 用与上同样的方法，选择"框架"，并在"属性"面板中依次修改名称为"正数""负数"，如图 7-112 所示。

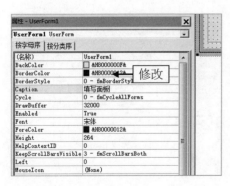
图 7-111　修改"窗体"名称为"填写面板"

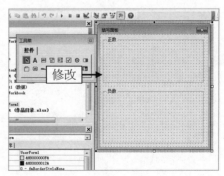
图 7-112　修改"框架"名称效果

STEP 07 双击绘制窗口，在用户窗体代码窗口中，粘贴下载记事本中相应的代码，如图 7-113 所示。

STEP 08 插入一个模块，用同样的方法在代码窗口中粘贴相应代码，如图 7-114 所示。

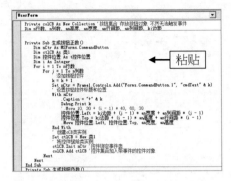

图 7-113　粘贴相应代码

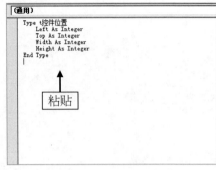

图 7-114　粘贴相应代码

STEP 09 用与上同样的方法，插入一个类模块，并在代码窗口中粘贴相应代码，如图 7-115 所示。

STEP 10 执行操作后，运行保存，在工作表中查看制作的"填写面板"窗口，如图 7-116 所示，单击面板中的数字按钮，即可输入在相应单元格中。

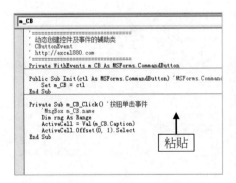

图 7-115　粘贴相应代码

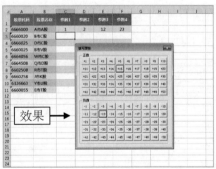

图 7-116　查看效果

专家提醒

　　窗体控件在绘制时如果没有调整好大小，可以在代码输入运行后，在工作表中查看制作的效果，根据效果，返回 VBA 编辑器，通过拖动绘制窗口中的控制柄，可以再次调整窗体的大小，直至调整为最合适的状态为止。

实例 188　Excel 制作高仿 APP 圆形进度条动画

　　在 Excel 中利用圆环图，仿制 APP 的环形启动百分比动画，制作高仿 APP 圆形进度条动画，通过图表 +VBA 代码就可以实现。下面介绍具体步骤。

STEP 01 打开一个工作表，在 B2 单元格中输入公式 =1-A2，按回车键确认，选中 A1：B2 单元格，插入一个圆环图，如图 7-117 所示。

STEP 02 在图表基础上再次添加一组相同的数据系列，如图 7-118 所示。

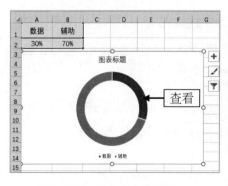

图 7-117　插入一个圆环图

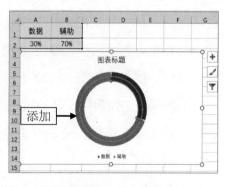

图 7-118　添加一组相同的数据系列

STEP 03 选择圆环内圈的"系列 1"，并设置其填充颜色为 60% 的淡橙色，然后用同样的方法，选择"系列 2"，设置"点 1"为"橙色"，"点 2"为"无填充"，如图 7-119 所示。

STEP 04 删除图表中的标题文本框、图例等，并调整图表大小，然后在图表中插入一个无填充、无轮廓的文本框，并在文本框编辑栏中输入 =A2，引用单元格数据，并设置文本框位置和大小等，如图 7-120 所示。

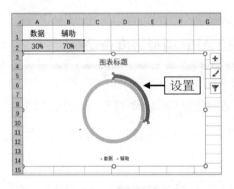
图 7-119　设置填充颜色

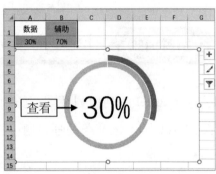
图 7-120　插入文本框

STEP 05 打开 VBA 编辑器，在"工程"资料管理器中，插入一个模块，在代码窗口中输入相应代码，如图 7-121 所示。

STEP 06 保存代码，退出编辑器，在工作表中通过"开发工具"功能区中的"插入"功能，在工作表的合适位置处，插入一个按钮控件，弹出"指定宏"对话框，❶在其中设置"宏名"为"开始"选项；❷单击"确定"按钮，如图 7-122 所示。

STEP 07 在工作表中，选中按钮控件，右击，在弹出的快捷菜单中选择"编辑文字"选项，设置按钮控件名称为"开始"并调整字体大小，如图 7-123 所示。

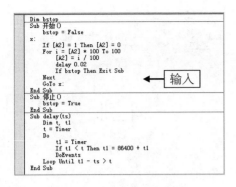

图 7-121　输入相应代码

图 7-122　单击"确定"按钮

STEP 08 用同样的方法，再次插入一个按钮控件，在弹出的"指定宏"窗口中，设置"宏名"为"停止"选项，在工作表中，设置第二个按钮控件名称为"停止"，并调整字体大小，效果如图 7-124 所示。

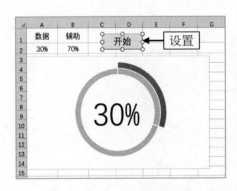

图 7-123　设置按钮控件名称

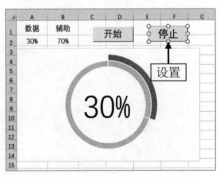

图 7-124　设置第二个按钮控件名称

STEP 09 单击"公式"菜单，❶在功能区中单击"计算选项"下拉按钮；❷在弹出的下拉列表中选择"自动"选项，如图 7-125 所示。

STEP 10 ❶单击工作表中的"开始"按钮；❷即可自动循环加载进度条，如图 7-126 所示，单击"停止"按钮即可停止动画。

图 7-125 选择"自动"选项

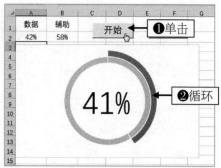

图 7-126 自动循环加载进度条

第 8 章　商业综合实战应用

学前提示

　　本章主要讲解的是商业综合实战应用，注重知识与实例的合理安排，精选了日常生活和工作中比较常见、实用的典型案例，内容全面、详尽，综合各类商业实战案例，帮助读者通过实例的学习，更深入、更有趣、更有效地提升实际工作能力。

本章知识重点

- 无须 PS，Excel 也可以轻松更换工作证件照背景
- HR 必学技巧，制作动态 Excel 版简历查询系统
- 几百个产品 ID 一键生成二维码，一分钟搞定
- 根据 Excel 表批量生成 Word 工资调整通知单
- 制作函数版点菜系统，自动生成点餐单和单价总价

学完本章后你会做什么

- 通过 Excel 跨表制作联动下拉菜单列表
- 通过 Excel 把电话号码中间几位显示为星号
- 通过 Excel 表批量生成 Word 工资调整通知单

视频演示

跨表显示对应图片   动态 Excel 版简历查询系统

实例 189　无须 PS，Excel 也可以轻松更换工作证件照背景

在实际工作和生活中，常常需要把白底证件照更改为蓝底或红底。曾几何时，会换照片背景也是一门高大上的技术，学会这招，以后也不用麻烦别人了。下面详细介绍使用 Excel 更换工作证件照背景的操作方法。

STEP 01 在 Excel 中打开一个素材文件，这里选取的是一张非常普通的白色背景的证件照片，如图 8-1 所示。

STEP 02 单击图片，选中相应图片，如图 8-2 所示。

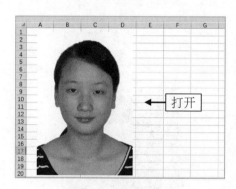

图 8-1　打开素材文件

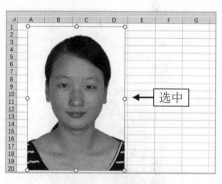

图 8-2　选中相应图片

STEP 03 在菜单栏中，单击"图片工具"|"格式"命令，展开"格式"功能区面板，如图 8-3 所示。

STEP 04 执行操作后，单击"删除背景"按钮，如图 8-4 所示。

STEP 05 执行操作后，进入"背景消除"窗口，图片中会显示一个白色的矩形边框，如图 8-5 所示。

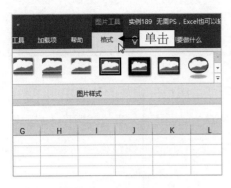

图 8-3　单击"图片工具 | 格式"命令

图 8-4　单击"删除背景"按钮

STEP 06 选取边框上方的控制柄，将其拖动至图片最上方，如图 8-6 所示。

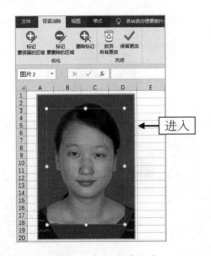

图 8-5　进入"背景消除"窗口

图 8-6　调整控制柄

STEP 07 ❶单击"标记要保留的区域"按钮；将鼠标移至人物的脖子区域，❷按住鼠标左键并拖动至图片左下角，效果如图 8-7 所示。

STEP 08 用同样的方法，使用"标记要保留的区域"功能在人物脖子区域向右下角拖动，效果如图 8-8 所示。

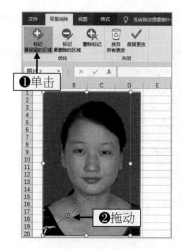

图 8-7 标记要保留的区域（1）　　　图 8-8 标记要保留的区域（2）

专家提醒

　　Excel 会自动识别背景，识别不清楚的区域可以选择要保留或者删除的位置，相当于一个抠图的过程，但是相对来说比较简单一些，只需选择工具然后按住鼠标左键在相应的区域内拖动即可，Excel 会自动识别，效果还是不错的。

STEP 09 单击"保留更改"按钮返回，即可删除证件照的白色背景，效果如图 8-9 所示。

STEP 10 切换至"开始"面板，❶单击"填充颜色"按钮；❷在弹出的菜单中选择一个颜色即可，如证件照常用的红色，执行操作后，即可更改证件照的背景颜色，如图 8-10 所示。

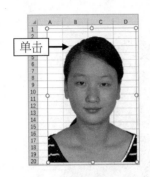

图 8-9　删除白色背景

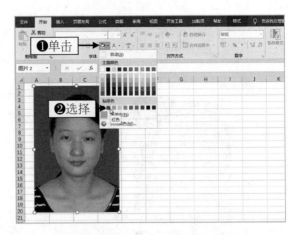

图 8-10　选择填充颜色

实例 190　Excel 跨表制作联动下拉菜单列表

众所周知，在 Excel 工作表中，通过"数据验证"功能，可以制作下拉菜单列表。下面要讲解的是如何跨表制作下拉菜单列表，这里需要用到函数 COUNTA，动态引用单元格数据，用户可以直接套用案例中的代码公式。

STEP 01 在 Excel 中打开一个素材文件，在"数据源"工作表中可以查看数据，如图 8-11 所示。

STEP 02 切换至"效果"工作表，选中 A2 单元格，单击"数据"|"数据工具"中的"数据验证"按钮，如图 8-12 所示。

STEP 03 弹出"数据验证"对话框，❶设置"验证条件"|"允许"为"序列"选项；❷在"设置"选项卡中的"来源"列表框中输入相应代码公式 =OFFSET(数据源 !$A$2,,,COUNTA(数据源 !$A:$A)-1)，如图 8-13 所示。这里选择的是动态引用，也就是说在数据表格中增加名称后，在"效果"工作表 A2 的下拉菜单中也会增加相应名称。

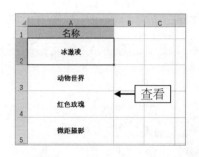

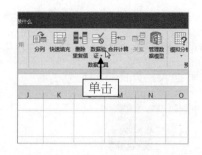

图 8-11　"数据源"工作表　　　　图 8-12　单击"数据验证"按钮

STEP 04 单击"确定"按钮，❶单击 A2 单元格右侧的下拉按钮；即可弹出跨表显示的下拉菜单列表，❷在其中选择相应选项，即可显示在 A2 单元格中，如图 8-14 所示。

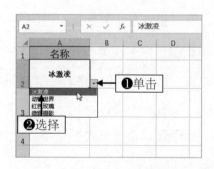

图 8-13　输入代码公式　　　　图 8-14　跨表显示下拉菜单列表

 **Excel 下拉菜单跨表显示对应图片，用于照片查找和显示**

　　通过实例 190 的讲解，大家都知道，在 Excel 工作表中，通过"数据验证"功能，可以跨表制作下拉菜单列表，现在在实例 190 的基础上，在"数据源"工作表中增加了一列"素材图"，在"效果"工作表中选择下拉菜单中的选项后，希望可以跨表查找和显示对应的图片。下面通过实例讲解，教大家如何使下拉菜单跨表显示对应图片。

STEP 01 在 Excel 中打开一个素材文件，在"数据源"工作表中已添加了一列素材图片，切换至"效果"工作表中，查看 A2 单元格的下拉菜单列表，如图 8-15 所示。

图 8-15　"数据源"和"效果"工作表

STEP 02 在下拉菜单列表中选择"冰淇淋"选项，切换至"数据源"工作表，复制 B2 单元格，在"效果"工作表 B2 单元格中粘贴为图片链接，如图 8-16 所示。

STEP 03 单击"公式"菜单，在其功能区中单击"定义名称"按钮，如图 8-17 所示。

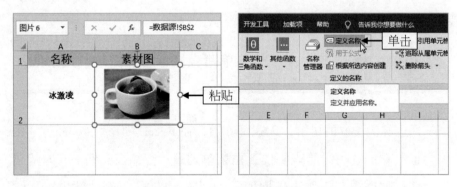

图 8-16　粘贴为图片链接　　　　图 8-17　单击"定义名称"按钮

STEP 04 弹出"新建名称"对话框，❶更改"名称"为"素材图"；❷在"引用位置"文本框中输入代码公式 =INDIRECT(" 数据源!B"&MATCH(效果!$A$2,数据源!$A:$A,0))；❸单击"确定"按钮，如图 8-18 所示。

STEP 05 选中"效果"工作表 B2 单元格中的图片，在编辑栏中输入 = 素材图，执行操作后，在 A1 下拉菜单列表中选择相应选项，B2 单元格即可跨表显示对应图片，如图 8-19 所示。

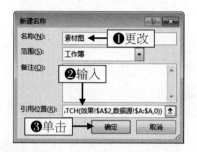

图 8-18 单击"确定"按钮　　　　图 8-19 跨表显示对应图片

HR 必学技巧，制作动态 Excel 版简历查询系统

根据员工简历数据表内容，生成一个动态查询的简历表单页，这是很多 HR 必须掌握的工作技能。当然，如果只是打印出来可以使用邮件合并，但是如果想要在 Excel 中快速查询和打印简历单页，就没那么容易了。下面介绍一种纯函数实现的简历表单页查询与打印方法。

STEP 01 在 Excel 中打开一个素材文件，并切换至"数据"工作表，在其中可以查看工作表中的相关数据，如图 8-20 所示。

STEP 02 接下来切换至"简历"工作表，其中 B2 单元格中的姓名下拉列表及 E 列中的照片联动显示已制作好，如图 8-21 所示。

图 8-20 "数据"工作表　　　图 8-21 "简历"工作表

STEP 03 选择 D2 单元格，在编
辑栏中输入公式 =IFERROR(INDEX
(数据 !$A:$G,MATCH(简历 !$B$2,
数 据 !$A:$A,),MATCH(简 历 !C2,
数据 !$1:$1,)),"")，按回车键确认，
即可返回"数据"工作表中"部门"
对应的值，如图 8-22 所示。

图 8-22 输入公式

STEP 04 复制 D2 单元格中的公式，将其分别粘贴至 B3、B4、D3、
D4 单元格中，即可自动返回对应的值，如图 8-23 所示。

专家提醒

　　这里制作的公式依然是动态引用，当 A3：A4 和 C4：C4 单元
格中的文本内容位置互换时，B3：B4 和 D4：D4 单元格中自动返
回的值也会随之发生改变，可以避免引用单元格时只能固定在一个
单元格区域中；当 B2 单元格中的姓名为空时，工作表中其他与之
有联动关系的单元格也会成空白显示。

STEP 05 执行操作后，选择 B2 下拉菜单列表中相应姓名，则人员简历表中的其他数据也会相应改变，如部门、出生日期、职务、工作地点、学历和照片等，如图 8-24 所示。

图 8-23　粘贴公式　　　　　图 8-24　查看制作的动态简历查询效果

实例 193 Excel 中把电话号码中间几位显示为星号的简单方法

电视节目中经常会有一些抽奖活动，为了保障抽奖人员名单的隐私，通常会把电话号码中间的几位数字隐藏，用星号 ★ 代替。下面写一个非常简单的函数实例，希望大家学会以后举一反三，以后需要用到的时候，不用去网上搜教程、找人制作，自己也能轻松搞定！

STEP 01 在 Excel 中打开一个素材文件，在工作表中可以查看数据内容，如图 8-25 所示。

STEP 02 选中 B2：B6 单元格，在编辑栏中输入公式 =REPLACE(A2,4,4,"★★★★")，按【Ctrl+Enter】组合键确认，即可用星号代替电话号码中间的数字，如图 8-26 所示。

图 8-25　查看数据内容

图 8-26　用星号代替电话号码中间的数字

专家提醒

函数解析：

REPLACE(原文本，开始替换位置，原字符被替换个数，替换后文本)

本示例公式意义：需求本为替换掉中间第 5 位到第 8 位为星号；

用函数写出来具体含义为：将号码中第 5 位开始后面 4 位替换成 ★★★★。

实例 194 Excel 工作表中插入的控件按钮无法删除操作

用户在用 Excel 制表时，常常会有插入控件按钮的需要，在这个执行过程中，可能插入了多个不必要的控件按钮，或将控件按钮编辑错误的情况发生，此时，需要将多余的和错误的控件按钮删除，但有时候会因为系统反应过慢或其他突发状况，导致操作错误，无法选中按钮。下面介绍用以下几种方法，来执行删除控件按钮。

✿ 方法一：剪切删除

在需要删除的控件按钮上，右击，在弹出的快捷菜单中，选择"剪切"选项，即可将空间按钮删除。

✿ 方法二：按【Delete】键删除

用与上同样的方法，在需要删除的控件按钮上，右击即可选中控件按钮，按【Delete】键删除即可。

✿ 方法三：定位对象删除

当用户使用鼠标无法选中控件按钮时，按【Ctrl+G】组合键，弹出"定位"对话框，❶在其中单击"定位条件"按钮，如图 8-27 所示；弹出"定位条件"对话框，在弹出的对话框中，❷选中"对象"单选按钮，如图 8-28 所示；单击"确定"按钮返回工作表，即可选中所有空间按钮，按【Ctrl】键的同时，取消选中不需要删除的控件按钮后，按【Delete】键即可删除。

图 8-27   "定位"对话框   图 8-28   "定位条件"对话框

✿ 方法四："设计模式"删除

单击"开发工具"菜单，在功能区中的"控件"选项区中，单击"设计模式"按钮，在工作表中单击多余的控件按钮，即可选中需要删除的控件按钮，选中后按【Delete】键即可删除。

在 Excel 工作表中指定一个表头在多页中重复打印

在 Excel 中打印多页时，通常只有首页有表头，其他页面是没有表头的，如何在 Excel 工作表中指定一个表头在多页中重复打印呢？其实在 Excel 2016 版本中就有自带打印标题的这个功能，但是大多数人都把这个功能给忽略了，打印表单时甚至还去打印预览页面设置页眉、页脚，其实直接用这个功能就可以。下面介绍具体的操作步骤。

(STEP) 01 在 Excel 中打开一个素材文件，在工作表中可以查看数据内容，如图 8-29 所示。

(STEP) 02 单击"页面布局"菜单，展开功能区，如图 8-30 所示。

图 8-29　查看数据内容

图 8-30　单击"页面布局"菜单

(STEP) 03 在"页面设置"面板中，单击"打印标题"按钮，如图 8-31 所示。

(STEP) 04 弹出"页面设置"对话框，❶切换至"工作表"选项面板；❷单击"顶端标题行"最右侧的链接按钮，如图 8-32 所示。

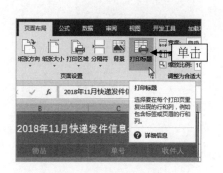

图 8-31 单击"打印标题"按钮　　　　图 8-32 单击"顶端标题行"链接按钮

STEP 05 弹出"页面设置 - 顶端标题行"对象选择框，在工作表中，选中第 1、2 行，如图 8-33 所示。

STEP 06 执行上述操作后，再次单击选择框中的链接按钮，即可返回"页面设置"对话框，用同样的方法，❶选取"从左侧重复的列数"对象区域为 A : D 列；❷单击"打印预览"按钮，如图 8-34 所示。

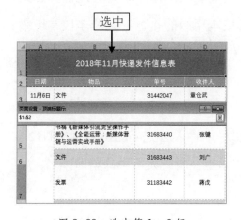
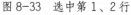

图 8-33 选中第 1、2 行　　　　　图 8-34 单击"打印预览"按钮

STEP 07 弹出打印预览页面，在其中可以查看设置指定一个表头在多页中重复打印的预览效果，如图 8-35 所示。

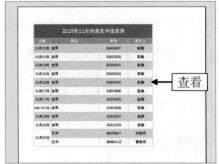

图 8-35　查看打印预览页面效果

实例 196　在一张表中分别计算按校区年级和班级的分组排名

教务处的老师或者教育部门的工作人员经常会遇到排名的问题，单项目的排名大家都会，但是有这样一种情况，就是在同一个表中有多个学校多个年级多个班级，在既定的表格顺序中，要分别计算出某个学生在所有学校中的排名，在本校本年级的排名，以及本校本班级的排名，这就比较复杂了。下面介绍如何通过函数来进行多条件排名。

STEP 01　在 Excel 中打开一个素材文件，在工作表中可以查看数据内容，如图 8-36 所示。

STEP 02　选择 I2 单元格，在编辑栏中输入公式 =RANK(H2,$H$2:$H$99)，按回车键确认，即可求得该学生在所有人员中的整体排名，如图 8-37 所示。

STEP 03　选择 J2 单元格，❶在编辑栏中输入公式 =COUNTIFS(A:A, A2,C:C,C2,H:H, ">"&H2)+1，按回车键确认；❷即可求得该学生所在学校的班级排名，如图 8-38 所示。

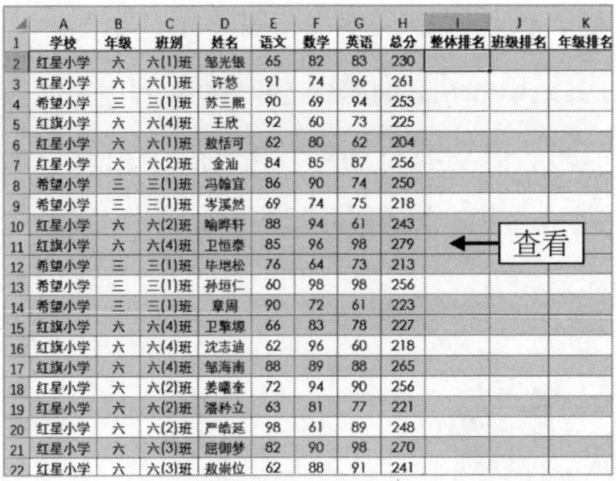

图 8-36　查看数据内容

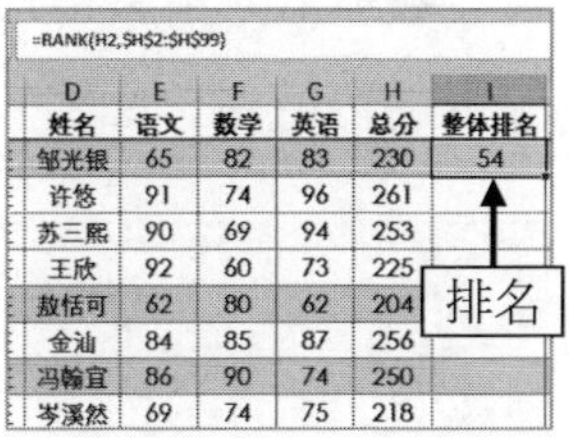

图 8-37　求得整体排名

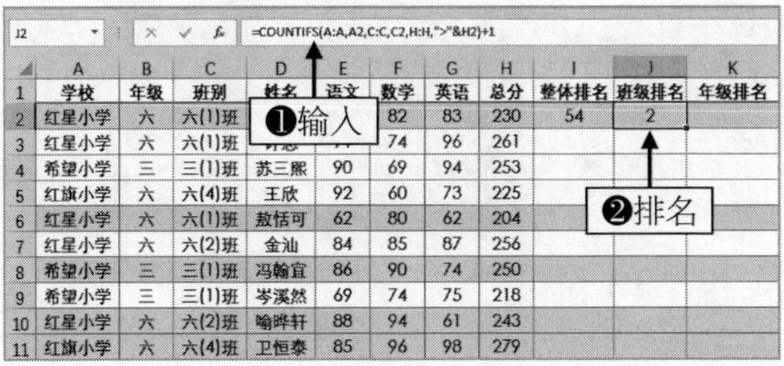

图 8-38　求得所在学校的班级排名

STEP 04 用与上同样的方法，在工作表中选择 K2 单元格，❶在编辑栏中输入公式 =COUNTIFS(A:A,A2,B:B,B2,H:H,">"&H2)+1；按回车键确认，❷即可求得该学生所在学校的年级排名，如图 8-39 所示。

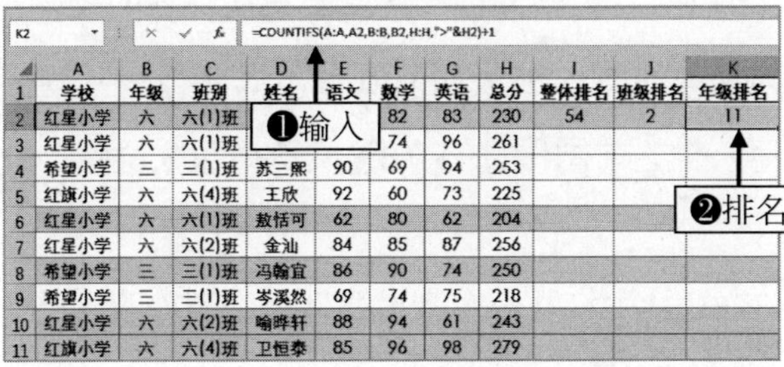

图 8-39　求得所在学校的年级排名

STEP 05 选中 I2：K2 单元格，移动鼠标至单元格右下角，当鼠标呈黑色十字光标时，双击，即可填充单元格，如图 8-40 所示。

STEP 06 ❶单击填充后显示的"自动填充选项"按钮；弹出选项面板，❷单击"不带格式填充"单选按钮，即可在不改变单元格格式的情况下进行填充，如图 8-41 所示。

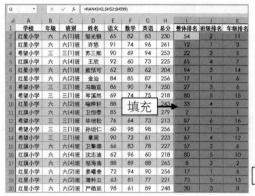

图 8-40　填充单元格

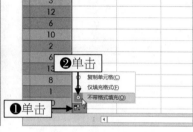

图 8-41　单击"打印预览"按钮

在 Excel 工作表中，如何制作多颜色、多形状的联动按钮

实例 197

众所周知，在 Excel 工作表中，制作指定宏按钮可以通过插入控件按钮来制作，但 Excel 自带的控件按钮都是灰扑扑的颜色，而且形状也很死板，一点也不美观，那么如何制作不同颜色、不同形状的联动按钮呢？下面用一个之前制作过的 VBA 实例效果宏文件，介绍具体的操作步骤。

STEP 01 在 Excel 中打开一个素材文件，在工作表中选中两个控件按钮，如图 8-42 所示。

STEP 02 按删除键，将两个控件按钮删除，效果如图 8-43 所示。

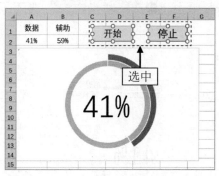

图 8-42　选中两个控件按钮　　　　图 8-43　删除控件按钮

STEP 03 ❶单击"插入"菜单；❷在功能区中单击"形状"下拉按钮；在弹出的下拉列表中，❸选择"箭头：五边形"预设样式，如图 8-44 所示。

STEP 04 在工作表中的合适位置处，绘制一个五边形的箭头图案，在功能区中的"形状样式"选项区中，设置预设样式为"橙色"，如图 8-45 所示。

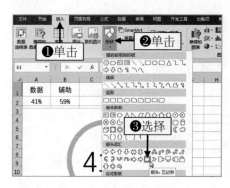

图 8-44　选择"箭头：五边形"预设样式　　　图 8-45　设置预设样式为"橙色"

STEP 05 双击形状，❶在其中输入"开始"；❷设置"字号"为 18，字体"加粗"，"对齐方式"为居中，如图 8-46 所示。

STEP 06 复制形状，将其粘贴至右侧的合适位置处，❶修改文本内容为"停止"；右击，在弹出的快捷菜单中，❷选择"指定宏"选项，如图 8-47 所示。

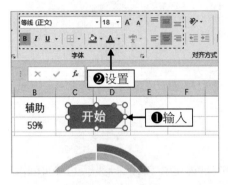

图 8-46 设置字体

图 8-47 选择"指定宏"选项

STEP 07 弹出"指定宏"对话框，在其中设置"宏名"为"停止"选项，如图 8-48 所示。

STEP 08 单击"确定"按钮，返回工作表，用同样的方法，选择"开始"形状，并设置"宏名"为"开始"选项，如图 8-49 所示。

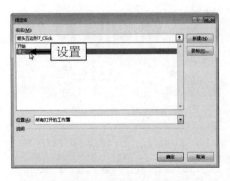

图 8-48 设置"宏名"为"停止"选项

图 8-49 设置"宏名"为"开始"选项

STEP 09 执行操作后，单击工作表中的形状按钮，即可产生联动效果，如图 8-50 所示。

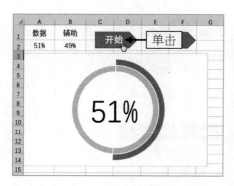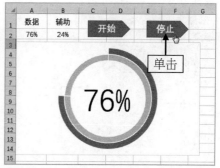

图 8-50　联动效果

实例 198　几百个产品 ID 一键生成二维码，一分钟搞定

生产企业、销售企业的产品 ID 和信息通常都会以条形码的形式记录，为了方便机器读取，现在又多了二维码，那么能否用 Excel 批量生成二维码或条码呢？答案是肯定的。这里介绍一个 Excel 二维码函数库的用法，顺便加上一段 VBA 代码来达到批量生成的效果，帮助大家提高制作效率！在操作前，用户可以先在网站上搜索"Excel API 网络函数库"，可看到相关下载地址，按照提示下载安装，然后再在 Excel 中使用。

STEP 01 在 Excel 中打开一个素材文件，在工作表中可以查看相应数据，如图 8-51 所示。

STEP 02 单击"开发工具"菜单，展开相应功能区，在"加载项"选项区中，单击"Excel 加载项"按钮，如图 8-52 所示。

STEP 03 弹出"加载项"对话框，❶选中"ExcelAPInet Add-In"选项复选框；❷单击"确定"按钮，如图 8-53 所示。

图 8-51 查看相应数据

图 8-52 单击"Excel 加载项"按钮

STEP 04 选中 B2：B4 单元格，在编辑栏中输入 =QRCode(A2,70)，按【Ctrl+Enter】组合键确认，在 B2 单元格中，随即出现一些叠加的二维码，如图 8-54 所示。

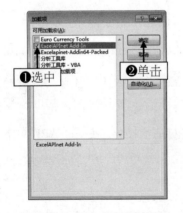

图 8-53 单击"确定"按钮

图 8-54 叠加的二维码

STEP 05 通过定位对象删除工作表中的二维码，保留单元格中的公式，如图 8-55 所示。

STEP 06 按【Alt+F11】组合键打开 VBA 编辑器，插入一个模块，在代码窗口中，粘贴记事本中的代码文件，如图 8-56 所示。

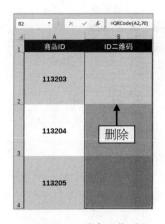

图 8-55　删除二维码　　　　　　　图 8-56　粘贴记事本中的代码文件

专家提醒

　　在输入公式后，工作表中会自动生成二维码，但由于二维码是叠加在一起的，并不在各商品 ID 对应的位置，因此只能一个一个地输入，且二维码难以分辨，容易出错，在删除二维码时，建议定位对象批量删除，不要一个一个地删，数量较少还好，当 ID 数量较多的时候，就过于烦琐了。用户在制作时，可在本书提供的下载文件中，下载本案例中的批量生成代码文件，批量生成条码也可以用，为用户提供更多的便利，提高工作效率。

STEP 07　保存后退出 VBA 编辑器，在工作表中，按【Alt+F8】组合键，打开"宏"对话框，在"宏名"选项区中，❶选择"批量生成二维码或条形码"选项；❷单击"执行"按钮，如图 8-57 所示。

STEP 08　执行操作后，在工作表中，即可一键生成 ID 二维码，效果如图 8-58 所示。

图 8-57 单击"执行"按钮

图 8-58 一键生成 ID 二维码

Excel 中多张图片飞速排版技巧，别再苦兮兮 一张一张拖啦

　　在制表时总免不了要插入多张图片，很多人每次都是一张一张图片地拖，这种很细碎的操作最耗费时间和精力。下面介绍一个方法，飞速排版多张图片，不过建议大家学会后勤加练习，这样才能熟能生巧，提高办公效率。

STEP 01 在 Excel 中打开一个素材文件，单击"插入"|"图片"按钮，如图 8-59 所示。

STEP 02 弹出"插入图片"对话框，❶在其中选择需要插入的图片，这里选择了 5 张图片；❷单击"插入"按钮，如图 8-60 所示。

STEP 03 执行操作后，即可将图片插入工作表中，此时图片处于全选叠加状态，如图 8-61 所示。

STEP 04 单击"格式"菜单，在功能区最右侧，设置图片"高度"为"2.8 厘米"，如图 8-62 所示。

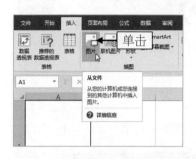

图 8-59　单击"插入"|"图片"按钮

图 8-60　单击"插入"按钮

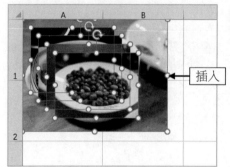

图 8-61　插入图片

图 8-62　设置图片"高度"

STEP 05 选择最上面的一张图片，❶将其拖动至 E2 单元格中；然后用同样的方法，❷拖动最下面的一张照片至 A2 单元格中，如图 8-63 所示。

STEP 06 通过定位对象的方式，全选所有图片，如图 8-64 所示。

STEP 07 在"格式"功能区中，❶单击"对齐"下拉按钮；在弹出的下拉列表中，❷选择"底端对齐"选项，如图 8-65 所示。

STEP 08 执行操作后，可以查看对齐效果，如图 8-66 所示。

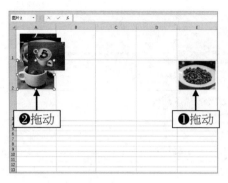

图 8-63 拖动图片	图 8-64 全选所有图片

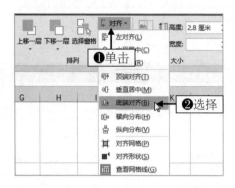
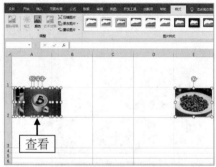

图 8-65 选择"底端对齐"选项	图 8-66 查看对齐效果

STEP 09 用与上同样的方法，❶再次单击"对齐"下拉按钮；在弹出的下拉列表中，❷选择"横向分布"选项，如图 8-67 所示。

STEP 10 执行操作后，即可完成图片对齐排序的操作，将图片准确、均匀地排列在各个单元格中，最终效果如图 8-68 所示。

专家提醒

用户可以根据本实例中的操作思路进行拓展，根据自己的需求，对多张图片对齐排版，如果图片过多，还可以请专业人士编写 VBA 代码。

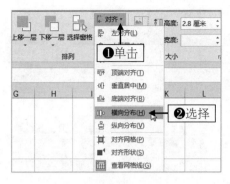

图 8-67　选择"横向分布"选项　　　　图 8-68　查看最终效果

实例 200　Excel 中不为人知的小技巧之横向排序

在 Excel 中排序是件很轻松的事情，但是有一种情况，用户希望数据的列次序发生改变，也就是这里所说的横向排序，那么该怎么办呢？有同学说可以通过复制数据粘贴转置以后正常排序，然后再转置回来呗！非常好，但是有没有更轻松的办法呢？回答是当然有，这就是 Excel 中很多人没用过的排序方法。下面通过实例操作，带你们学会这个新技能。

STEP 01 打开一个素材文件，在其中可以查看工作表中的数据信息，如图 8-69 所示。

STEP 02 单击"数据"菜单，展开功能区，如图 8-70 所示。

STEP 03 在工作表中，选中 B1：G7 单元格数据区域，如图 8-71 所示。

STEP 04 在"排序和筛选"选项区中，单击"排序"按钮，如图 8-72 所示。

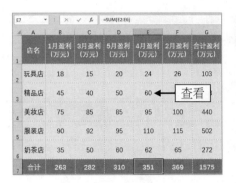

图 8-69　查看工作表数据信息

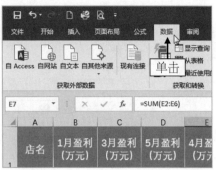

图 8-70　单击"数据"菜单

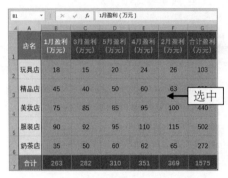

图 8-71　选中 B1：G7 单元格数据区域

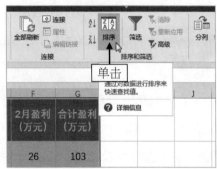

图 8-72　单击"排序"按钮

(STEP) 05 弹出"排序"对话框，单击"选项"按钮，如图 8-73 所示。

(STEP) 06 弹出"排序选项"对话框，❶单击"按行排序"单选按钮；❷单击"确定"按钮，如图 8-74 所示。

图 8-73　单击"选项"按钮　　　　　图 8-74　单击"确定"按钮

（STEP）07 返回"排序"对话框，❶单击"主要关键字"下拉按钮；
❷在弹出的下拉列表中选择"行1"选项，如图8-75所示。

（STEP）08 单击"确定"按钮，即可返回工作表，在工作表中可以查
看横向排序效果，如图8-76所示。

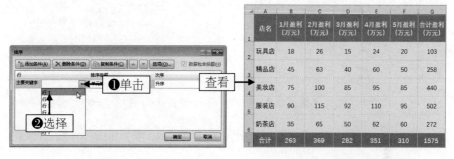

店名	1月盈利（万元）	2月盈利（万元）	3月盈利（万元）	4月盈利（万元）	5月盈利（万元）	合计盈利（万元）
玩具店	18	26	15	24	20	103
精品店	45	63	40	60	50	258
美妆店	75	100	85	95	85	440
服装店	90	115	92	110	95	502
奶茶店	35	65	50	62	60	272
合计	263	369	282	351	310	1575

图8-75　选择"行1"选项　　　　图8-76　查看横向排序效果

 实例 201 ## Excel中利用条件格式对连续的不同产品区间间隔上色

隔行上色大家可能见得多，对连续产品行进行间隔上色的工作表，
估计大家见得也不少，但是这种对连续产品行进行间隔上色的操作，
基本都是人工执行，一个区间一个区间地去设置填充颜色，数量少的
话，自己动动手就可以解决，但是在数量多的情况下，再自己一个一
个去设置，就不是一个明智的选择了。下面介绍一个组合函数，大家
可以直接参考这个例子，函数有点难，有兴趣的可以好好理解下，一
般来说学会如何套用就好了。下面进行具体步骤的介绍。

（STEP）01 打开一个素材文件，在其中可以查看工作表中的数据信息，
如图8-77所示。

（STEP）02 选中B1单元格，在功能区中，❶单击"排序和筛选"下拉

按钮；在弹出的下拉列表中，❷选择"升序"选项，如图 8-78 所示。

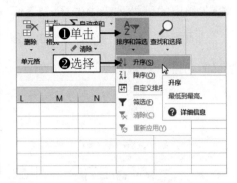

图 8-77 查看工作表数据信息　　　　图 8-78 选择"升序"选项

STEP 03 执行操作后，即可按水果名称重新排序，如图 8-79 所示。

STEP 04 在 D1 单元格中，输入"辅助列"文本内容，如图 8-80 所示。

图 8-79 重新排序　　　　　　　图 8-80 输入"辅助列"文本

STEP 05 选中 D2 单元格，❶在编辑栏中输入公式 =MOD(SUM(N($B$1:$B1<>$B$2:$B2)),2)；按【Ctrl+Shift+Enter】组合键确认，❷求该产品重复的次数排序并排序后以奇偶数显示，如图 8-81 所示。

STEP 06 双击 D2 单元格右下角，填充公式，如图 8-82 所示。

日期	水果名称	价格	辅助列
2018/5/3	桔子	●输入	1
2018/5/9	桔子		
2018/5/11	桔子	2.90	
2018/5/12	桔子	3.0	②显示
2018/5/1	苹果	2.5	
2018/5/4	苹果	2.80	
2018/5/8	苹果	2.50	
2018/5/3	葡萄	2.70	
2018/5/11	葡萄	2.70	
2018/5/12	葡萄	2.70	
2018/5/5	柿子	2.60	
2018/5/7	香蕉	2.90	
2018/5/10	香蕉	3.20	
2018/5/12	香蕉	3.10	

D2 {=MOD(SUM(N($B$1:$B1<>$B2:$B2)),2)}

图 8-81　输入公式

日期	水果名称	价格	辅助列
2018/5/3	桔子	3.00	1
2018/5/9	桔子	2.90	1
2018/5/11	桔子	2.90	1
2018/5/12	桔子	3.00	1
2018/5/1	苹果	2.50	0
2018/5/4	苹果	2.80	0
2018/5/8	苹果	2.50	0
2018/5/3	葡萄	2.70	1
2018/5/11	葡萄	2.70	1
2018/5/12	葡萄	2.70	1
2018/5/5	柿子	2.60	0
2018/5/7	香蕉	2.90	1
2018/5/10	香蕉	3.20	1
2018/5/12	香蕉	3.10	1
2018/5/2	雪梨	2.60	0
2018/5/8	雪梨	3.00	0

填充

图 8-82　填充公式

专家提醒

　　这里辅助列的作用主要是为了验证公式，用户可以在制作完成后，删除该列或隐藏，用户也可以省略这一步骤，直接在新建的条件格式规则中，输入以上公式，也可以制作效果。

STEP 07 奇偶数显示验证后，选中 A2：C17，●在功能区单击"条件格式"下拉按钮；在弹出的下拉列表中，②选择"新建规则"选项，如图 8-83 所示。

STEP 08 弹出"新建格式规则"对话框，●设置"选择规则类型"为最后一项；在下方的公式文本框中，②输入 D2 单元格中的公式；❸单击"格式"按钮，如图 8-84 所示。

STEP 09 弹出"设置单元格格式"对话框，●切换至"填充"选项卡；②在颜色面板中选择第 2 排倒数第 2 个颜色样式，如图 8-85 所示。

STEP 10 单击"确定"按钮，返回工作表，即可查看对连续不同产品区间间隔上色的效果，如图 8-86 所示。

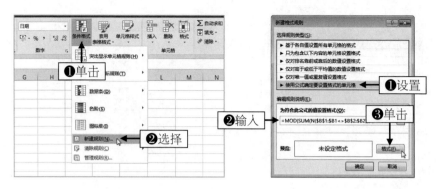

图 8-83 选择"新建规则"选项   图 8-84 单击"格式"按钮

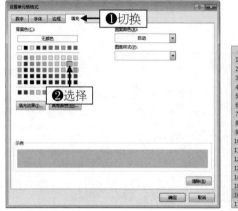

图 8-85 选择颜色样式   图 8-86 查看对连续不同产品区间间隔上色效果

实例 202 根据 Excel 表批量生成 Word 工资调整通知单

　　很多公司都有批量生成通知单或者报表的需求，常见的工资单、工资调整通知单、水单费通知单、房产销售的催款通知单、房费通知单等。这些通知单的特点就是格式统一，数据一般都有 Excel 存档，最后生成的通知单只是局部数据不一样。当然很多人就老老实实一个个打字也完成了，不过在信息化时代，这样效率实在太低，其实强大的微软一直有一个神奇的工具——“邮件合并”，就是专门用来完成这种任务的，而且操作极其简单。下面就用一个实例讲解如何使用邮件合并来批量生成通知单及报表。

STEP 01 打开一个 Excel 和一个 Word 素材文件，打开后，可以查看两个文件中的数据信息，如图 8-87 所示。

姓名	原工资	调整后工资	调整工资日期
张嫣	3000	3500	2018/1/1
李萌	10000	12000	2018/12/1
吴昊	8000	11000	2018/8/1
曾越	12000	15000	2018/9/1
成美林	9765	9277	2018/5/1
姜寒雨	5094	4839	2018/4/1
周程程	5687	5880	2018/2/1
常务	5591	5628	2018/3/1
蕉岭	7295	7350	2018/2/1
刘月琴	6180	6350	2018/10/1
王菲菲	3589	3600	2018/11/1

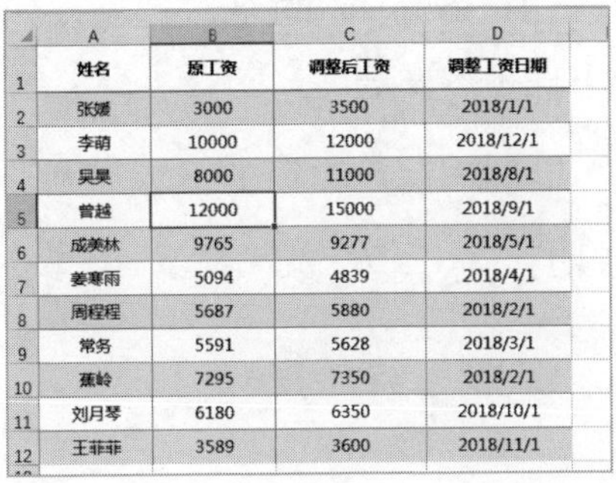

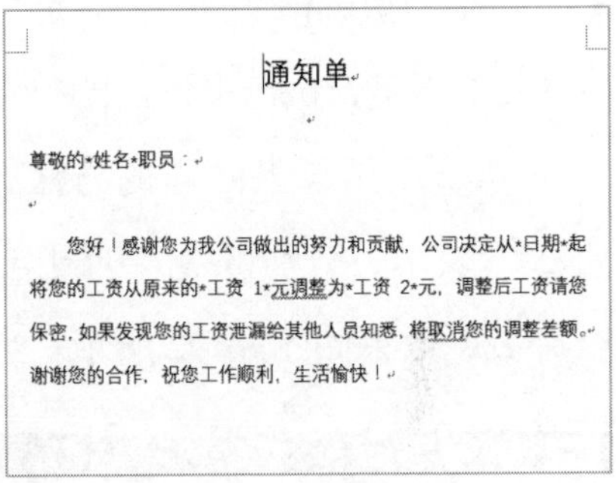

图 8-87　Excel 工作表和 Word 文档

STEP 02 在 Word 菜单栏中，单击“邮件”|“选择收件人”|“使用现有列表”命令，如图 8-88 所示。

STEP 03 弹出“选取数据源”对话框，❶在其中选择“工资调整数据表”；❷单击“打开”按钮，如图 8-89 所示。

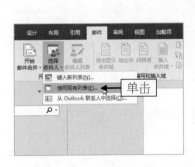

图 8-88　单击相应命令

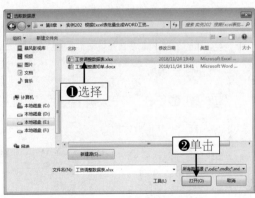

图 8-89　单击“打开”按钮

STEP 04 执行操作后，弹出"选择表格"对话框，❶选择"数据"选项；❷单击"确定"按钮，如图 8-90 所示。

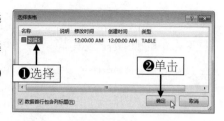

STEP 05 ❶在文档中选择"★姓名★"文本；❷单击"插入合并域"下拉按钮；❸选择"姓名"选项，如图 8-91 所示，执行操作后即可在文档中插入合并域。

图 8-90　单击"确定"按钮

STEP 06 用与上同样的方法，将"★日期★""★工资 1★"及"★工资 2★"文本，分别置换成"调整工资日期""原工资"及"调整后工资"合并域，效果如图 8-92 所示。

图 8-91　选择"姓名"选项

图 8-92　插入合并域

STEP 07 执行上述操作后，单击"预览结果"按钮，即可查看合并效果，如图 8-93 所示。

STEP 08 ❶单击"完成并合并"下拉按钮；❷选择"编辑单个文档"选项，如图 8-94 所示。

STEP 09 弹出"合并到新文档"对话框，❶选中"全部"单选按钮；❷单击"确定"按钮，如图 8-85 所示。

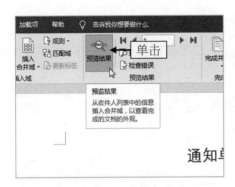 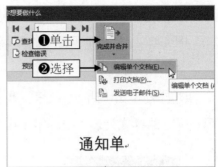

图 8-93 单击"预览结果"按钮　　　图 8-94 选择"编辑单个文档"选项

STEP 10 执行上述操作后，即可将 Excel 工作表中的工资调整数据批量生成 Word 通知单，效果如图 8-86 所示。

图 8-95 单击"确定"按钮

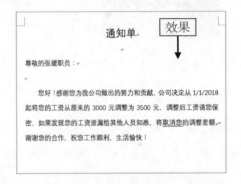

图 8-96 查看最终效果

 做水印要学 PS 软件 ?NO，在 Excel 中分分钟做出水印图片秒杀 PS

　　有时候为了防止图片侵权，就需要在图片上加上水印证明。一说到做水印，随便百度一下，都是推荐使用 PS 软件进行制作。只是要个简单的文字水印，去学 PS 实在太麻烦，别忘了咱们有万能的 Excel。下面教大家一招在 Excel 中做水印文字，做出来可以存为 png 水印图片，

效果一定不比 PS 差，相信你能学会！

STEP 01 打开一个 Excel 素材文件，在工作表中有一张插入的图片，如图 8-97 所示。

STEP 02 单击"插入"菜单，❶在功能区中单击"艺术字"下拉按钮；❷在弹出的样式列表中选择第 1 排第 4 个样式，如图 8-98 所示。

图 8-97　插入的图片

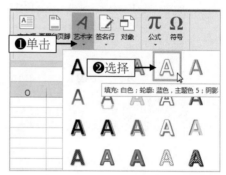

图 8-98　选择第 1 排第 4 个样式

STEP 03 在文本框中输入文本"公众号：手机摄影构图大全"，单击"格式"菜单，❶在功能区中设置"文本填充"为"无轮廓"；❷"文本轮廓"颜色为"浅灰色"，如图 8-99 所示。

STEP 04 设置文本"字号"大小为 14，并调整文本位置，效果如图 8-100 所示。

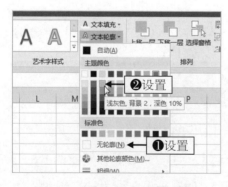

图 8-99　设置"文本轮廓"颜色

图 8-100　调整文本"字号"大小和位置

STEP 05 复制文本，并多次粘贴至图片中的合适位置处，如图 8-101 所示。

STEP 06 通过定位对象，选中所有文本，右击，在弹出的快捷菜单中选择"组合"|"组合"选项，效果如图 8-102 所示。

图 8-101　复制并粘贴文本

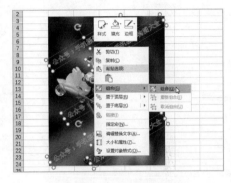

图 8-102　选择"组合"选项

STEP 07 执行上述操作后，复制组合的文本，打开一个 Word 文档，在文档中粘贴复制的组合文本，如图 8-103 所示。

STEP 08 ❶在文本右下角单击"粘贴选项"下拉按钮；在弹出的菜单列表中，❷选择"图片"按钮，如图 8-104 所示，即可将文本粘贴为图片。

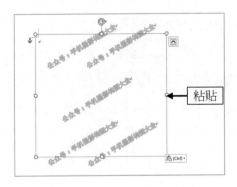

图 8-103　粘贴复制的组合文本

图 8-104　选择"图片"按钮

STEP 09 在水印图片上，右击，在弹出的快捷菜单中，选择"另存为图片"选项，如图8-105所示。

STEP 10 弹出"保存文件"对话框，在其中设置图片名称及保存位置，单击"保存"按钮，如图8-106所示，即可将水印图片保存为png格式，留待下次使用。

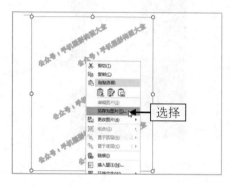

图 8-105 选择"另存为图片"选项

图 8-106 "保存文件"对话框

实例 204 Excel 中添加可打印的背景水印

在 Excel 工作表中添加背景水印很简单，但有一个最典型的问题就是背景水印是无法打印的，但很多时候，有些比较重要的文件需要打印出来，或者将存带水印的 PDF 文件发给别人，这样可以让自己的劳动成果有一个保障，也可有效防止数据篡改。网上介绍的页眉加水印图片的方法，无底色的情况可以，但是如果单元格有颜色就无法显示了。下面讲解如何设置可批量打印的水印文件。

STEP 01 打开一个 Excel 素材文件，在工作表中可以查看相应数据信息，如图8-107所示。

STEP 02 在"自定义快速访问工具栏"中，单击"打印预览和打印"按钮，如图 8-108 所示。

图 8-107　查看相应数据信息

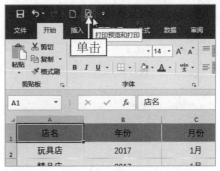

图 8-108　单击"打印预览和打印"按钮

STEP 03 展开"打印"面板，在其中可以预览打印效果，如图 8-109 所示。

STEP 04 在面板左下角，单击"页面设置"按钮，如图 8-110 所示。

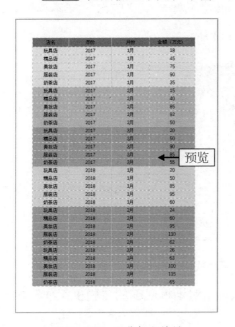

图 8-109　预览打印效果

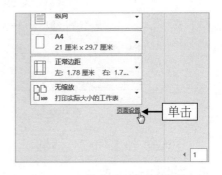

图 8-110　单击"页面设置"按钮

(STEP) 05 弹出"页面设置"对话框，如图 8-111 所示。

(STEP) 06 ❶切换至"页眉 / 页脚"选项面板，❷单击"自定义页脚"按钮，如图 8-112 所示。

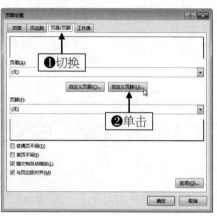

图 8-111　弹出"页面设置"对话框　　　　图 8-112　单击"自定义页脚"按钮

(STEP) 07 弹出"页脚"对话框，❶将鼠标移至"中部"文本框中；❷单击"插入图片"按钮，如图 8-113 所示。

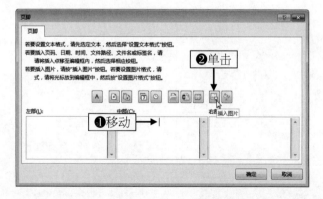

图 8-113　单击"插入图片"按钮

(STEP) 08 弹出相应对话框，这里单击对话框底部的"脱机工作"按钮，如图 8-114 所示。

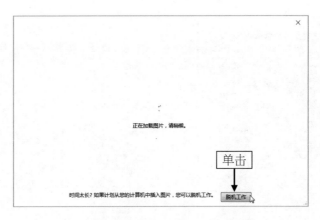

图 8-114　单击"脱机工作"按钮

STEP 09 弹出"插入图片"对话框，❶在其中选择"水印图片 .png"；
❷单击"插入"按钮，如图 8-115 所示。

STEP 10 返回"页脚"对话框，❶水印图片链接将显示在"中部"
文本框中；❷单击"确定"按钮，如图 8-116 所示。

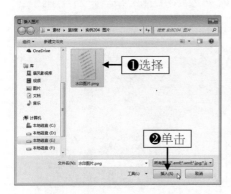

图 8-115　单击"插入"按钮　　　　图 8-116　单击"确定"按钮

STEP 11 返回"打印"面板，在其中可以预览水印效果，可以明显
看到水印有一部分没有在数据区中，如图 8-117 所示。

STEP 12 在"打印"面板的最右下角，单击"显示边距"按钮，即
可显示打印边距，如图 8-118 所示。

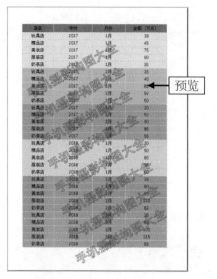

图 8-117　预览水印效果

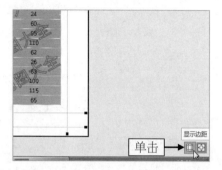

图 8-118　单击"显示边距"按钮

STEP 13 在预览区底部，上下拖动边距线，如图 8-119 所示。

STEP 14 执行操作后，即可调整页脚边距范围区域，将水印调整至合适的位置，最终效果如图 8-120 所示。

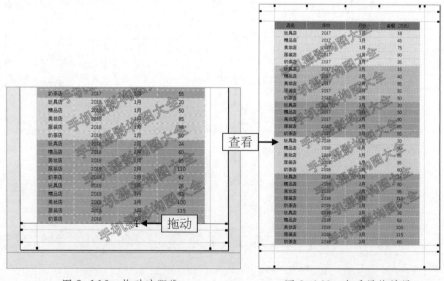

图 8-119　拖动边距线　　　　　　　　图 8-120　查看最终效果

Excel 目标计划与实际完成对比柱形图，大柱子套小柱子绘图技巧

实例 **205**

日常使用 Excel 制作图表时，有很多数据需要进行对比，比如目标计划和实际完成对比、年度对比以及季度对比等，这种时候，用嵌套柱形图可以很好地反映出对比关系。下面介绍具体的操作步骤。

STEP 01 打开一个 Excel 素材文件，在工作表中可以查看相应数据信息，如图 8-121 所示。

STEP 02 插入一个柱形图，如图 8-122 所示。

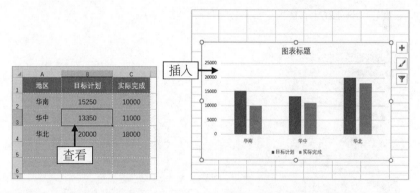

图 8-121　查看相应数据信息　　　　图 8-122　插入一个柱形图

STEP 03 在图表中，双击"实际完成"系列，如图 8-123 所示。

STEP 04 在工作表右侧，弹出"设置数据系列格式"面板，如图 8-124 所示。

STEP 05 在面板中，选中"次坐标轴"单选按钮，设置"间隙宽度"为 450%，如图 8-125 所示。

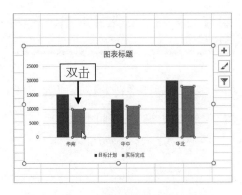

图 8-123 双击"实际完成"系列   图 8-124 "设置数据系列格式"面板

STEP 06 执行操作后,在图表中查看设置后的效果,选中"次坐标轴",如图 8-126 所示。

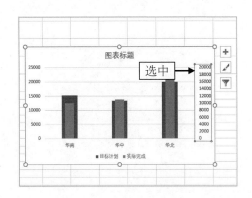

图 8-125 设置相应参数   图 8-126 选中"次坐标轴"

STEP 07 在工作表右侧的"设置坐标轴格式"面板中,切换至"坐标轴选项"面板,设置边界"最大值"为 25000.0,如图 8-127 所示。

STEP 08 执行操作后,在图表中删除标题文本框,即可查看嵌套效果,如图 8-128 所示。

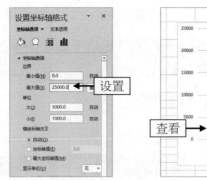

图 8-127 设置"最大值"参数

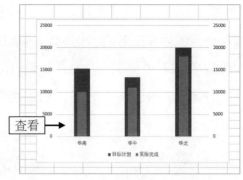

图 8-128 查看嵌套效果

制作函数版点菜系统，自动生成点菜单和单价总价

有的人认为要做个稍微复杂的功能不学 VBA 不行，其实也不一定，很多人用函数和控件组合就能做出很多漂亮和实用的系统。有一位朋友曾经问到说有没有点菜单的表格，于是我就试着用纯函数和控件再加条件格式做了一个简易的点菜单系统。下面介绍具体步骤。

STEP 01 打开一个 Excel 素材文件，在工作表中可以查看相应数据信息，如图 8-129 所示。

	A	B	C	D	E	F	G
1	序号	菜名	单价				
2	1	麻婆豆腐	15				
3	2	夫妻肺片	20				
4	3	干煸冬笋	25				
5	4	辣子鸡丁	30				
6	5	蚂蚁上树	20				
7	6	魔芋烧鸭	35				
8	7	东坡肘子	40				
9	8	叫化鸡	45				
10	9	锅贴鱼片	40				
11	10	豆瓣鲫鱼	35				
12	11	茄汁鱼卷	30				
13	12	麻辣肉丁	20				
14	13	口袋豆腐	18				
15	14	鱼香肉丝	18				
16	15	鱼香茄饼	18				
17	16	酸菜鱼	55				
18	17	粉蒸鸡	45				
19	18	冬菜肉末	25				
20							

图 8-129 "单价表"和"菜单表"数据信息

(STEP 02) 选中 A1：F3 单元格，打开"设置单元格格式"对话框，设置"水平对齐"为靠左缩进 3 个字符，如图 8-130 所示。

(STEP 03) 在"开发工具"功能区，❶单击"插入"下拉按钮；在弹出的下拉列表中，❷选择"复选框（窗体控件）"图标按钮，如图 8-131 所示。

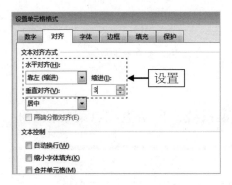

图 8-130　设置"水平对齐"靠左缩进
3 个字符

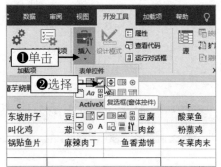

图 8-131　插入一个柱形图

(STEP 04) 在 A1：F3 的每个单元格中，插入一个"复选框"控件按钮，如图 8-132 所示。

	A	B	C	D	E	F
1	☐ 麻婆豆腐	☐ 辣子鸡丁	☐ 东坡肘子	☐ 豆瓣鲫鱼	☐ 口袋豆腐	☐ 酸菜鱼
2	☐ 夫妻肺片	☐ 蚂蚁上树	☐ 叫化鸡	☐ 茄汁鱼卷	☐ 鱼香肉丝	☐ 粉蒸鸡
3	☐ 干煸冬笋	☐ 魔芋烧鸭	☐ 锅贴鱼片	☐ 麻辣肉丁	☐ 鱼香茄饼	☐ 冬菜肉末
4						

插入 →

图 8-132　插入"复选框"控件按钮

(STEP 05) 选中 A1 单元格中的控件按钮，设置其"单元格链接"为 H1，如图 8-133 所示，然后用同样的方法，设置 A2 控件链接为 H2，A3 控件链接为 H3，B1 控件链接为 H4……依次类推执行。

(STEP 06) 选中 B7 单元格，在编辑栏中输入公式 =""&INDEX(单价表 !B:B,SMALL(IF ($H$1:$H$18,ROW(H$2:$H$19),999),ROW(A1))),

按【Ctrl+Shift+Enter】组合键确认，如图 8-134 所示。

图 8-133　设置"单元格链接"　　　　　　图 8-134　输入公式

STEP 07 选中 C7 单元格，在编辑栏中输入公式 =IFERROR (VLOOKUP(B7, 单价表 !B:C,2,0),"")，按回车键确认后，选中 D7 单元格，在编辑栏中输入公式 =IF(B7="","",1)，按回车键确认后，选中 E7 单元格，在编辑栏中输入公式 =IFERROR(C7★D7,"")，按回车键确认后，选中 A7 单元格，在编辑栏中输入公式 =IF(B7="","",ROW(A1))，按回车键确认后，选中 A7：E7 单元格，单击右下角下拉填充公式，如图 8-135 所示。

STEP 08 选中 B5 单元格，在编辑栏中输入公式 =COUNT(A7:A24)，按回车键确认后，打开"设置单元格格式"对话框，❶展开"自定义"面板；❷在"类型"文本框中的"G/ 通用格式"文本后面添加文本"个菜"，如图 8-136 所示。

STEP 09 用与上同样的方法，选中 C5 单元格，在编辑栏中输入公式 =SUM(E7:E24)，按回车键确认后，打开"设置单元格格式"对话框，展开"自定义"面板，在"类型"文本框中的"G/ 通用格式"文本后面添加文本"元"，效果如图 8-137 所示。

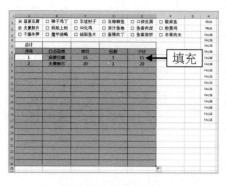

图 8-135 填充公式

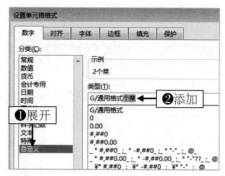

图 8-136 "设置单元格格式"对话框

STEP 10 选中 D5 单元格，在编辑栏中输入公式 =NOW()，按回车键确认后，即可返回当前时间日期，如图 8-138 所示。

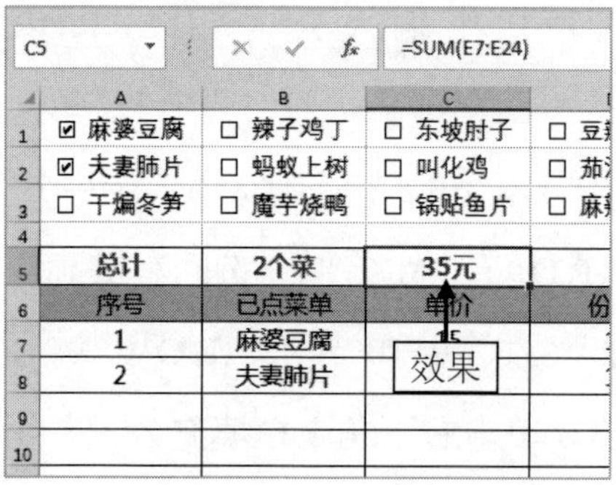

图 8-137 C5 单元格效果

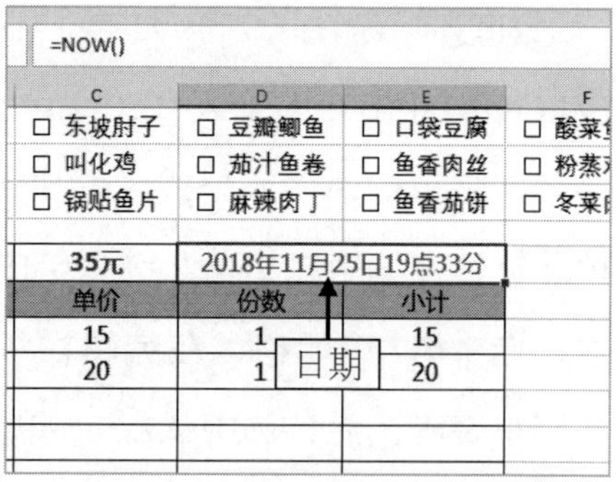

图 8-138 返回当前时间日期

STEP 11 选中 A1：F3 单元格区域，新建一个条件格式规则，❶设置"选择规则类型"为最后一项；在下方的公式文本框中，❷输入公式 =COUNTIF($B$7:$B$24,A1)；❸设置填充颜色为渐变浅绿色，如图 8-139 所示。

STEP 12 执行操作后，即可返回工作表，查看制作的点菜系统效果，如图 8-140 所示。

图 8-139　新建一个条件格式规则

图 8-140　查看制作的点菜系统效果

 **淘宝生意参谋数据，快速筛选删除多个不需要的搜索词**

实例 **207**

利用 Excel 做电商分析时，基本都是以关键词为依据，比如生意参谋后台导出的数据，但有些关键字是系统自动生成的，我们并不需要，这就需要批量删除。如果使用 Excel 自带的筛选会很麻烦，而且每次重复操作更加麻烦。下面介绍一个方法，能快速筛选出用户需要或者不需要的关键字所在行，希望大家能灵活运用。

STEP 01 打开一个 Excel 素材文件，在工作表中可以查看相应数据信息，如图 8-141 所示。

STEP 02 选中 I2 单元格，在编辑栏中输入公式 =IF(COUNT (FIND(L\$2:L\$14,B2))=0," 不包含 "," 包含 ")，按【Ctrl+Shift+Enter】组合键确认，如图 8-142 所示。

STEP 03 选择单元格右下角，下拉填充公式，如图 8-143 所示。

STEP 04 ❶单击工作表中的"自动填充选项"下拉按钮；在弹出的下拉列表中，❷选中"不带格式填充"单选按钮，如图 8-144 所示。

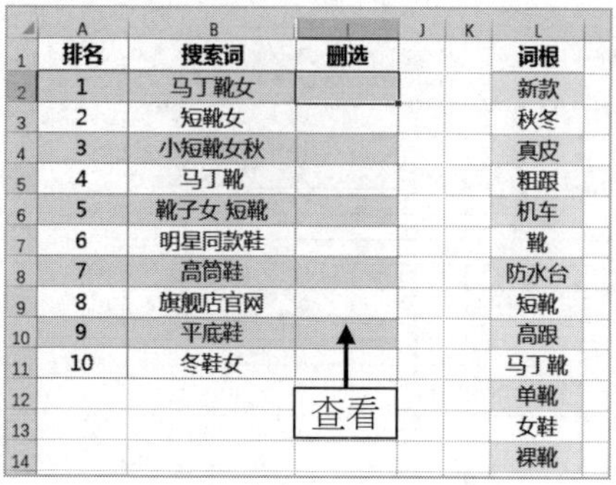

图 8-141　查看相应数据信息

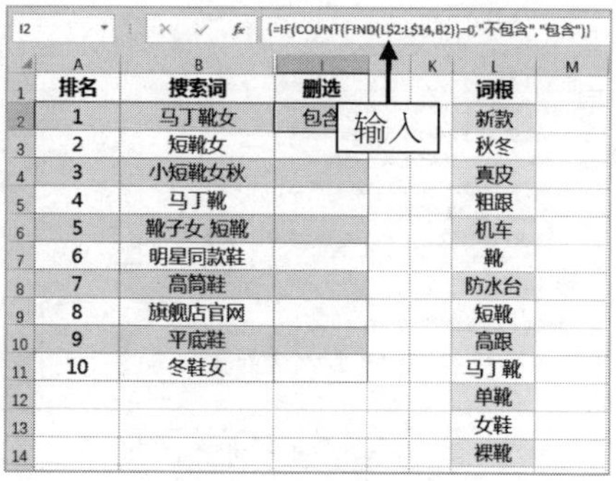

图 8-142　输入公式

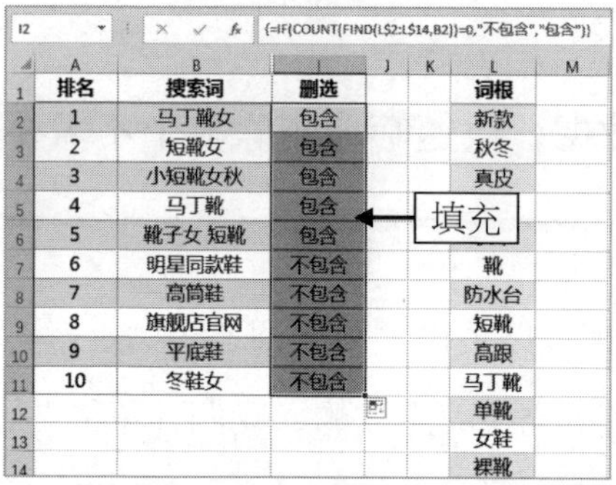

图 8-143　下拉填充公式

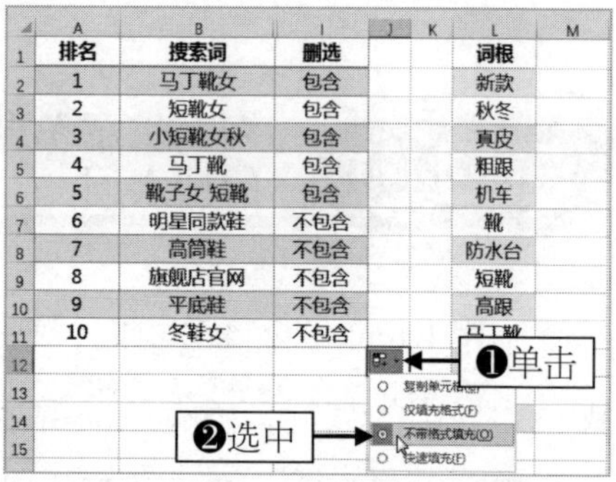

图 8-144　选中"不带格式填充"单选按钮

实例 208　快速绘制组织结构图，手把手教你怎么运用 SmartArt

　　组织结构图，相信是很多人的痛，当领导给你一个层级名单，让你画一个组织结构图，你用文本框和线条要组合半天，而且如果发生变化修改起来也会非常麻烦。下面带大家学习一种快速的绘制组织结构图的方法，用微软 Office 中的 SmartArt 可以非常快速地绘制组织结构图，在 Excel、Word、PPT 中都可以用，还可以非常方便地指定各种样式，这可能是你见过的最快的组织结构图绘制方法了。

(STEP) 01 打开一个 Excel 素材文件，在工作表中可以查看相应数据信息，如图 8-145 所示。

(STEP) 02 单击"插入"菜单，在功能区单击 SmartArt 按钮，如图 8-146 所示。

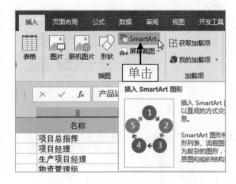

图 8-145 查看相应数据信息　　　图 8-146 单击 SmartArt 按钮

(STEP) 03 弹出"选择 SmartArt 图形"对话框，❶选择"层次结构"选项；展开相应面板，❷选择第 2 排第 2 个结构样式，如图 8-147 所示。

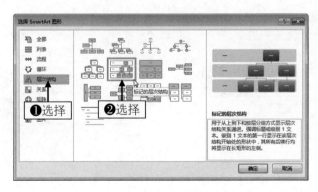

图 8-147 选择结构样式

(STEP) 04 单击"确定"按钮，在工作表中可以查看结构表，如图 8-148 所示。

STEP 05 在左侧的面板中，除了第一个文本选项，剩余的文本选项全部删除，如图 8-149 所示。

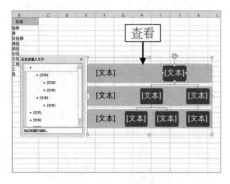

图 8-148　查看结构表

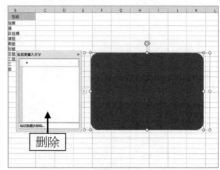

图 8-149　删除文本选项

STEP 06 复制 B2：B12 中的文本数据，将其粘贴至结构面板中，如图 8-150 所示。

STEP 07 在面板中，将光标移至第 2 个文本选项最前面，根据工作表中 A 列提供的级别为 2 级，按【Tab】键两下，即可使其显示为 2 级结构层，如图 8-151 所示。

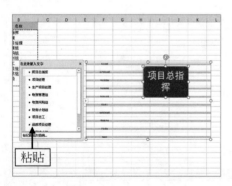

图 8-150　粘贴文本数据

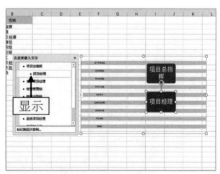

图 8-151　显示 2 级结构层

STEP 08 用同样的方法，根据工作表中 A 列提供的级别，在相应文本选项前，按【Tab】键，快速绘制结构图，如图 8-152 所示。

STEP 09 通过拖动结构图四周的控制柄，调整结构图的大小和位置，
并调整文本字体大小等，最终效果如图 8-153 所示。

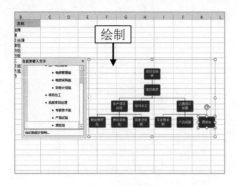

图 8-152　快速绘制结构图

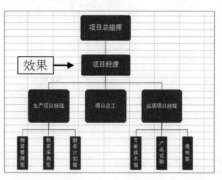

图 8-153　最终效果